导流能力研究概论

张景臣　石善志　编著

中国石化出版社

图书在版编目(CIP)数据

导流能力研究概论 / 张景臣，石善志编著 . —北京：
中国石化出版社，2020. 12
ISBN 978-7-5114-6086-8

Ⅰ. ①导… Ⅱ. ①张… ②石… Ⅲ. ①导流能力–研
究 Ⅳ. ①TV551. 1

中国版本图书馆 CIP 数据核字（2020）第 247324 号

中国石化出版社出版发行

地址:北京市东城区安定门外大街 58 号
邮编:100011　电话:(010)57512500
发行部电话:(010)57512575
http://www. sinopec-press. com
E-mail:press@ sinopec. com
北京柏力行彩印有限公司印刷
全国各地新华书店经销

*
787×1092 毫米 16 开本 15. 25 印张 356 千字
2021 年 4 月第 1 版　2021 年 4 月第 1 次印刷
定价:66. 00 元

目　　录

绪　　论

一、支撑剂作用简介

水力压裂已经成为我国低渗储层的主要增产措施，近些年来更是广泛被应用于页岩油气、煤层气、致密油气、地热等的开采，成为非常规储层有效开发的必备措施。"十三五""十四五"期间，国家持续推动非常规能源的综合开发利用，水力压裂的重要性将会不断增加。

随着各种非常规储层的开发，虽然各种新型的压裂工艺和压裂技术不断出现，但最终的目的都是在储层中构造长期有效的高导流能力人工裂缝系统。目前广泛采用的体积压裂，使天然裂缝不断扩张和脆性岩石产生剪切滑移，形成天然裂缝与人工裂缝相互交错的裂缝网络，从而增加改造体积。高速通道水力压裂技术是通过段塞注入支撑剂，在裂缝中形成高速通道网络，以较少的加砂量大幅提高裂缝导流能力。然而大规模体积压裂对水资源过度依赖的弊端日益显现，因此各种无水压裂技术开始兴起，例如超临界二氧化碳以其独特的物理、化学性质成为理想的无水压裂介质。

近年来，随着油价大幅波动，在世界范围内石油公司纷纷采取降本增效措施，压裂优化和增产效果得到进一步的重视，经济高效的构造高导流能力人工裂缝愈发重要。

压裂的核心目的是形成具有长期有效高导流能力的人工裂缝，但在现实生产中，压裂改造后储层的实际导流能力往往低于预期，而且衰减较快。为了提高压裂效果，需要分析影响人工裂缝导流能力的各个因素及其作用机理。目前对压裂的研究多集中在压裂液、裂缝扩展及新型压裂工艺上，而对压后裂缝导流能力的研究相对较少，在各种新工艺不断发展的情况下，需要投入更多的精力用于导流能力研究。

二、导流能力损伤机理

根据目前研究的成果，裂缝导流能力损伤涉及的主要机理如图 0-1 所示。

1. 支撑剂嵌入

裂缝闭合后，支撑剂嵌入地层，在高闭合压力、软地层中尤为显著。支撑剂的嵌入导致裂缝缝宽减小、导流能力下降。

2. 压裂液伤害

压裂过程中，各种压裂液会对近裂缝处岩石产生伤害，形成滤失层，对岩石的物理和化学性能产生影响，使裂缝导流能力下降；压裂液破胶和返排不彻底会产生残渣，这些残渣存在于裂缝中会影响导流能力。

3. 微粒运移

压裂会使岩石破裂、裂缝表面微粒脱落、支撑剂破碎。生产过程中也会产生大量微粒，这些微粒会堵塞裂缝孔隙，降低裂缝导流能力。

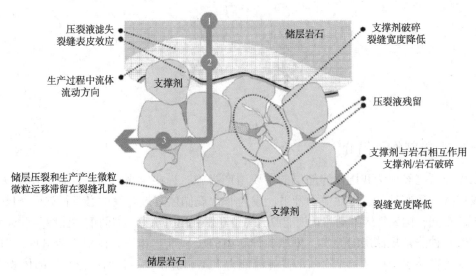

图 0-1　导流能力损伤示意图

4. 闭合应力变化

随着油气生产推进，当裂缝闭合应力增加时，裂缝宽度变小；当井底压力变化导致闭合应力产生波动时，裂缝状态发生变化，同时容易引发支撑剂破碎、回流和地层微粒产出。

5. 支撑剂和地层颗粒破碎

如图 0-2 所示，在闭合应力作用下，支撑剂之间、支撑剂与地层颗粒之间相互挤压，导致支撑剂和地层颗粒破碎产生微粒，造成孔隙堵塞以及导流能力下降。

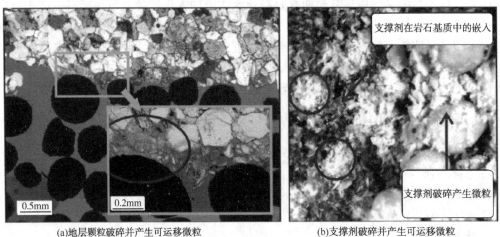

(a)地层颗粒破碎并产生可运移微粒　　　　　(b)支撑剂破碎并产生可运移微粒

图 0-2　支撑剂和地层颗粒破碎

6. 支撑剂层岩化

与地质沉积成岩作用类似，支撑剂层岩化作用是指在地层温度和压力作用下，支撑剂层产生晶体沉淀物的现象，该现象会降低裂缝导流能力和支撑剂的强度，如图 0-3 所示。

7. 温度应力效应

压裂及压后生产过程中存在温度变化。某些新型压裂工艺实施过程中温度变化的幅度较大，例如超临界二氧化碳压裂相变过程，支撑剂和岩石在热应力作用下会发生变形、破碎等，同时温度效应会影响渗流和化学反应。

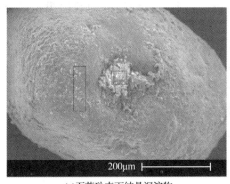

(a)石英砂表面结晶沉淀物　　　　　　　　　　(b)覆膜砂表面结晶沉淀物

图 0-3　支撑剂层岩化作用

8. 支撑剂表面化学变化

在压裂液和地层流体的作用下，支撑剂表面的化学性质会发生变化，影响支撑剂表面润湿性等特性，进而影响裂缝的导流能力。

围绕以上因素，很多学者对人工裂缝导流能力的损害机理进行了大量研究。随着近年来非常规储层的研究逐渐变成热点，研究对象也从单纯的砂岩扩展到页岩、煤岩、致密砂岩、干热岩等。由于标准的导流能力测试越来越不能满足导流能力评价要求，因此改进或重新设计了许多实验装置。从相对简单的导流能力评价实验到复杂的多场耦合导流能力实验，数学描述方面从经验解析公式逐渐过渡到多场耦合数值模拟。

三、本书核心内容

第一章梳理了支撑剂、导流能力测试标准和设备的基本知识，分别介绍了支撑剂的类型、发展历史、性能指标和现场应用情况；导流能力测试原理及标准的汇总；导流测试设备的原理、功能以及国内外一些先进的导流实验仪器。

支撑剂的变形和嵌入最早引起人们的关注，第二章介绍支撑剂变形和嵌入对导流能力的影响，具体介绍了支撑剂的嵌入机理、支撑剂嵌入变形理论模型分析、支撑剂嵌入实验分析和数值模拟研究。

闭合应力变化会影响裂缝的导流能力，同时地层岩石和支撑剂破碎产生微粒，其运移也会起到负面作用，第三章具体介绍了微粒运移机理、微粒运移影响因素研究、微粒运移实验分析和数值模拟研究。

第四章从压裂液伤害理论、压裂液伤害实验两方面分析了压裂液对地层岩石和支撑剂层的伤害机理。

在压裂过程中存在温度变化，会影响裂缝附近应力状态。在某些新型压裂工艺下，例如超临界二氧化碳压裂，温度变化较大，会产生较大的应力破坏。第五章阐述了相应的温度效应机理，具体从温敏应力理论分析、温度效应实验分析和数值模拟展开。

裂缝导流能力的损伤往往不是由一个因素决定的，它是多种因素综合影响下的复杂的物理化学作用的结果。第六章分析了多因素综合作用对导流能力的影响。

导流能力研究趋势也是从简单到复杂，实验方面从单因素分析实验到多场耦合实验，数值模拟方面从简单解析解到复杂数值模拟分析，第七章对导流能力数值模拟研究进行了总结。

减少压裂成本、提高经济效益是目前各个石油公司关注的重点，第八章介绍了石英砂替代陶粒的降本增效措施，并结合新疆油田玛湖地区这一较新现场应用阐述石英砂替代陶粒的理论分析和工程实践。

为了保证本书附图的准确性以及避免造成不必要的误解，本书引自原文的所有图表暂不做修改。

四、未来发展趋势

人工裂缝导流能力涉及渗流、力学、化学、温度、微粒运移扩散等物理场，是一个典型的多场耦合问题。目前对人工裂缝系统的研究大多基于传统导流能力评价实验，试验设备考虑因素有限，需要耗费大量时间和经济成本，并且对不同流体和岩石的适用性较差。需要根据支撑剂和岩石流体物性等参数建立数学模型，以便对人工裂缝进行快速准确的评价。但是目前的数值模拟研究没有全面考虑多场耦合效应，也没有结合压裂施工和压后生产的完整过程考虑裂缝的动态变化。同时对于一些现象，例如支撑剂破碎运移、温敏应力等因素对导流能力的影响机理需要进一步研究。该领域的研究发展趋势也是从简单到复杂，从简单实验分析到复杂数值模拟；具体而言需要综合目前的研究进展，结合压裂施工—压后生产的逻辑顺序，全面考虑多场耦合效应，从而对人工裂缝导流能力进行全面而准确的动态描述，并服务于评价储层改造潜能、支撑剂优选，指导压裂施工、油藏数值模拟和经济评价。

在本书的编写过程中，李恒、郭晓东、李岩等人从事了大量的翻译和整理工作，为本书最终成稿做出了重要贡献。其中，李恒负责第一章第三节、第五章、第六章；郭晓东负责第一章第二节、第三章、第七章；李岩负责第一章第一节、第二章、第四章。另外，特别感谢张士诚教授、鲜成钢教授、马新仿教授对本书的大力支持。

本书属于成体系梳理总结国内外导流能力研究现状的著作，因此绝大部分内容引用公开文献，所有参考文献已尽力标注，不存在盗用他人研究成果意图。部分文献被多次引用时，因版面要求有的地方不重复标注；仪器参数等部分内容引自网页，因网址及网页内容变化，暂不做标记；已尽力标明重点参考文献，但重点文献涉及多重及其他形式引用文献不做深入标注；绪论当中出现的图片在后文中标注参考文献。因编者水平有限、时间仓促，不免有疏漏不当之处，欢迎专家学者批评指正。

第一章 基本概念

第一节 支 撑 剂

支撑剂是水力压裂中用来支撑人工裂缝的关键材料，是提高压裂成功率和提升改造效果的关键[1]。在水力压裂过程中，支撑剂随压裂液注入地层中支撑张开的裂缝，形成油气储层通往井筒的导流通道，便于油气采出。选择合适的支撑剂类型和在裂缝内铺置适宜浓度的支撑剂是保证压裂作业成功的关键。

本节包括支撑剂发展历史、类型介绍、性能指标和现场新进展4个部分。

一、支撑剂的发展历史

支撑剂的起源可以追溯到1947年，原标准石油公司在Hugoton油田的压裂实验中首次引入Arkansas River的河沙作为支撑剂，解决了不加支撑剂时压裂后裂缝闭合的问题，并带来了一定的经济效益，从此开启了支撑剂的发展历史[2]。20世纪50年代，支撑剂得到了第一次优化，高质量矿砂取代了易破碎的河沙；60年代，在支撑剂中混入圆球度较高的核桃壳、玻璃和塑料微珠；70年代，为解决支撑剂回流和微粒运移导致裂缝导流能力下降的问题，研究人员开创了在压裂过程中尾追覆膜支撑剂和用铝矾土烧结高抗压强度的人造陶粒支撑剂工艺；80年代，通过优化添加材料，开发了低密度和中密度陶粒支撑剂，支撑剂的发展时间轴如图1-1所示。

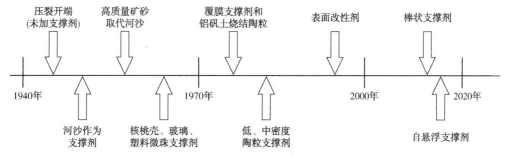

图 1-1 支撑剂的发展时间轴[1]

随着对支撑剂在裂缝中支撑机理认识的不断加强，结合开发的经济性原则，之后很长一段时间，研究重点将集中在覆膜支撑剂上。从改性方法、材料选择以及工艺创新等方面入手，研发出具有不同功能的覆膜支撑剂，以满足不同场合的使用需求。

当前支撑剂材料的主要研究趋势为：(1)尽可能地降低成本。例如，利用工业废物如赤泥、煤粉灰等材料制作陶粒支撑剂；以低成本石英砂代替陶粒，通过提高石英砂的铺置浓度，达到降低破碎率以及使人工裂缝保持一定导流能力的目的，经过现场验证具有一定可行性。(2)采用高强度低密度支撑剂。通过采用新材料或者表面覆膜技术研发新型支撑剂，在保证支撑剂抗压强度的基础上降低支撑剂的密度。(3)研制多功能支撑剂。通过在孔隙中添加具有特殊功能的添加剂来实现相应的功能，如示踪支撑剂、防垢支撑剂、防蜡支撑剂等。(4)研发新型表面改性支撑剂。通过表面改性技术制造性能优异的新型支撑剂，例如通过外加特殊的化学薄膜而制成的自悬浮支撑剂；在支撑剂表面增加导电涂层，使其具有超导特性，可用于压裂裂缝监测的电磁支撑剂等。

二、支撑剂的类型

支撑剂要求耐闭合压力，一般地层闭合压力范围为 35～70MPa。压裂评价的关键因素是有效支撑长度，支撑剂的种类、形状、粒度、强度、填充密度、抗腐蚀性等都会对压裂效果产生直接影响。

在实际施工中，支撑剂容易在近井筒裂缝处堆积，导致裂缝堵塞，压裂增产潜能受限。因此，超高强度、超低密度、自悬浮性、新型棒状、功能性等新型支撑剂近些年来得到广泛关注。理想支撑剂的性能需求是：高强度、圆球度好、具有化学惰性、低成本、低密度、方便使用、不易回流、不易沉降。但就目前而言，即使效果最好的新型支撑剂也无法同时具备所有的理想条件[3]。

1. 传统支撑剂

支撑剂按加工工艺和使用的原材料不同可分为三类：石英砂、陶粒和覆膜支撑剂。由于它们是最常用的支撑剂类型，所以称为传统支撑剂。

石英砂做支撑剂成本低，同时密度较小易于泵送，是压裂作业中的首选支撑剂。但其强度低、圆球度差，不适用于闭合压力高的深井。覆膜支撑剂的圆球度有所改善，耐腐蚀性强，导流能力好，但其有效支撑期短，造价高，在严控成本期间推广不易。采用铝矾土烧制的陶粒支撑剂，密度高，圆球度好，耐腐蚀，耐高温，耐高压，在目前降本增效的大背景下成本仍然较高，某些较浅的井正逐步应用石英砂替代研究。图 1-2 为支撑剂导流能力金字塔图[4]。

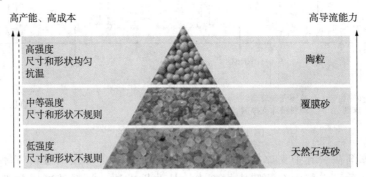

图 1-2　支撑剂导流能力金字塔图

1) 石英砂

石英砂的相对密度较低，因而便于施工泵送，而且价格比较便宜，在低闭合压力储层应用中已取得一定的增产效果，在浅井中目前仍大量使用，石英砂支撑剂如图1-3所示。但石英砂具有以下缺点：强度较低，破碎的初始压力约为20MPa，破碎后裂缝的导流能力大大降低[5]；圆球度、表面光洁度较差，加之微粒运移、嵌入、堵塞、压裂液伤害、非达西流动等因素的影响，其导流能力后期可能降低到原来的1/10甚至更低，严重影响压后产能。因此，石英砂仅适用于浅井、具有低闭合压力的低渗油气层。对于海上压裂作业和重点的实验井而言，由于其施工成本和风险性较高，通常不会采用性能较差的石英砂作为压裂充填防砂支撑剂。

图1-3 石英砂支撑剂

2）树脂覆膜砂

预固化树脂覆膜砂的颗粒密度比石英砂略小，约为2.55g/cm³，如图1-4所示。砂子表面覆盖了一层高强度树脂，承受闭合压力更均匀，因此可有效减少砂子的破碎，而且即使内部的砂子被压碎，外边的树脂层仍可将这些碎屑包裹，避免因微粒运移而引起支撑剂充填带的孔隙堵塞，使裂缝可以保持较高的导流能力。虽然其防砂性能优越，但经室内实验证明，树脂覆膜砂由于圆球度较差，并且随着闭合压力增高，树脂膜发生弹性变性产生胶结而使孔隙度大大减小；颗粒被压碎后重新排列，裂缝宽度逐渐变窄，使得支撑裂缝的孔隙度和渗透率较低，大大低于陶粒支撑剂。因而超过一定的闭合压力后不能很好地满足要求，在压裂和充填防砂中的应用也受到限制。

3）人造陶粒支撑剂

人造陶粒支撑剂的主要原料是铝矾土，陶粒支撑剂如图1-5所示。铝土矿分布高度集中，山西、贵州、河南和广西4个省的储量合计占全国总储量的90.9%。目前有多个厂家可生产中高强度的陶粒。陶粒强度很高，在相同的闭合压力下，比石英砂破碎率低、导流能力高，

图1-4 覆膜砂支撑剂

图1-5 陶粒支撑剂

尤其是在高闭合压力下依然能保持非常优越的性能。利用陶粒支撑剂支撑的人工裂缝，导流能力随闭合压力增加或承压时间延长的递减率比石英砂支撑的裂缝慢得多，同时它还具有较好的抗盐、抗温性能。陶粒支撑剂对于深中浅储层裂缝，都能获得较高的产量和更长的有效期。

陶粒强度很高，同时它的密度也较高，达 $2.7 \sim 3.6 g/cm^3$。氧化铝的含量决定了颗粒相对密度与抗压强度，氧化铝含量越高，陶粒的密度和抗压强度也越大，这对压裂液的性能（流变性、黏度等）和泵送条件（设备功率、排量等）的要求更高。

2. 新型支撑剂

近年来，深层油气和页岩气、煤层气等非常规资源的开发成为研究热点。这些特殊油气资源能否有效开发很大程度上依赖于水力压裂技术的发展，同时对支撑剂的强度、密度、粒径、表面性质和导流能力提出了更高的要求。国内外支撑剂技术也随着非常规油气藏压裂技术的发展而取得了具有代表性的新进展[6]。

1）低密度支撑剂

常规支撑剂的视密度基本在 $2.0 g/cm^3$ 以上。在压裂过程中，由于支撑剂的沉降速度快，支撑剂始终很难铺置到远井筒的裂缝端。从斯托克斯沉降公式可知，支撑剂沉降速度与支撑剂和压裂液之间的密度差成正比。从这一原理出发，研究低密度支撑剂，以提高支撑剂的可输送性能。从制备技术原理角度，新近发展的低密度支撑剂可以概述为以下三类。

（1）空心或多孔球粒支撑剂。这类支撑剂在内部形成了空心或多孔的结构，使得其密度大大降低，如图 1-6 所示。如徐永驰[7]以树脂为核心材料，优选内部成孔材料，成孔剂在一定温度下会挥发形成内部空心或多孔的结构，造粒添加黏结剂、固化剂、增强剂，制作出的支撑剂视密度能达到 $1.03 g/cm^3$，$27.6 MPa$ 压力作用下的破碎率仅为 3.36%。

（2）覆膜（涂层）支撑剂。由于支撑剂表面凹凸不平，存在大量的开气孔和凹坑，覆膜时树脂将凹坑和开气孔填充或覆盖形成闭合气孔，而同时由于树脂本身的密度就较小，覆膜相当于增大了颗粒体积而减小了颗粒质量，从而降低了支撑剂的视密度。邓浩等人[8]在制作粉煤灰基陶粒支撑剂的时候，发现采用树脂包覆后的支撑剂比未采用树脂包覆的支撑剂视密度平均下降了 $0.5 g/cm^3$。

（3）低密度材料支撑剂。使用低密度材料（如胡桃壳、果核等）制作出的支撑剂具有很低的密度，但同时强度也低，常常需要表面覆膜来增加强度。中国专利[9]公布了一种低密度覆膜支撑剂的制备方法，它是以酸核枣粉为原料，造粒添加树脂、固化剂、水、分散剂和增塑减阻剂，制作出的产品抗压强度大，密度低，且具有很好的悬浮性。

低密度支撑剂面临的技术瓶颈主要是高强度和低密度功能很难同时实现。在埋藏较深的油气藏中，低密度支撑剂的强度往往难以在深层高应力条件下实现裂缝的有效支撑。因此，如何实现低密度支撑剂"高强度"与"低密度"的协调，是低密度支撑剂研发的一个重要方向。多孔低密度支撑剂如图 1-6 所示。

对于空心陶粒等支撑剂，可以预见，在壁厚、强度和密度之间寻求最优的组合将是接下来研究的技术关键。覆膜（涂层）支撑剂虽然强度较高，但降低支撑剂密度的效果一般。低密度材料支撑剂虽然可以通过覆膜增加其强度，但其材料本身强度低，由于支撑剂长时间处于地下环境中，外覆膜一旦出现破碎，则会使低密度材料暴露在地层闭合压力下，支撑剂极易发生破碎。因此，既要研发低密度高强度的支撑剂材料又要发展能够使得外覆膜与低密

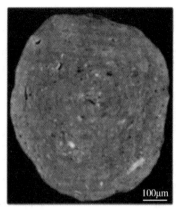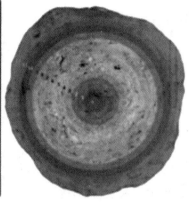

图 1-6 多孔低密度支撑剂[16]

度材料紧密结合的技术是低密度材料类支撑剂亟待解决的问题。此外，目前低密度支撑剂的造价普遍很高，在当前低油价背景下，高性价比的低密度支撑剂更能成为业界研究的热点。

2）超高强度支撑剂

对于超深裂缝性复杂岩性储层，岩石的杨氏模量偏大，储层易于形成窄小裂缝，平均井深 6800m（最深井超 8000m）、地层压力高（压力系数 1.53～1.82MPa/100m），此类地层压裂加砂困难，容易出现砂堵，而小粒径支撑剂却能够克服这一点，因此支撑剂宜选用小粒径高强度陶粒支撑剂。超高强度支撑剂如图 1-7 所示。以塔河油田为例，其主力油层奥陶系储层埋深 6000～6900m，油藏具有超深、高温、高压的特点，考虑储层闭合应力较高、加砂难度大、砂比难以提高等

图 1-7 超高强度支撑剂[1]

工程难题，支撑剂选用分选好、性能优良的高强度 40/60 目、30/50 目的小粒径支撑剂，可以获得较好的增产效果。

随着深部储层的不断开发，传统支撑剂在 140MPa 以上的闭合应力下无法提供足够的导流能力。美国卡博公司研发了一种超高强度高导流性支撑剂，其选用的原材料中矾土含量接近于 100%，大幅降低了支撑剂孔隙度，进而提高强度，如图 1-7 所示。在 140MPa 压力作用下超高强度支撑剂破碎率仅为 2%，而传统支撑剂这一比例则达到 10%；在 207MPa 压力作用下超高强度支撑剂破碎率仅为 7%。同时，超高强度高导流支撑剂具有良好的球度和分选性，提高了支撑剂充填层的导流能力[10]。墨西哥海湾 Lower Tertiary 地区的深水油气井储层压力超过 140MPa，温度高达 260℃，采用超高强度高导流性支撑剂取得了良好的应用效果。

在性能方面超高强度支撑剂也优于常规支撑剂。通过 CT 扫描发现，在 137.9MPa 的压力作用下，超高强度支撑剂与常规支撑剂破碎情况也不同，在常规支撑剂中大部分已破碎的情况下超高强度支撑剂只有少数几颗发生了破碎，如图 1-8 所示，其性能完全满足超深、超高压地层压裂的需要。

MicroCT Scans

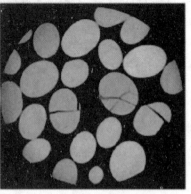

20/40 Bauxite　　　　　　　　　　25 Mesh UHSP

图1-8　常规陶粒支撑剂(左)与超高强度支撑剂(右)破碎对比(140MPa压力作用下)

3）表面改性支撑剂

为了利用支撑剂解决油气开采中的更多难题，对支撑剂进行表面改性已经成为支撑剂研究的热门。覆膜支撑剂也是利用表面改性的原理，在常规的砂粒上进行简单的包裹，来提高支撑剂的性能。现在发展起来的疏水支撑剂[11]、自聚性支撑剂[12]、自悬浮支撑剂[13]、磁性支撑剂[14]、载体支撑剂[15]等技术都利用了复杂的表面改性原理，通过优选包裹材料和改性技术从而制作出具有优异性能的支撑剂[16]。

（1）自悬浮支撑剂。自悬浮支撑剂是在现有普通石英砂外添加特殊的化学薄膜。化学薄膜在空气中的密度与石英砂没有太大的区别，但放入水中后，与水中溶解的氮气产生反应形成泡沫，借助气泡产生的浮力，整个石英砂变成棉絮状的漂浮物，成为一种可悬浮的支撑剂，如图1-9所示。美国Preferred公司研发的自悬浮支撑剂在21MPa压力作用下表现出良好的抗压和悬浮效果，悬浮效果可维持15d以上。支撑剂薄膜为憎水涂层设计，可最大限度降低支撑剂充填层的水堵损害，通过持续降低支撑剂充填层的含水饱和度而不断提高充填层的油气相对渗透率，自悬浮支撑剂可将油相流度提高75%，同时还具有自清洁、低摩阻、低成本等优点[17]。

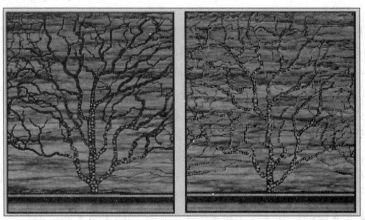

图1-9　普通支撑剂(左)与自悬浮支撑剂(右)传输分布效果[1]

（2）亲油支撑剂。亲油支撑剂是一种树脂覆膜支撑剂，如图1-10所示。除了具有常规树脂覆膜支撑剂的优点外，通过化学处理，将传统树脂覆膜的润湿性由中性变为亲油憎水。当纯水相经过裂缝内的支撑剂时，水相可以正常流过该孔隙介质而不会发生水堵；当油水两相混合液经过时，该压裂充填层能最大程度地抑制水相流动，而不影响油相和气相的流动，从而减少油井的产出液含水率，达到维持油气产量的目的。

图1-10　亲油支撑剂

Hexion公司研发的亲油支撑剂对压裂液、破胶剂均有良好的配伍性，可用于闭合应力高达70MPa、井底温度在49～204℃范围内的压裂作业环境。在美国二叠盆地页岩油地层，先加入加砂总量89%的40/70目和100目未覆膜支撑剂，再尾追泵入加砂总量11%的40/70目亲油支撑剂到近井地带，与邻井采用加砂总量100%的40/70目和100目未覆膜支撑剂压裂相比产能提高49%[18]。

（3）电磁支撑剂，如图1-11所示。电磁支撑剂是在低密度支撑剂表面增加导电涂层，使其具有导电特性，用于压裂裂缝监测，克服微地震裂缝监测技术无法分辨裂缝是否是被支撑剂充填的缺陷。美国卡博公司与康菲石油公司合作研发了基于电磁支撑剂的裂缝监测技术[19]，将涂有导电涂层的可探测支撑剂泵入地层，下入井下电场发生装置，产生特定频

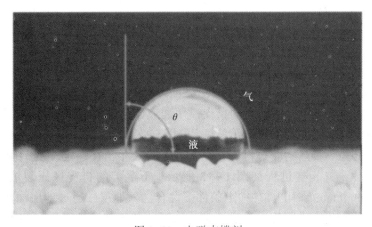

图1-11　电磁支撑剂

率的电场。具有特殊超导特性的支撑剂产生携带了位置信息的二次感生电磁场。该二次感生信号可以被布置在地面的接收器接收，随后应用反演算法将电磁场反推，从而对支撑剂的分布精确成像，得到支撑剂的具体方位。采用低密度导电涂层 20/40 目支撑剂在美国二叠盆地一口水平井成功应用，实现了支撑剂的可视化功能，提高了压裂效果评估的准确性[20]。该技术有助于压裂参数优化、支撑剂优选、压裂液设计、井位部署、井位调整等。

（4）柱状支撑剂，如图 1-12 所示。在压裂作业后的油气井产能优化中，裂缝的导流能力是关键参数。斯伦贝谢公司开发了柱状高强度支撑剂，与高强度球形支撑剂相比具有更高的裂缝导流能力，并可与其他支撑剂结合使用控制回流。室内实验显示，在 28MPa 压力作用下，柱状支撑剂的平均孔隙直径比球形支撑剂高 34%；在相同条件下，压力下降速率超过一定值时，柱状支撑剂控制回流的性能较树脂支撑剂十分显著。2012 年在埃及 Silah 油田应用，柱状支撑剂尾追泵入近井地带，保证近井区域的高导流能力并控制支撑剂回流，使得脱砂率从 2011 年的 45%降至 0。至于柱状支撑剂在压裂过程中的排列方向是否影响裂缝的导流能力，仍待进一步研究确定和改进[21]。

(a)柱状支撑剂在裂缝中的侧视图　　　　　　(b)柱状支撑剂在裂缝中的正视图

图 1-12　柱状支撑剂[1]

4）原位自生支撑剂

为解决加砂压裂技术存在的砂堵、设备磨损、压裂液残渣伤害、支撑裂缝导流能力有限、裂缝远端难以形成有效支撑等问题，西南石油大学赵立强等人[22]提出了一种"液体自支撑无固相压裂技术"（Liquid self-support and Solid-Free Fracturing Technology，LSSFT）。该技术的核心是将液态的"自支撑压裂液体系"（Self-support Fracturing Fluid System，SFFS）注入储层，在储层温度刺激下，由液态的自支撑压裂液体系在裂缝内形成"原位自生支撑剂"（In-situ Generated Proppant，IGP），可实现全缝网有效支撑，大幅度提高裂缝导流能力。

该技术的核心是一种热响应材料。它在常温下为液相，在一定温度刺激下逐渐发生相变，形成耐压固体，其相变过程如图 1-13 所示。不混溶的自支撑压裂液和通道压裂液（Channel Fracturing Liquid，CFL）在一定条件下混合注入地层，通过地层加热（>50℃）实现自支撑压裂液转相固化生成原位自生支撑剂。通过调节压裂液的黏度、注入速度、界面张力等参数可调节支撑剂粒径以及界面分布等。

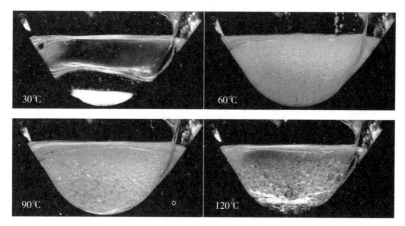

图1-13 SFFS形成IGP的相变过程[10]

该新型压裂技术异于常规压裂技术的特点在于：

（1）在压裂过程中不需要携带支撑剂；压裂液与支撑剂集于一体，在液体压开裂缝后，随温度的升高自行产生能够支撑压裂裂缝，防止裂缝重新闭合的支撑固体。

（2）压裂裂缝中的液体流动不再是单一液相混合固相流动，而是两种非互溶、不混相纯液体液-液两相流动。其中一种液体并不会对外界的刺激（例如温度变化）产生响应性（发生固化），且在压裂施工完成后返排的流通通道即为油气流动通道。油气的流动方式由常规压裂改造后的有限渗流变为无限渗流，从而极大地提高了油气产量。

该新型自支撑压裂技术可解决目前水力压裂理论和常规压裂工艺中存在携砂的问题。由于不需要支撑剂，整个注入过程仅注入液体，避免了加砂压裂发生砂堵的可能性，有效降低了施工成本、施工风险和安全隐患，并能够有效解决低渗透油气藏压裂后普遍存在的返排困难和缝内压裂液伤害等问题[23]，适用于常规储层的水力压裂以及非常规储层压裂复杂缝网导流能力的构建。

在常规油气资源已经难以满足国内需求的情况下，非常规油气资源的开发显得越来越重要。在非常规油气的开发中，传统水力压裂技术面临新挑战，对支撑剂材料也提出了更高的要求。从目前来看，新型支撑剂的造价普遍较高，工艺复杂，尚未得到大规模的工业化应用。可以预料的是，未来支撑剂的研究热点应该包括：

（1）在保证支撑剂抗压强度的基础上降低支撑剂的密度。

（2）充分利用某些工业废物如赤泥、粉煤灰等制作陶粒支撑剂。

（3）探索新的表面处理技术和工艺，增强表面改性性能，降低处理成本。

（4）支撑剂不再满足单一的功能，而是实现多个功能的复合。

三、支撑剂性能指标

支撑剂相关性能指标见规范标准SY/T 5108—2014《水力压裂和砾石充填作业用支撑剂性能测试方法》[24]。

1. 支撑剂粒径

实验样品中至少应有90%能够通过系列的顶筛并留在对应规格上下限筛内，即（1700/

850、850/425、425/250）μm 等规格的筛系列，筛网孔径如表 1-1 所示。大于顶筛筛网孔径的样品不应超过全部实验样品的 0.1%，留在系列底筛上的样品不应超过全部实验样品的 1%。例如 850/425μm 支撑剂样品，留在 1180μm 筛内的不应超过全部实验样品的 0.1%，底筛（300μm）上的样品不应超过全部实验样品的 1.0%。中值直径和每一级的筛子分布的样品都是合格的。

表 1-1　筛网孔径

筛孔尺寸[a]/μm										
3350/1700	2360/1180	1700/1000	1700/850	1180/850	1180/600	850/425	600/300	425/250	425/212	212/106
支撑剂/砾石充填标准规格/目										
6/12	8/16	12/18	12/20	16/20	16/30	20/40	30/50	40/60	40/70	70/140
GB/T 6003.1—2012 筛组[b]/μm										
粗体为规格上限	4750	3350	2360	2360	1700	1700	1180	850	600	600	300
	3350	2360	1700	1700	1180	1180	850	600	425	425	212
	2360	2000	1400	1400	1000	1000	710	500	355	355	180
粗体为规格下限	2000	1700	1180	1180	850	850	600	425	300	300	150
	1700	1400	1000	1000	710	710	500	355	250	250	125
	1400	1180	850	850	600	600	425	300	212	212	106
	1180	850	600	600	425	425	300	212	150	150	75
	底盘	底盘	底盘	底盘	底盘	底盘	底盘	底盘	底盘	底盘	底盘

a 按照 GB/T 6003.1—2012（或按 ASTM E11）定义的筛系。

b 筛子由顶部至底部顺序叠放。

2. 球度和圆度

陶粒支撑剂和树脂覆膜陶粒支撑剂的平均球度应是 0.7 或更大；平均圆度应是 0.7 或更大。其他类型支撑剂的平均球度应是 0.6 或更大，平均圆度应是 0.6 或更大，如图 1-14、图 1-15 所示。

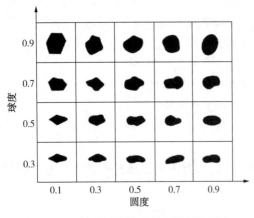

图 1-14　外观评估的球度和圆度示意图

图 1-15　40/70 目支撑剂圆度、球度显微照片

3. 密度

支撑剂的密度有支撑剂体积密度、视密度和绝对密度。

体积密度、视密度及绝对密度是支撑剂的重要特性。体积密度是描述充填单位体积的支撑剂质量，包括支撑剂和孔隙体积，可用于确定充填裂缝或装满储罐所需支撑剂的质量；视密度是表征不包括支撑剂之间孔隙体积的一种密度，通常用低黏度液体来测量，液体需润湿颗粒表面，包括液体不可触及的孔隙体积；绝对密度则是不包括支撑剂中的孔隙以及支撑剂之间的孔隙体积。

4. 酸溶解度

支撑剂的酸溶解度材料不应超过如表 1-2 所示最大酸溶解度中所示各值。

表 1-2　最大酸溶解度

支撑剂粒径/μm	最大酸溶解度（质量分数）/%
树脂覆膜陶粒支撑剂、树脂覆膜石英砂	5.0
压裂天然石英砂、陶粒支撑剂和砾石充填石英砂支撑剂	7.0

5. 支撑剂最大浊度

天然石英砂和砾石充填支撑剂的浊度不应超过 150FTU，陶粒支撑剂和树脂覆膜支撑剂的浊度不应超过 100FTU。

6. 最大破碎率

以支撑剂的最大破碎率不超过 10% 来确定其承受的最高应力值，以向下最近一级的 6.9MPa（1000psi）的整数倍表示。这个值代表材料能承受的最大应力值，即在该应力下支撑剂的破碎率不超过 10%。建立支撑剂破碎率为 10% 的破碎等级，这一等级也代表了支撑剂能承受的最高应力。例如，在 33MPa 应力条件下支撑剂产生了 10% 的微粒破碎率，向下圆整至 6.9MPa×4，支撑剂能够承受的最大应力而不产生超过 10% 的破碎率的应力值是 28MPa，按支撑剂破碎率小于 10% 提交的报告的分类级别应是 4K，支撑剂的破碎率如图 1-16 所示，破碎率等级如表 1-3、表 1-4 所示。

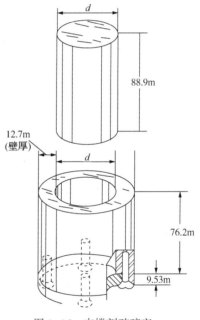

图 1-16　支撑剂破碎室

表 1-3　破碎等级分类表

10%破碎等级	应力/MPa	应力/psi	10%破碎等级	应力/MPa	应力/psi
1K	6.9	1000	6K	41.4	6000
2K	13.8	2000	7K	48.3	7000
3K	20.7	3000	8K	55.2	8000
4K	27.6	4000	9K	62.1	9000
5K	34.5	5000	10K	68.9	10000

续表

10%破碎等级	应力/MPa	应力/psi	10%破碎等级	应力/MPa	应力/psi
11K	75.8	11000	14K	96.5	14000
12K	82.7	12000	15K	103.4	15000
13K	89.6	13000			

表1-4　国内支撑剂9%破碎等级分类表

9%破碎等级	应力/MPa	应力/psi	9%破碎等级	应力/MPa	应力/psi
2K	14	2000	10K	69	10000
4K	28	4000	12.5K	86	12500
5K	35	5000	15K	103	15000
7.5K	52	7500			

提示：这个指标不适用于可固化树脂涂层支撑剂，其忽略了表面晶体带来的影响。

四、支撑剂现场应用新进展

近年来由于油气价格持续低迷，降本增效成为油气开发的主旋律。在储层压裂改造的费用构成中，支撑剂成本占总压裂成本的20%~25%，降低压裂材料成本，是降本减费的关键。采用石英砂代替传统陶粒支撑剂能有效降低压裂开发成本，目前已成为国内外许多油气藏开发改造的一种方法[25]。

1. 北美现场经验

除钻完井提速增效外，为进一步降低作业成本，北美开始使用石英砂替代陶粒，美国页岩储层压裂石英砂用量占比平均超过71%，部分地区支撑剂已全部采用石英砂，可降低成本近20%。北美现场经验表明，减少陶粒用量，增加石英砂在压裂施工中所占比例，可大幅降低压裂材料的费用，实现低油气价下页岩气的高效益开发。

2. 中国油田应用实例

国内各油气田考虑到压裂成本与经济效益，也逐渐使用石英砂代替陶粒作为支撑剂的主要材料。为实现降本减费，国内许多油田通过调研北美页岩气储层石英砂应用情况，结合本地油田特征和大量室内实验结果，在保障储层改造效果基础上，采用石英砂与陶粒混配的现场试验方案。

当前国内对石英砂用于压裂改造的研究主要局限于闭合压力小于35MPa的情况。对于闭合压力较高的储层，以往通常使用可在高闭合压力下保持高导流能力的陶粒作为主要的支撑剂，以保持裂缝通道长期有效。但陶粒支撑剂用量大，单井的材料成本较高。同时陶粒支撑剂由铝矾土烧结而成，在生产过程会造成大量污染，因而产能受限制较多。因此，研究人员纷纷开始印证在页岩气等较高应力的储层中采用石英砂作为支撑剂替代陶粒的可行性。

四川盆地长宁—威远地区页岩气储层的最小主应力介于44~68MPa之间，一直使用可在高闭合压力下保持高导流能力的40/70目陶粒作为主要支撑剂，使得其用量大、成本高。

为了进一步降低支撑剂的成本，在采用气藏数值模拟方法论证储层所需的支撑裂缝导流能力的基础上，评价了石英砂的导流能力及其对页岩气产能的影响，并利用该方法进行了支撑剂的筛选和现场试验。结果表明，优选 70/140 目石英砂能够满足该区页岩气井压裂需求。在该区 2 个平台 4 口井的应用效果表明，将石英砂比例从 30% 提高到 70%~80%，单段产气量无明显变化，单井可以节约支撑剂成本 60 万~100 万元。如果石英砂能够实现本地化，则成本可进一步降低。该项成果为在基质渗透率极低的致密油气储层中采用石英砂替代陶粒来降低成本提供了技术支撑[26]。

苏里格气田是致密砂岩气藏的典型代表，单井产能较低，压裂改造后方能获得工业气流。苏里格气田最小主应力为 43~48MPa，压裂使用的支撑剂一直都为 20/40 目中等强度陶粒。为评估石英砂替代陶粒的可行性，寇双锋等人[27]利用数值模拟、试井资料分析了裂缝导流能力的需求及现状，在此基础上通过室内实验对石英砂选型、石英砂与陶粒混合方式进行了研究，形成了一套方案并进行了现场试验。导流能力试验分析表明：常规压裂措施形成的裂缝导流能力可达 $130\mu m^2 \cdot cm$，远超需求，因此可在陶粒中混入不同比例的石英砂，在满足改造需求的同时实现改造成本的最小化。具体而言就是根据不同储层的导流能力情况采取不同的石英砂陶粒混比，经过两口井的现场验证后被证明是可行的。该实施方案可在满足改造需求的同时实现改造成本的最小化，若进行大规模推广，则将会大幅降低支撑剂成本，提高经济效益。

长庆油气工艺研究院结合长庆油田致密储层压裂地质特征，通过借鉴北美地区非常规储层改造大量使用本地石英砂的情况，提出用高品质小粒径石英砂替代同粒径低密度陶粒的思路。通过文献调研，到国内生产企业走访，以及对国内优质石英砂支撑剂进行系列评价后，长庆油气工艺研究院确定小粒径陶粒可用石英砂替代的量化技术指标，并制订了现场试验方案。长庆油田先后在定向油井、水平油井等不同井型进行前期试验，并进行生产动态和现场效果跟踪分析。与同区邻井前期使用小粒径陶粒相比，更换为石英砂后的试验井不仅产量保持稳定，而且其生产能力与对比井相比也无明显差距，取得了理想的试验效果。在合水油田致密储层压裂改造中，长庆油田油气工艺研究院利用 40/70 目小粒径石英砂支撑剂替代小粒径陶粒支撑剂，共试验 68 口井，累计应用小粒径石英砂 1.34×10^4t，直接节省材料成本 1000 多万元，有力地实现了油田降本增效的目标。长庆油田对小粒径石英砂压裂支撑剂的开发使用，将为实现年 5000×10^4t 稳产和提质增效的目标提供有力支撑。

华北油气分公司工程院在大牛地气田致密储层压裂改造中，利用 30/50 目石英砂替代 20/40 目陶粒支撑剂试验完成部分井段施工，取得较好生产效果。通过调研北美和焦石坝页岩气储层石英砂应用情况，结合大牛地气田致密储层闭合压力特征和大量室内实验结果，在保障储层改造效果基础上，确定了在深度小于 2700m 的储层中采用石英砂与陶粒比值为 3∶7 的现场试验方案。计划选取部分井开展试验，跟踪其半年和一年后的生产动态，根据评价结果决定后续应用情况。目前油田共完成 3 口水平井的现场试验，从初产看，压后产量未受石英砂导流能力影响，未来将进一步跟踪评价长期效果，分步实施石英砂代替陶粒试验。

第二节　导流能力测试标准

本节主要围绕支撑剂导流能力测试标准的发展进行阐述，对后续物理实验及数值模型设计有指导作用。测试标准原文可参考附录。

在对储层进行水力压裂的过程中，支撑剂导流能力对储层改造效果有着直接的影响，对支撑剂导流能力进行标准化评价测试可以更好地体现支撑剂的性能。在制定导流能力的测试标准时，可以将不同种类支撑剂导流能力的评价规范化。导流能力测试标准分为短期导流能力测试和长期导流能力测试两种，分别在相应的实验条件下进行评价。

一、短期导流能力测试标准

1. 支撑剂短期导流能力测试标准发展过程

国内支撑剂短期导流能力测试评价方法由中国石油天然气总公司于 1997 年颁布，对支撑剂短期导流能力测试方法进行了规范统一。国家能源局在该标准的基础之上，同时参考美国石油协会相关标准，颁布了压裂支撑剂充填层短期导流能力评价推荐方法（SY/T 6302—2009）。在参考 API RP61：1989 标准时进行了勘误。具体修改：该标准中将"本 API 标准"一词修改为"本标准"；用小数点"."代替作为小数点的逗号"，"；并删除 API 标准的前言和附录 D。

该标准的发布单位由中国石油天然气总公司变为国家能源局，在编写过程中参考美国石油协会的相关标准，并根据需要进行修正，数据计算过程更加规范化。

2. 支撑剂短期导流能力测试标准

《压裂支撑剂充填层短期导流能力评价推荐方法》（SY/T 6302—1997）[28] 于 1997 年 12 月 31 日由中国石油天然气总公司发布，从 1998 年 7 月 1 日正式实施。该标准的目的是提出实验室条件下评价压裂支撑剂充填层短期导流能力所采用的统一的试验设备、试验条件、试验程序。可用来评价、比较实验室条件下支撑剂充填层的导流能力，但并不能获得油藏条件下的支撑裂缝导流能力的绝对值。关于微粒问题、地层温度、岩石硬度、井下液体、时间以及其他因素超出了本方法涉及的范围。

《压裂支撑剂充填层短期导流能力评价推荐方法》（SY/T 6302—2009，等同 API RP 61：1989）[29] 于 2009 年 12 月 1 日由国家能源局发布，在 2010 年 5 月 1 日正式实施，替代压裂支撑剂充填层短期导流能力评价推荐方法（SY/T 6302—1997），发行机构由中国石油天然气总公司变为国家能源局，在编写过程中参考了 API 测试标准。该标准等同于 API RP 61：1989《压裂支撑剂充填层短期导流能力评价推荐方法》，引用了 API RP 27：1956《孔隙介质渗透率测试推荐方法》中的式（34）。

3. 支撑剂短期导流能力测试实验过程

（1）试验流体选用温度为 24℃，压力为 3.3kPa（25mm 水银柱），脱气 1h 的脱离子水或蒸馏水，并通过查询表 1-5 获得试验温度条件下试验液体的黏度和密度。

表 1-5 不同温度下液体的黏度和密度

温度/℃	黏度/mPa·s	密度/(g/cm³)	温度/℃	黏度/mPa·s	密度/(g/cm³)
20.0	1.002	0.9982	60.0	0.466	0.9832
21.0	0.978	0.9980	71.0	0.399	0.9775
22.0	0.955	0.9978	82.0	0.346	0.9705
23.0	0.932	0.9975	93.0	0.304	0.9633
24.0	0.911	0.9973	104.0	0.270	0.9554
25.0	0.890	0.9970	116.0	0.240	0.9464
26.0	0.870	0.9968	127.0	0.217	0.9376
27.0	0.851	0.9965	138.0	0.198	0.9281
38.0	0.678	0.9930	149.0	0.181	0.9182
49.0	0.556	0.9885			

注：以上数据由下列公式计算得出：

水密度的计算（-30~150℃）：

$$\rho' = (0.99983952 \times 0.016945176t - 7.9870401 \times 10^{-6}t^2$$
$$-4.6170461 \times 10^{-8}t^3 + 0.10556302 \times 10^{-9}t^4$$
$$-0.28054253 \times 10^{-12}t^5) / (1 + 0.01687985t)$$

式中：ρ'——水的密度，g/cm³；

t——平均液体温度，℃。

水黏度的计算（20~150℃）：

$$\mu = e'$$

（2）在试样上加载足够长时间的闭合压力以使支撑剂充填层达到半稳态。在不同闭合压力条件下液体流过支撑剂充填层时，测量支撑剂充填层缝宽、压差和流量，所选压力等数据如表 1-6 所示，1psi=6.895kPa。

表 1-6 各种粒径高强度支撑剂实验参数

闭合压力/kPa(psi)	流量/(cm³/min)	承压时间/h	闭合压力/kPa(psi)	流量/(cm³/min)	承压时间/h
6900(1000)	2.5 5.0 10.0	0.25	55200(8000)	2.5 5.0 10.0	0.25
13800(2000)	2.5 5.0 10.0	0.25	69000(10000)	2.5 5.0 10.0	0.25
27600(4000)	2.5 5.0 10.0	0.25	82700(12000)	2.5 5.0 10.0	0.25
41400(6000)	2.5 5.0 10.0	0.25	96500(14000)	2.5 5.0 10.0	0.25

注：用 3500kPa/min 的加载速率达到所需压力，闭合压力等于施加在导流室上的压力减去实验液体压力。

（3）每个闭合压力下可进行三种流量试验，试验结果取三种流量试验的平均值。在要求的流量和温度条件下，不存在非达西流或惯性影响。

（4）在一种闭合压力条件下的三个流量试验做完后，可将闭合压力增至另一个值，等待一定时间以使支撑剂充填层达到半稳态，再用三种不同的流量完成试验并取得所需数据，确定在此条件下支撑剂充填层的导流能力。

（5）重复此程序直到设计的闭合压力和流量全部试验完毕。

二、长期导流能力测试标准

1. 支撑剂长期导流能力测试标准发展过程

我国支撑剂长期导流能力测试标准早期主要参考 2006 年由国际标准化组织发布的"石油和天然气工业—完井液和材料第五部分"：支撑剂长期导流能力的测量程序，这一部分内容主要基于 API RP 61。2017 年由中国石油化工股份有限公司石油勘探开发研究院等机构共同起草的页岩支撑剂充填层长期导流能力评价推荐方法（NB/T 14023—2017）正式发布，用于对页岩支撑剂充填层长期导流能力进行评价。该标准选用的测试仪器相比于 ISO 13503—5 结构更为简单，操作步骤更加便捷。

2. 支撑剂长期导流能力测试标准

石油和天然气工业国际标准完井液和材料标准规范中第五部分（ISO 13503—5—2006）[30]于 2006 年由国际标准化组织颁布，这一部分内容主要基于 API RP 61。支撑剂充填层长期导流能力测量的国际标准中提到的支撑剂是指砂、陶粒介质和树脂涂层支撑剂、砾石充填介质和其他用于水力压裂和砾石充填作业的材料。

《页岩支撑剂充填层长期导流能力评价推荐方法》（NB/T 14023—2017）[31]于 2017 年 3 月 28 日由国家能源局颁布，2017 年 8 月 1 日开始实施，该标准由中国石油化工股份有限公司石油勘探开发研究院等机构共同起草，用于对页岩支撑剂充填层长期导流能力进行评价。

3. 支撑剂长期导流能力测试实验过程

（1）试验选用的流体为质量分数为 2% 的氯化钾溶液，要求氯化钾的纯度至少为 99%。通过查询表 1-7 可获得试验温度条件下的试验液体的黏度和密度。氯化钾溶液配制选用脱离子水或蒸馏水，脱离子水或蒸馏水应符合 GB/T 6682 中三级水规格。氯化钾为分析纯试剂，配制好的氯化钾溶液使用时间不超过 15d。

表 1-7　浓度 2%KCl 溶液不同温度时的黏度

温度		黏度	温度		黏度	温度		黏度
℃	℉	mPa·s	℃	℉	mPa·s	℃	℉	mPa·s
21.1	70	1.0000	35.0	95	0.7550	48.9	120	0.5820
22.8	73	0.9600	36.7	98	0.7235	50.6	123	0.5675
23.3	74	0.9500	38.3	101	0.7125	51.1	124	0.5610
23.9	75	0.9300	38.9	102	0.7060	52.8	127	0.5470
24.4	76	0.9150	39.4	103	0.6890	54.4	130	0.5325
26.1	79	0.8900	42.8	109	0.6550	56.1	133	0.5200
27.8	82	0.8625	43.3	110	0.6480	57.2	135	0.5120
28.3	83	0.8550	43.9	111	0.6400	57.8	136	0.5080
30.0	86	0.8300	45.6	114	0.6220	59.4	139	0.4950
31.7	89	0.8075	46.1	115	0.6150	61.1	142	0.4840
33.3	92	0.7800	46.7	116	0.6080	61.7	143	0.4800
34.4	94	0.7630	47.2	117	0.6025	63.3	144	0.4370

续表

温度		黏度	温度		黏度	温度		黏度
℃	℉	mPa·s	℃	℉	mPa·s	℃	℉	mPa·s
65.6	150	0.4545	98.9	210	0.3045	118.3	245	0.2540
66.1	151	0.4510	99.4	211	0.3025	118.9	246	0.2530
67.8	154	0.4405	100.0	212	0.3010	119.4	247	0.2520
69.4	157	0.4300	100.6	213	0.2990	120.0	248	0.2510
70.0	158	0.4270	101.1	214	0.2980	120.6	249	0.2495
70.6	159	0.4230	101.7	215	0.2960	121.1	250	0.2480
71.1	160	0.4190	102.2	216	0.2945	121.7	251	0.2470
72.8	163	0.4120	102.8	217	0.2930	122.2	252	0.2455
74.4	166	0.4020	103.3	218	0.2920	122.8	253	0.2440
75.0	167	0.3980	103.9	219	0.2905	123.3	254	0.2430
76.7	170	0.3900	104.4	220	0.2880	123.9	255	0.2425
78.3	173	0.3825	105.0	221	0.2870	124.4	256	0.2410
80.0	176	0.3750	105.6	222	0.2860	125.0	257	0.2400
81.1	178	0.3700	106.1	223	0.2840	125.6	258	0.2380
81.7	179	0.3675	106.7	224	0.2825	126.1	259	0.2375
83.3	182	0.3590	107.2	225	0.2810	126.7	260	0.2365
83.0	183	0.3525	107.8	226	0.2800	127.2	261	0.2355
85.6	186	0.3500	108.3	227	0.2780	127.8	262	0.2345
86.1	192	0.3435	108.9	228	0.2765	128.3	263	0.2330
89.4	193	0.3350	109.4	229	0.2750	128.9	264	0.2325
90.0	194	0.3325	110.0	230	0.2740	129.4	265	0.2320
90.6	195	0.3305	110.6	231	0.2725	130.0	266	0.2310
91.1	196	0.3280	111.1	232	0.2710	130.6	267	0.2295
91.7	197	0.3260	111.7	233	0.2700	131.1	268	0.2280
92.8	199	0.3225	112.2	234	0.2685	131.7	269	0.2270
93.3	200	0.3210	112.8	235	0.2675	132.2	270	0.2265
93.9	201	0.3190	113.3	236	0.2660	132.8	271	0.2260
94.4	202	0.3175	113.9	237	0.2650	133.3	272	0.2255
95.0	203	0.3160	114.4	238	0.2640	133.9	273	0.2245
95.6	204	0.3140	115.0	239	0.2625	134.4	274	0.2235
96.1	205	0.3125	115.6	240	0.2610	135.0	275	0.2225
96.7	206	0.3110	116.1	241	0.2590	135.6	276	0.2220
97.2	207	0.3085	116.7	242	0.2580	136.1	277	0.2215
97.8	208	0.3075	117.2	243	0.2570	136.7	278	0.2210
98.3	209	0.3065	117.8	244	0.2555	137.2	279	0.2195

温度		黏度	温度		黏度	温度		黏度
℃	℉	mPa·s	℃	℉	mPa·s	℃	℉	mPa·s
137.8	280	0.2180	145.6	294	0.2075	152.8	307	0.1980
138.3	281	0.2175	146.1	295	0.2070	153.3	308	0.1975
138.9	282	0.2170	146.7	296	0.2065	153.9	309	0.1970
139.4	283	0.2160	147.2	297	0.2060	154.4	310	0.1965
140.0	284	0.2150	147.8	298	0.2050	155.0	311	0.1960
140.6	285	0.2140	148.3	299	0.2045	155.6	312	0.1955
141.1	286	0.2135	148.9	300	0.2040	156.1	313	0.1950
141.7	287	0.2130	149.4	301	0.2030	156.7	314	0.1945
142.2	288	0.2125	150.0	302	0.2025	157.2	315	0.1940
142.8	289	0.2120	150.6	303	0.2020	157.8	316	0.1935
143.3	290	0.2110	151.1	304	0.2010	158.3	317	0.1930
143.9	291	0.2100	151.7	305	0.2000	158.9	318	0.1925
144.4	292	0.2090	152.2	306	0.1990	159.4	319	0.1920
145.0	293	0.2080						

（2）测试温度根据支撑剂种类有所不同，陶粒和树脂涂层支撑剂的测试温度为121℃（250℉），天然砂的测试温度为66℃（150℉）。硅饱和容器的温度应该比天然砂的测试温度66℃（150℉）高11℃（20℉）。使用其他流体或温度进行的测试对评价支撑剂充填体的导流能力也具有一定参考价值。

（3）试验中保持6.89MPa（1000psi）的初始闭合应力最短不少于12h，最长不超过24h。流体的回压应保持在2.07~3.45/MPa（300~500psi）。

（4）在初始应力保持6.89MPa（1000psi）到达规定时间后，将应力提高至13.79MPa（2000psi）。应用于支撑剂充填层的初始压力应当保持50h±2h，任何在应力状态下保持时间少于48小时所得的测试结果，不应视为该支撑剂的长期导流能力。

三、测试标准发展趋势总结

在支撑剂充填层短期导流能力评价推荐方法的发展过程中，标准更加贴合国际化发展，发行单位由企业变成了国家部门，并在编写过程中参考相关的国际标准，全面性得到加强。

在支撑剂导流能力评价推荐方法的发展过程中，相比于短期导流能力测试，长期导流能力测试具有更宽泛的应用场景。支撑剂导流能力测试时间延至50h±2h，并且随着测试时长的增加，为满足实验要求，试验流体选用质量分数为2%的氯化钾溶液，且该溶液由脱离子水或蒸馏水配制，保存时间也有一定的限制。随试验中所需的闭合压力增大，导流能力的测试装置也发生了一定的变化。测试允许的温度范围有一定的拓宽，考虑了更多工程实际中的影响因素，测试结果更接近实际情况。由于关于微粒问题、地层温度、岩石硬度和地层流体流动等因素造成的影响并未充分考虑，因此目前的导流能力测试方法仍有一定的改进空间。

第三节 导流仪器测试设备

一、导流仪简介

导流能力取决于裂缝的宽度和裂缝闭合后支撑剂的渗透率。因此，只有对不同来源的支撑剂在压裂作业前进行优选和质量控制，准确测试其导流能力，才能保证最佳的施工设计。

裂缝导流仪是一种用于测试油田水力压裂裂缝导流能力的大型仪器设备，国内目前使用的裂缝导流仪，有国产的也有进口的。该仪器可以模拟地层条件，对不同类型支撑剂进行短期或长期导流能力评价。其主要功能如下：

(1) 仪器能够使用 API 线性流液体方法测试、液体流动方法测试；

(2) 模拟压裂施工时液体在地层中流动的温度、压力条件，测定不同闭合压力下的导流能力。

二、导流仪的基本原理

裂缝导流仪是按照 API 标准研制的。它可在标准实验条件下模拟井下压力、评价裂缝支撑剂的导流能力，从而对各种支撑剂进行性能对比，其一般的测试方法如下：

(1) 用液压机对装有支撑剂的测试室施加不同的闭合压力，使支撑剂处于半稳定状态；

(2) 对支撑剂层注入试验液，对每一闭合压力下的裂缝宽度、压差等进行计量；

(3) 利用达西公式计算支撑剂层的渗透率和裂缝导流能力；

(4) 重复此过程直到所要求的各种闭合压力和流速全被评估；

(5) 将测试室加热到油藏温度，再对支撑剂层进行测试。

三、常见的导流仪种类

1. 进口仪器

PCM1000 型支撑剂导流仪由法国弗洛克斯公司制造，用于模拟储层压力(最大闭合应力 20000psi)和温度条件下(最大 177℃)，通过较大范围的带压压裂液(最大孔隙压力 1000psi)和流速，对支撑剂和裂缝的导流性能进行测试。

FCES-100 型裂缝导流仪[32]由美国制造，也是早期的一款进口导流仪，在当时国际上处于领先地位。能够使用 API 线性流液体方法测试。模拟压裂施工时液体在地层中流动的温度、压力条件，测定不同闭合压力下的裂缝导流能力。其测试液体流速范围为 0.01 ~ 10mL/min，测试压力最大为 20MPa，测试温度稳定在室温 ~ 180℃，闭合压力范围为 0 ~ 150MPa。

M9500 型自动支撑剂导流能力测试仪由美国 Grace 仪器公司制造，于 2017 年进行了更新，能够进行裂缝导流能力和滤失的测试，其模拟类似于井下条件的压力(流动压力 3000psi，闭合压力 20000psi)和温度(176℃)，并且能够广泛收集数学建模所需的数据，准许用户监测和记录测试顺序，能够输出 CSV 格式的数据报告，可以对流速进行精确的监测和控制，也可以分别进行裂缝导流能力和滤失测试或同时进行测试。

FCS-842 型裂缝导流评价系统[33]由美国岩芯公司（Core Lab）于 2012 年发布，于 2019 年更新，是目前性能较好的导流仪。根据需要，其试验可在闭合压力 20000psi（140MPa）、温度 350℉（176℃）和最大注入速度为 50mL/min 下测试液体导流能力和气体的导流能力。可以确定长期裂缝导流能力与支撑剂、压裂液、产出烃类型或速度之间的函数关系。

AFCS-845 型酸蚀裂缝导流测试系统由美国岩芯公司（Core Lab）于 2012 年发布，于 2019 年更新。除了具备 FCS-842 的全部功能外，新增了模拟酸压试验功能，可测量酸压裂缝的导流能力。系统配有酸泵、大功率的在线酸加热器、酸蚀裂缝导流室、出口冷却器等。酸液流量为 2000mL/min，压力为 20MPa。

2. 国产仪器

CDLY-96 型智能化导流能力测量仪[34]，是最早的国产导流仪器，由东营石油大学仪表厂制造，是把支撑剂放在两块钢板（平板夹持器）之间进行测量的。它是用一台液压机提供闭合压力，让测试液体流过支撑剂层，测出不同压力条件下的裂缝宽度、压差及流速，用达西定律即可计算出支撑剂渗透率及裂缝导流能力。其测量流速范围为 1~10mL/min，输入压力最大为 2.5MPa（在最大流速下），闭合压力范围为 5~150MPa。

CDLY-2000 型长期导流能力测试系统，是上一代产品的升级，山东中石大石仪科技有限公司制造，能够模拟地层温度（室温~120℃）和地层闭合压力（0~120MPa）进行导流能力的测试。此仪器也是最早的一批国产导流仪，性能有限，测试温度和测试压力都比较低。该仪器设计较早，只能进行液体的测量。

CDLY-2006 型裂缝导流能力测试仪[35]由山东中石大石仪科技有限公司 2006 年制造，该仪器是按照现代仪器模块化、集成化和网络化思想设计研制的，其自动压力加载系统采用液压泵快速加载与微量泵自动平衡控制技术，数据采集控制系统采用模块加网络解决方案，自动化程度高，性能稳定可靠。其流速范围为 0~20mL/min，系统最大压力为 25MPa，操作温度为室温~200℃，闭合压力范围为 0~100MPa，主要测试非强腐蚀流体。

TYE-2000 双导流室长期导流能力测试仪由南通海安县石油科研仪器有限公司 2012 年发布，可在标准实验条件下模拟井下压力、温度，评价裂缝支撑剂对不同压裂液的导流能力，从而对各种支撑剂进行性能对比。液体流速范围为 0~20mL/min；测试压力为 20MPa；操作温度为室温~180℃；闭合压力为 0~100MPa，可对油、气、水分别进行测量。

DL-2000 酸蚀裂缝导流能力实验仪[36]由南通海安县石油科研仪器有限公司 2012 年发布，该导流仪主要由供液系统（恒流泵）、液压控制系统（液压机）、API 标准导流室、测量系统等部分组成，能满足模拟酸在裂缝中酸化流动实验及返排实验要求；满足模拟压裂液、气液两相流等不同介质在裂缝中流动的实验要求；满足评价岩石酸液滤失和压裂液滤失实验要求；满足支撑剂的嵌入和返排实验要求。能在流动压力为 0~20MPa，温度范围为室温~180℃和闭合压力 100MPa 下进行酸蚀导流能力测试、支撑剂导流能力测试，包括气测导流能力、液测导流能力。

四、导流仪的发展

国内高校及科研院所在 2000 年之后陆续引进或自主研发导流仪，开展了大量的实验研究，形成了一系列丰富的科研成果，为水力压裂方案的有效设计做出了贡献。本节汇总了1996—2020年市面上比较有代表性的导流仪，总结了其发展过程。

早期的导流仪模拟的地层温度和压力都较低，测试性能较差，测试的导流能力多为短期导流能力（对支撑剂试样由小到大逐级加压，在每一压力级别逐级加压测得的导流能力），缺乏长期导流能力（将支撑剂置于某一恒定压力和规定的试验条件下，评价支撑剂导流能力随时间的变化情况）的测试能力；并且其体积过大，操作程序烦琐，自动化程度、智能化水平也有待提升；受限于制作材料，往往无法测量酸蚀流体的导流能力；测试介质比较单一，无法进行气体导流试验，无法确定非达西流的影响。

随着科学技术的不断提升，新型导流仪逐渐研发出来，在国产的导流仪器中，南通海安仪的产品处于领先水平，而进口的导流仪以美国岩芯公司（Core Lab）为代表处于世界领先地位。国产的导流仪往往落后于进口仪器，测试性能低于进口仪器，在测试稳定性方面差距更大。新型的进口导流仪，其模拟地层条件更加精准、计量精度更高、自动化程度高、功能多样、体积小，可控的参数范围大，借助计算机软件进行处理和控制，操作简便可靠；采用耐蚀材料制成，既可测量传统流体，又可测量酸蚀流体。新型导流仪可同时或分开测量气体导流能力，以确定非达西流的影响，可确定气流速度的 β 紊流系数、应力循环的影响以及支撑剂回流的影响。

导流仪器测试设备的发展呈现出智能化、便捷化、准确化和多功能化的发展趋势。在非常规油气发展的高速阶段，导流仪器测试设备会变得越来越重要。我国在导流仪器自主创新方面还有所欠缺，未来不仅要学习国外的先进科技成果，还要注重培养创新意识，探索创新途径，积极实践创新成果，走出自主创新之路[37]。

目前导流能力仪器的发展有两个趋势，一是朝着大型化、现场化方向发展，观察大尺寸模型中的宏观导流能力变化情况；二是朝着微观方向的发展，研究孔隙尺度的各种物理化学变化，揭示导流能力变化的微观内在机理，应用 CT 扫描、声波、破裂监测等设备进行微观监测。

在微观自主创新方面，中国石油大学（北京）张景臣团队独立开发了一款新型的导流仪器，如图 1-17 所示，能通过传感器和 CT 扫描图像测量模型应变，通过接口和测压孔测量模型各部分孔隙压力，上部施加闭合应力，并施加围压。该装置尺寸小于标准导流室，但仍可以模拟复杂裂缝网络的结

图 1-17 基于 CT 扫描的新型导流仪示意图

构单元，并结合渗透率和 CT 扫描尺寸数据计算复杂裂缝的导流能力。此外，该装置是在高温高压岩芯夹持器基础上升级改造，相比于更大尺寸的标准导流实验更加经济方便，符合目前导流仪器测试设备的发展趋势。

五、目前主流通用的导流仪——FCS-842[38]

FCS-842 导流仪是目前较先进的导流能力测量仪，由美国岩芯公司（Core Lab）生产，主要用来在实验室中模拟井底条件下支撑剂的导流能力，如图 1-18 所示。与以往的导流仪相比，其计量精度更高、自动化程度更高、功能更多样。根据需要，实验可在最大闭合应力 20000psi（140MPa）、最高温度 350℉（1℉=1.80℃+32）和最大注液速度为 50mL/min 的条件下进行。不仅能在盐水中测试，还可进行气体导流试验，模拟气体在裂缝中的流动以确定非达西流的影响。可确定压裂过程中所使用的支撑剂和压裂液，以及产出烃类型或流速与长期裂缝导流能力的函数关系；以及气流速度的 β 紊流系数、应力循环的影响、各种支撑剂对油藏岩石类型的嵌入量以及支撑剂回流系统的效率。

图 1-18　FCS-842 实物图

1. FCS-842 导流仪的系统构成

1）裂缝导流测量系统

测量系统主要包括两个 15L 试验液储罐；在线硅饱和加热容器，加热温度达 350℉，精度±2℉；在线带控制器的加热容器，保证进入裂缝导流室的试验液的温度精度为±2℉；回压调节控制和电子天平能测量到 0.1g/min；计算机记录和处理数据；每个裂缝导流室有两个压差传感器，其精度为满程的 0.1%，量程覆盖 0.001~300psi；一个压力传感器检测裂缝导流室中部的压力，其精度为满程的 0.1%，量程为 1~1000psi；计量泵，在 1000psi 下的最小流速为 0.1~50mL/min，流速精度为设定值的±0.2%；冷却系统，保证在室温和大气压条件下，高温产出液在 50mL/min 流速下不会蒸发。

2）多相流系统

多相流系统用来模拟气体在裂缝中的流动以确定它对非达西流的影响，以及气流速度的 β 紊流系数、应力循环的影响。可模拟的气体流速范围是 1~1000SL/min；流体经过分离器将气液分离；空气调节系统；加热能力达 350℉，精度±2℉。

3）滤失系统

滤失系统主要包括每个裂缝导流室具有上下两个滤失通道；回压到 1000psi；注入盐水接触的材质为不锈钢；回压调节精度达满程的±5psi；数字式压力传感器的精度达满程的±0.1%；数字式天平测量滤失量。

　　4）液压机

　　液压机的主要功能包括四柱结构；在 $10in^2$ 截面积上提供 20000psi 的闭合应力；能承受 3 个叠放式的裂缝导流室；线形位移传感器（LVDT）用于宽度测量；裂缝导流室加热元件带单独控制器；计算机控制泵的加压和运行。

　　5）计算机过程控制

　　计算机提供对全过程的控制和数据采集，MSWINDOWS 软件数据输入到 Excel 数据表；用户能输入最大允许范围值、安全限、报警限、试验程序和校正；用户可以要求显示数据或作图；用户可以实时改变记录速度。

　　2. FCS-842 导流仪的主要技术参数

　　最大闭合压力：140MPa；最大注入压力：6.9MPa；最大试验温度：176℃；最大注入流量：50mL/min；润湿材料：316 不锈钢；API 标准导流室：加载面积：$10ft^2$（$64.52cm^2$）；测压口：3 个；压差精度：0.075%F.S；负荷压力精度：0.1%F.S；裂缝宽度测量精度：±0.001mm；液压机：100t；硅饱和加热系统；回压控制：7MPa；电源：220VAC 单相和 380VAC 三相。

参 考 文 献

[1] 光新军，王敏生，韩福伟，等. 压裂支撑剂新进展与发展方向[J]. 钻井液与完井液，2019，36（5）：529-533，541.

[2] 马新仿，张士诚. 水力压裂技术的发展现状[J]. 石油地质与工程，2002（1）：44-47+1.

[3] 牟绍艳，姜勇. 压裂用支撑剂的现状与展望[J]. 工程科学学报，2016，38（12）：1659-1666.

[4] Fullenbaum R，Smith C，Rao M，et al. Trends in US Oil and Natural Gas Upstream Costs[J]. Oil and Gas Upstream Cost Study，Houston，Texas，IHS，2016：141.

[5] 刘让杰，张建涛，银本才，等. 水力压裂支撑剂现状及展望[D]. 2003.

[6] 李小刚，廖梓佳，杨兆中，等. 压裂用支撑剂应用现状和研究进展[J]. 硅酸盐通报，2018（6）：19.

[7] 徐永驰. 低密度支撑剂的研制及性能评价[D]. 西南石油大学，2016.

[8] 邓浩，公衍生，罗文君，等. 低密度高强度覆膜陶粒支撑剂的制备与性能研究[J]. 2015 亚洲粉煤灰及脱硫石膏综合利用技术国际交流大会，2015：120-125.

[9] 卢修峰，杨波. 一种低密度覆膜支撑剂及其制备方法[P]. 中国专利：CN106244132，2016.

[10] Palisch T，Duenckel R，Wilson B. New technology yields ultrahigh-strength proppant[J]. SPE Production & Operations，2015，30（1）：76-81.

[11] 刘红磊. 选择性支撑剂性能评价及在低渗透裂缝性油藏的应用[D]. 2011.

[12] 浮历沛，张贵才，张弛，等. 高通道压裂自聚性支撑剂研究进展[J]. 油田化学，2016，33（2）：376-380.

[13] 黄博，熊炜，马秀敏，等. 新型自悬浮压裂支撑剂的应用[J]. 油气藏评价与开发，2015，5（1）：67-70.

[14] 姚军，刘均荣，孙致学，等. 一种基于磁性支撑剂的支撑剂回流控制系统及控制方法[P]. 中国专利：CN103266877，2013.

[15] Liang F，Sayed M，Al-Muntasheri G A，et al. A comprehensive review on proppant technologies[J]. Petroleum，2016，2（1）：26-39.

[16] 贾旭楠. 支撑剂的研究现状及展望[J]. 石油化工应用，2017，36（9）：1-6.

［17］ Radwan A. A Multifunctional Coated Proppant：A Review of Over 30 Field Trials in low Permeability Formations［C］//SPE Annual Technical Conference and Exhibition. Society of Petroleum Engineers，2017.

［18］ Green J，Dewendt A，Terracina J，et al. First proppant designed to decrease water production［C］//SPE Annual Technical Conference and Exhibition. Society of Petroleum Engineers，2018.

［19］ Palisch T，Al-Tailji W，Bartell，et al. Recent advancements in far-field proppant detection［C］//SPE Hydraulic Fracturing Technology Conference. Society of Petroleum Engineers，2016.

［20］ Palisch T，Al-Tailji W，Bartell，et al. Far-field proppant detection using electromagnetic methods：latest field results［J］. SPE Production & Operations，2018，33(3)：557-568.

［21］ McDaniel G A，Abbott J，Mueller F A，et al. Changing the shape of fracturing：new proppant improves fracture conductivity［C］//SPE Annual Technical Conference and Exhibition. Society of Petroleum Engineers，2010.

［22］ 赵立强，张楠林，罗志锋，余洋，余东合，刘国华. 液体自支撑无固相压裂技术研究与现场应用［J］. 中国石油和化工标准与质量，2019，39(22)：243-245.

［23］ 陈一鑫. 一种新型自支撑压裂技术实验研究［D］. 西南石油大学，2017.

［24］ 国家能源局. SY/T 5018—2014 水力压裂和砾石充填作业用支撑剂性能测试方法［S］. 2008.

［25］ 高新平，彭钧亮，彭欢，等. 页岩气压裂用石英砂替代陶粒导流实验研究［J］. 钻采工艺，2018，41(5)：35-37.

［26］ 杨立峰，田助红，朱仲义，等. 石英砂用于页岩气储层压裂的经济适应性［J］. 天然气工业，2018，38(5)：71-76.

［27］ 寇双锋，陈绍宁，何乐，等. 石英砂在苏里格致密砂岩气藏压裂的适应性［J］. 油气藏评价与开发，2019，9(2)：65-70.

［28］ 国家能源局. SY/T 6302—1997 压裂支撑剂导流能力测试方法［S］. 1997.

［29］ 国家能源局. SY/T 6302—2009 压裂支撑剂导流能力测试方法［S］. 2009.

［30］ IX-ISO. ISO 13503—5—2006 石油和天然气工业 完井液和材料 第5部分：压裂液长效导电率的测量程序［S］. 2006.

［31］ 国家能源局. NB/T 14023—2017 页岩支撑剂充填层长期导流能力测定推荐方法［S］. 2017.

［32］ 温庆志，张士诚，李林地. 低渗透油藏支撑裂缝长期导流能力实验研究［J］. 油气地质与采收率，2006(2)：97-99+110.

［33］ 赵亚兵，周福建，宋梓语，梁星原，黄怡潇. 致密砂岩储层支撑剂粒径优选研究［J］. 西安石油大学学报(自然科学版)，2018，33(3)：57-62.

［34］ 刘强远，赫庆坤，赵仕俊. CDLY-96型智能化导流能力测量仪的研制［J］. 石油仪器，1999(3)：6-7+10-52.

［35］ 郑明军，曹先锋，何进海. 支撑剂裂缝长期导流能力测量仪的研制［J］. 石油机械，2010，38(3)：41-43+46+91.

［36］ 孟伟，焦国盈，罗雄，解修权. 覆膜砂及其组合支撑剂导流能力实验研究［J］. 重庆科技学院学报(自然科学版)，2019，21(4)：43-46.

［37］ 郭天魁，李明忠，曲占庆. 基于大型仪器设备的创新实验探索与实践［J］. 实验科学与技术，2015，13(5)：130-134.

［38］ http://www.petrolabs.com.cn/ProductShow.asp? PID=252

第二章　支撑剂嵌入

支撑剂嵌入是造成裂缝导流能力下降的主要原因之一[1]。在闭合压力的作用下，进入裂缝内的支撑剂会发生嵌入裂缝壁面的现象，一方面会导致支撑缝宽的减小，另一方面也会使裂缝内支撑剂充填层的孔隙度降低，同时还会使地层破碎产生碎屑，堵塞孔隙通道，严重损害裂缝的导流能力[2]。因此，为了保证压裂效果，对于支撑剂嵌入裂缝壁面的研究必不可少。

在一定闭合压力的作用下，支撑剂嵌入受诸多因素的影响，如闭合压力、支撑剂粒径和类型、储层岩性、岩石硬度、抗压强度、杨氏模量和铺砂浓度等。本章结合相关文献，从实验研究、理论模型分析和数值模拟研究3个方面分析支撑剂嵌入的损伤机理和影响因素。

第一节　支撑剂嵌入机理

一、研究目的和意义

压裂的目的是要在井筒附近地层中，形成一条具有高导流能力的渗流通道，因此形成较高导流能力的裂缝成为判断压裂作业是否成功的关键指标。支撑剂的作用主要在于保持裂缝处于张开状态，因此支撑剂性能的优劣将直接影响到裂缝的长期导流能力。

通过对支撑剂嵌入的导流能力进行实验研究，测量支撑剂嵌入过程中支撑剂的形变量对裂缝缝宽的影响，建立支撑剂嵌入深度计算模型和裂缝导流能力计算模型。在数学模型的基础上，分析支撑剂粒径、支撑剂弹性模量、闭合压力等因素对支撑剂嵌入程度和裂缝导流能力的影响规律，支撑剂嵌入外观如图2-1所示。

图 2-1　支撑剂嵌入外观图

首先，支撑剂的嵌入会导致有效缝宽减小，引起导流能力下降。

其次，支撑剂的嵌入还会使地层破碎产生碎屑，这些碎屑会堵塞孔隙通道，使导流能力进一步下降[4]。此外，除了颗粒之间的接触应力外，支撑剂颗粒受到来自裂缝壁面的压力和压裂液的作用。如果储层岩石的强度太低，与支撑剂接触时就易发生弹塑性变形，使支撑剂发生严重的嵌入。如果选择支撑剂的强度、尺寸和浓度等参数不适当，支撑剂发生破碎、运移，导致裂缝进一步闭合。

二、支撑剂嵌入影响因素分析

为研究支撑剂嵌入的影响因素，郭天魁等人（2010）[5]实验研究支撑剂嵌入，总结出支撑剂嵌入的一般规律。

在基岩应力 20MPa 下加压 2h，制成胶结疏松的岩板，其布氏硬度小于 0.1kg/mm²，静态杨氏模量小于 1000MPa。选用 Carbo-lite16/20 目、16/30 目、20/40 目、40/60 目的支撑剂，在铺砂浓度为 15kg/m² 时，分别进行无嵌入和嵌入条件下的导流能力实验。选取 10MPa、20MPa、30MPa、40MPa 共 4 个闭合压力点，每个压力点测试时间为 12h，实验温度为 60℃。

1. 闭合压力

随闭合压力的增加，支撑剂与岩板间的作用力增加，嵌入现象愈发严重。但对于不同硬度的岩板，支撑剂嵌入时所需的起始闭合压力有所不同，硬度越高发生嵌入的闭合压力也越高。在疏松砂岩地层中，支撑剂嵌入时所需的起始闭合压力值很小。发现 10MPa 压力下 40/60 目支撑剂在岩板中的嵌入程度最小，但已经接近 10%。

嵌入程度在初始阶段并不随闭合压力的升高而增大。并且由于低闭合压力下的支撑剂压实程度较低，粒间孔隙相对较大，地层微粒很容易被携带至支撑剂粒间孔隙中，因此会造成初始导流能力大幅度下降。随着微粒逐渐运移流出，导流能力又逐渐恢复。超过 20MPa 后，随闭合压力的增大而增加，基本上为线性关系。

2. 支撑剂粒径

在实验条件下，即地层砂粒径相对支撑剂较小的情况下，支撑剂的嵌入程度随支撑剂粒径的增加而增大，这是因为小粒径支撑剂与岩板的接触点更多，受力面积更大，单个支撑剂所承受的闭合压力较小，对软岩板接近整体压实，类似于"活塞推进"，相对来说嵌入程度更小。同时，由于小粒径支撑剂的粒间孔隙较小，软岩板中进入支撑剂充填层的地层游离砂微粒更难，因此对裂缝导流能力的影响更小。图 2-2 展示了不同粒径的支撑剂在两种岩板上嵌入后的剩余导流能力对比（无嵌入减去单侧嵌入导流能力为支撑剂单侧嵌入后损失值，导流能力为渗透率和缝宽的乘积，我们可以把这个损失值看作支撑剂充填层厚度的减小值。如果在另一侧加同样的岩板，那么相同条件下将会损失相同的厚度，即为两侧嵌入的损失值，与无嵌入导流能力之差，即为剩余导流能力值），在粒径和闭合压力的双重影响下，支撑剂最终剩余导流能力的差距随闭合压力的增加而降低，16/30 目的最终导流能力反而比 16/20 目的大。因此在优选支撑剂粒径时，要考虑不同粒径对嵌入造成的影响。

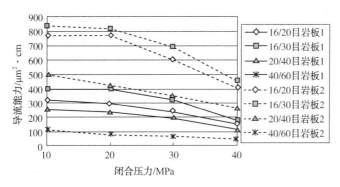

图 2-2　不同粒径支撑剂嵌入后剩余导流能力对比

3. 岩石硬度

支撑剂的嵌入程度随岩石硬度的减小而增大。目前研究表明，地层的布氏硬度约小于 $20kg/mm^2$ 时，嵌入现象较为明显。在图 2-3 中可以看到支撑剂在软地层中几乎埋没，而硬岩板中却可以看清压痕，两者嵌入差异明显。室内研究确定了坚硬岩石中，支撑剂的嵌入一般在支撑剂粒径的 50%；而在松软砂岩中，预计裂缝双面嵌入程度可达支撑剂粒径的 300%。在人造软岩板中，20/40 目、16/30 目、16/20 目支撑剂在 40MPa 时的嵌入程度在 70% 左右。同时，岩板的硬度越高，发生嵌入时，所需要的闭合压力也越高。

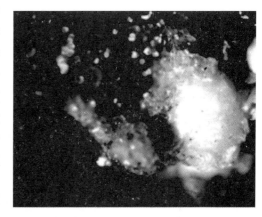

图 2-3　支撑剂在硬岩板中的嵌入微观图

4. 岩性

支撑剂在不同粒度组成的岩板中的嵌入程度不同。相同的支撑剂对砾岩的嵌入程度最为严重，泥岩其次，粉砂岩最小。实验使用的是硬岩板，单从岩板的地层砂粒径大小上比较，无法得出规律性结论。从岩板的单轴抗压强度和杨氏模量上分析，硬度是依次增加的，这样的结果并不能说明岩性与嵌入的关系。

参考实验中配制的两种不同粒度组成的岩板，实验前岩板布氏硬度均在 $0.08kg/mm^2$ 左右。由图 2-2 可以看出不同粒度组成的岩板对支撑剂的嵌入影响差别很大。在硬度接近的情况下，嵌入的影响程度随地层砂粒度中值的增大而减小。因此在进行压裂设计时，应充分考虑压裂井改造层段的岩性。

5. 铺砂浓度

铺砂浓度与嵌入程度并没有相关性，但对嵌入造成的支撑剂导流能力变化有重要影响。这是由于在较低的铺砂浓度下，总的铺砂层数较少，一旦发生嵌入，嵌入层占总铺砂层数的比例相对较大，其影响比高铺砂浓度大[6]。实验的铺砂浓度为 $15kg/m^2$，在软地层中，此铺砂浓度下的嵌入已经十分严重。如果铺砂浓度为 $10kg/m^2$ 或者更低，产能将会大大降低。这表明在压裂施工作业时，尤其是在疏松砂岩油藏中，要尽可能采用高铺砂浓度，避免因嵌入导致缝宽减小，从而得到较为理想的有效导流能力。

影响支撑剂导流能力的因素较多，主要有闭合压力、支撑剂粒径、支撑剂铺砂组合方式、支撑剂铺砂浓度等[7]。支撑剂粒径和基岩力学参数是影响支撑剂嵌入程度的主要因素，支撑剂粒径越大，岩石弹性模量越小，支撑剂嵌入越深。随着闭合压力增加，大粒径支撑剂导流能力与小粒径支撑剂导流能力差距逐渐变小，主裂缝及分支缝内支撑剂导流能力逐渐降低，并且这种降低趋势存在明显的转折点。

不同粒径支撑剂在组合铺置条件下，主裂缝及分支缝内支撑剂组合均存在最优的组合方式；主裂缝及分支缝内支撑剂铺砂浓度越高，导流能力也越高；随着闭合压力增大，高浓度铺砂与低浓度铺砂条件下的导流能力差距逐渐变小，应力加载破坏对裂缝内导流能力的影响是不可逆的。增大裂缝缝宽比提高裂缝渗透率更有利于提高裂缝导流能力，裂缝缝宽可以通过增大支撑剂粒径，增加支撑剂堆叠层数来实现[8]。

第二节　支撑剂嵌入条件下的导流能力实验研究

前文分析了支撑剂嵌入的规律，下面通过一系列的实验探究各种影响因素如何损伤裂缝的导流能力。研究先从支撑剂参数、岩石力学性质等单一因素实验开始，进而讨论在多因素影响下的支撑剂嵌入实验，涉及流体作用、微粒运移、温度效应等。

一、不同类型支撑剂、不同铺砂浓度的导流实验研究

温庆志等人（2005）[9] 使用长期裂缝导流仪进行了地层岩芯的支撑剂嵌入实验研究，考察了不同类型支撑剂、不同铺砂浓度对岩芯的嵌入程度以及对导流能力的伤害程度。

实验使用 FCEs-100 型裂缝导流仪，模拟地层温度和闭合压力，导流室按照 API 标准设计。实验所用岩芯取自玉门青西油田，按照 API 规范，将岩芯加工成符合导流室要求的岩芯片，代替原导流室中的金属片。岩石力学性质如表 2-1 所示。

表 2-1　岩石力学性质

岩石编号	密度 ρ /（g/cm³）	单轴抗压强度 σ_c /MPa	弹性模量 E /10⁴MPa	泊松比 μ
粉砂岩	2.57	60.57	2.218	0.35
砾岩	2.69	48.71	1.939	0.19
白云质泥岩	2.68	88	1.276	0.32

选择国内两种常用支撑剂进行实验，根据国内各油气田的使用情况，分别考查两种粒径范围：20/40 目及 30/60 目。铺砂浓度定为 10kg/m²，闭合压力以 10MPa 为递增量从 10MPa 增加到 90MPa，在接近地层闭合压力时每个压力点测试时间至少 50h。实验温度为 120℃。为了便于进行实验比较，一个导流室使用钢板模拟裂缝壁面（不发生嵌入现象），另一个导流室使用岩芯片模拟地层（发生嵌入现象）。

1. 10kg/m² 铺砂浓度下嵌入实验

1 号、2 号支撑剂 20/40 目陶粒嵌入实验，分别使用 3 号、5 号岩芯。由岩芯实验与钢

板实验的实验曲线分析可知，压力低于 50MPa 时，两条曲线基本重合，表明支撑剂没有发生嵌入或者嵌入现象不明显，导流能力没有因为嵌入而受到影响。当闭合压力大于 50MPa 时，两条曲线开始分开，使用岩芯的曲线下降迅速，表明当闭合压力高于 50MPa 后，导流能力开始受嵌入的影响。闭合压力为 60MPa 时，使用钢板导流能力为 $140\mu m^2 \cdot cm$，使用岩芯导流能力 $85\mu m^2 \cdot cm$，仅仅由于嵌入就导致导流能力下降 39.3%。随着闭合压力进一步增大，达 80MPa 后，两者的差别开始减小，这是由于支撑剂破碎成为主导因素。

2. $5kg/m^2$、$20kg/m^2$ 铺砂浓度下嵌入实验

采用 1 号支撑剂 20/40 目陶粒进行了实验。从分析可看出，低铺砂浓度下导流能力随着压力增大下降迅速。对于使用岩芯的实验，10MPa 时导流能力为 $112\mu m^2 \cdot cm$，闭合压力增加到 60MPa 后，导流能力下降到 $14\mu m^2 \cdot cm$，下降了 87.5%。说明低铺砂浓度下导流能力随闭合压力增加而下降得更快。低铺砂浓度下，总的铺砂层数要少，发生嵌入时，嵌入层占总铺砂层数的比例相对要大，也就是说，在低铺砂浓度下一旦发生嵌入现象，其影响比高铺砂浓度大。压裂作业时，要尽可能采用高铺砂浓度，以获得较为理想的导流能力。

3. 不同目数及铺砂浓度对比实验

采用 2 号支撑剂陶粒 20/40 目，30/60 目，分别进行 $5kg/m^2$、$10kg/m^2$、$20kg/m^2$ 实验，实验结果如图 2-4 所示。

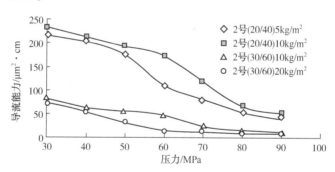

图 2-4　2 号支撑剂不同目数及铺砂浓度对比曲线

从图中看出，在有嵌入存在的情况下，铺砂浓度越大，导流能力也越大。无论是 20/40 目，还是 30/60 目，铺砂浓度每提高一倍，导流能力可以提高数倍。20/40 目支撑剂 $10kg/m^2$ 铺砂浓度下导流能力甚至优于 30/60 目陶粒 $20kg/m^2$ 铺砂浓度下的导流能力。因此，根据油气田现有条件以及压裂工艺水平，优选支撑剂类型和砂比，以获得尽可能高的裂缝导流能力。

二、不同岩性、力学性质对嵌入影响的实验研究

在之前的实验中，分析了支撑剂的参数对导流能力的影响，现有研究表明岩石力学性质与支撑剂嵌入问题也是密切相关的。李超等人(2016)[10] 对几种岩样进行了支撑剂嵌入实验。对岩样进行矿物成分及三轴力学实验分析，分别使用不同岩芯进行支撑剂嵌入测试，并分析总结了影响储层支撑剂嵌入的因素。

首先对岩石矿物成分进行分析：选取某油田 9 组致密油岩芯进行实验，实验前将岩样研磨成 100 目的岩粉，用石油醚洗油烘干后通过 X 射线衍射仪对岩样进行岩石矿物分析。

导流能力研究概论

实验结果如表2-2所示，表明脆性矿物总体含量不高，平均为39.20%，矿物脆性指数较低，平均值仅为30.80%。

表2-2 岩石矿物成分分析结果　　　　　　　　　%

岩样编号	矿物成分含量						矿物脆性指数
	黏土	石英	正长石	斜长石	方解石	脆性矿物	
1	3	22.84	4.18	8.72	1.6	37.34	40.36
2	24.57	16.54	4.88	5.56	13.2	40.18	25.54
3	24.17	22.00	4.54	—	2.93	40.58	33.98
4	18.98	9.37	2.32	1.76	16.38	29.83	19.20
5	16.45	22.60	7.02	4.25	10.53	44.40	37.14
6	19.20	28.00	2.62	7.04	5.24	42.90	45.09
7	32.33	16.08	6.07	15.84	—	37.99	22.87
8	28.40	18.02	7.80	14.22	—	40.04	26.33
9	28.80	18.10	9.00	12.40	—	39.50	26.50
平均	23.60	19.3	5.40	9.00	5.50	39.20	30.80

然后进行了岩石力学性能分析：岩石取芯后采用高温高压岩石三轴实验仪器测定岩石力学参数如表2-3所示。从岩石力学参数可知，平均杨氏模量为23605MPa，平均泊松比为0.278，力学脆性指数为34.18%。

表2-3 岩石力学参数分析结果

岩样编号	围压/MPa	孔压/MPa	温度/℃	杨氏模量/MPa	泊松比	力学脆性指数/%
1	40	25	70	24173	0.252	39.72
2	40	25	70	24346	0.300	30.25
3	40	25	70	25392	0.280	34.99
4	40	25	70	22898	0.359	17.41
5	40	25	70	28358	0.263	40.51
6	40	25	70	31234	0.278	39.57
7	40	25	70	18462	0.270	32.04
8	40	25	70	17458	0.254	34.53
9	40	25	70	20124	0.243	38.63
平均	40	25	70	23605	0.278	34.18

实验开始前将岩芯制成97mm×40mm×19mm的岩板，应用自行研制的支撑剂嵌入测试分析系统，对不同岩样进行支撑剂嵌入测试，并借助超长焦距连续变焦视频显微镜和电镜扫描仪对测试的嵌入深度进行分析验证和校正[11]。在与支撑剂嵌入测试相同的粒径和铺砂浓度的条件下，利用自行研制的支撑剂裂缝导流能力测试系统测试支撑剂的导流能力。

从嵌入深度与杨氏模量的关系可以看出，如图2-5所示，两者呈负相关。岩石的杨氏模量越大，支撑剂嵌入深度越浅。

根据脆性矿物和黏土矿物含量对支撑剂嵌入深度的影响分析可知，如图 2-6 所示，随脆性矿物含量的增加，支撑剂嵌入深度变浅；黏土矿物含量增加，支撑剂嵌入深度增加。实验表明，压裂时选取脆性矿物含量较高的层段进行压裂将降低支撑剂嵌入深度的影响。

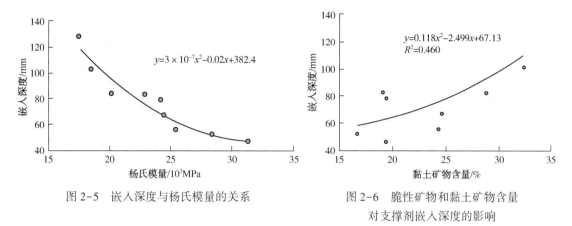

图 2-5　嵌入深度与杨氏模量的关系　　图 2-6　脆性矿物和黏土矿物含量
对支撑剂嵌入深度的影响

三、岩石—流体相互作用下的支撑剂嵌入导流能力实验

压裂改造中的入井流体以及地层水会损伤岩石的性能，导致地层岩石软化变形，加剧支撑剂的嵌入程度。

为了解页岩—流体相互作用下引起的支撑剂过量嵌入问题，Junjing Zhang（2015）[12] 用 Barnett 页岩样品进行了实验室研究，模拟了页岩破裂过程中流体的作用，实验中使用的流体具有类似于油田水的化学成分。实验结果与伯里亚砂岩样本的实验研究结果进行了对比，实验后的分析包括显微成像和支撑剂嵌入深度的测量。

该实验采集了 Barnett 页岩露头样品。根据 X 射线衍射测试，该样品含有 31% 的石英、32% 的伊利石、9% 的混合层状伊利—蒙皂石和 5% 的高岭石，如表 2-4 所示。按改进的 API 导流单元尺寸切割样品，由于露头样品的厚度限制，将岩样切割成 1~1.5in 的样品，样品如图 2-7 所示。采用工业级氮气测定裂缝导流能力，在氮气作用后，将合成返排液注入裂缝以模拟损害过程。

表 2-4　**Barnett 页岩样品的 X 射线衍射矿物学研究**

样品成分	质量分数	样品成分	质量分数
石英	31%	伊利石—蒙脱石混层	9%
长石	2%	绿泥石	4%
高岭石	5%	其他	17%
伊利石	32%		

Barnett 页岩中返排水样本的总溶解固体浓度为 39000mg/L，实验中配制了总溶解固体浓度为 38000mg/L 的盐水，同时使用了 40/70 目砂进行实验研究。

实验用的导流装置由 5 个独立单元组成：（1）气体注入单元；（2）液体注入单元；（3）导流单元组件；（4）闭合应力单元；（5）压力/速率数据采集单元。

图 2-7　适合改进的 API 导流能力测试的 Barnett 页岩样品

　　实验在 70℉下进行，支撑剂和页岩样品在实验前均保持干燥。在短期实验中，按照 API RP-61 标准测量了未损伤的裂缝导流能力。首先以 0.5mL/min 的较高速率注入水，使系统饱和，然后以 0.1mL/min 的较低速率注入水，直到流量达稳定状态。接着注入气体，气体通过裂缝流动，直到出现稳定状态。作用在裂缝上的有效闭合应力设置为 4000psi。

　　为了评价裂缝的导流能力，采用气体和水两种注入方式。由于氮气不与页岩发生化学反应，因此首先注入干氮气测定未损伤的裂缝导流能力，然后将水注入裂缝中，浸泡页岩裂缝面，直至达到稳定流动状态，再次注入干氮气，去除裂缝中的水分，并测量恢复后的裂缝导流能力。通过比较两种气体测量的导流能力，评估水对导流能力损害的严重程度。

　　实验后利用 Zeiss 公司的热台—偏光显微镜对实验后的断口进行图像分析。实验结果表明，在 Barnett 页岩样品中，裂缝导流能力有 88%永久损失。页岩破裂面软化导致的支撑剂嵌入量过大是造成导流能力损失的主要原因。

　　在有水流和无水流两种情况下，均拍摄了支撑剂嵌入的显微图像，如图 2-8 和图 2-9 所示。水流后裂缝面的平均埋深约为 140μm，只接触天然气的裂缝面的平均埋深仅为 40μm，40/70 目砂的中位直径为 300μm。这意味着，由于页岩表面软化，平均有一半的砂粒接触水后嵌入裂缝面。

图 2-8　含水导流测试中 40/70 目支撑剂嵌入页岩裂缝面的显微图像

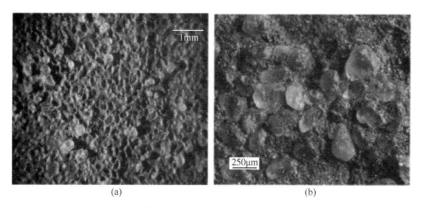

图 2-9　无水导流测试中 40/70 目支撑剂嵌入页岩裂缝面的显微图像

研究结果表明，在 4000psi 闭合应力作用下支撑剂嵌入严重，导致压裂后裂缝导流能力下降了 88%。在接触水中的裂缝中，支撑剂平均嵌入深度约为粒径的 50%，而仅接触气体的裂缝中，支撑剂平均嵌入深度仅为粒径的 15%。这是由于水的运动引起局部孔隙压力升高，同时页岩层间黏结强度降低，造成了页岩的浸水软化。储层中的页岩—水相互作用降低了岩石的机械强度，导致发生严重的支撑剂嵌入，造成裂缝导流能力的损失。通过对流体—岩石系统的支撑剂嵌入研究，为水力裂缝中流体的破坏机理提供了实验室验证。

四、温度和时间效应对支撑剂嵌入现象的影响

随着技术的进步，室内导流能力实验的时间越来越长，这种长时间动态观测的方法有助于进一步了解多因素综合作用下导流能力的损失变化规律。

MittalA(2018)[13]考虑到了温度和时间效应对支撑剂嵌入的影响，进行了长期的实验，模拟了油藏条件下支撑剂嵌入、破碎和成岩作用的影响。这项研究的重点是在尽可能多的实验条件下了解裂缝导流能力。实验设备允许在储层温度和压力条件下测试页岩岩板，这更能反映地下环境。采用动态测量方法，在盐水中进行了长时间(10~60d)的测量，研究了支撑剂类型和填充厚度、温度、闭合应力和孔隙流体成分的变化。

实验用 20/40 目的渥太华砂在 $1.5ft^2$(1ft=0.3048m)的页岩板间进行了测量。实验装置的示意图如图 2-10 所示。在入口处，两个注入泵并联以保持盐水的连续供应，实验时间从 10~60d 不等。盐水流量由泵控制器调节，流量精度为 $0.01cm^3/min$，恒定流量为 $3cm^3/min$。盐水必须克服作为孔隙压力的反压力(300psi)，才能流过导流室。不同压力计监测通过导流室的孔隙压力的变化。该仪器可在 0~25psi 范围内进行校准，精确度为 0.01psi。

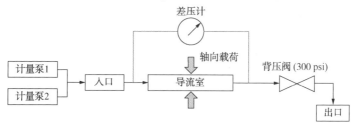

图 2-10　实验装置示意图

图 2-11 展示了导流仪的截面图。支撑剂层位于导流室的中心，这样盐水就可以流过支撑剂层。通过顶部和底部活塞施加轴向负荷，模拟支撑剂层的闭合应力，如图 2-11(a)所示。

图 2-11(b)显示出了支撑剂层的扩展横截面。支撑剂层的长度为 2in，由合金压板组成，压板的顶部和底部都由聚四氟乙烯(PTFE)密封，以防止液体流失。所述支撑剂夹在岩石加工的顶部和底部压板之间，导流仪可以容纳岩石或金属板，长度 2in，宽度 1.25in，高度 0.25in，支撑剂的浓度可以从 0.75~3lb$_m$/ft^2 不等。图 2-11(c)显示了周边带有 PTFE 套管的密封和岩石压板的俯视图。

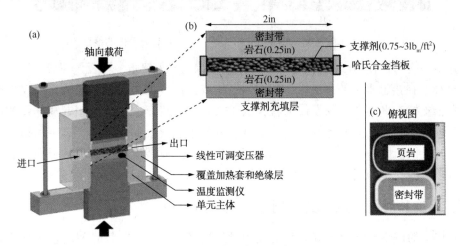

图 2-11　导流仪的组成

1. 支撑剂填充层渗透率测量

实验中，使用了由 Vaca Muerta 和 Eagle Ford 页岩制成的页岩板。在实验开始前，用纳米压痕法在干燥岩石上测量了杨氏模量。Vaca Muerta 和 Eagle Ford 样品的杨氏模量分别为 24.564GPa 和 15.962GPa。建立了静态弹性模量与各种泥页岩试样的动态弹性模量相一致的数学模型，并详细讨论了矿物学、TOC 和孔隙度对力学性能的影响。

实验在 5000psi 闭合压力、250℉温度下进行。Vaca Muerta 和 Eagle Ford 页岩板支撑剂层的渗透性从 1000mD 开始下降。2d 之内，Vaca Muerta 的渗透率下降了约 50%，Eagle Ford 页岩的渗透率下降了 85%。在 5000psi 闭合压力、250℉温度的条件下共 10d 的试验，Vaca Muerta 页岩层的渗透率比 Eagle Ford 页岩层高出 5 倍，如图 2-12 所示。

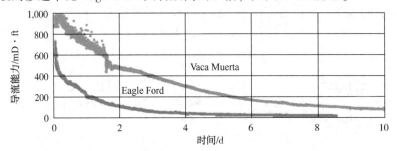

图 2-12　Vaca Muerta 和 Eagle Ford 页岩板的裂缝导流能力随时间的变化

在 10d 内，Eagle Ford 页岩板相比于 Vaca Muerta 板发生了更为明显的渗透率下降现象。由于支撑剂嵌入更严重，Eagle Ford 页岩板的压实程度比 Vaca Muerta 板高 20%。经过粒度分析和扫描电子显微镜(SEM)图像证实支撑剂破碎、微粒运移和嵌入作为主要的损伤机制。在最初的 5d 测试期间，渗透率发生了明显的下降，随后渗透率趋于稳定。破碎的支撑剂和页岩表面颗粒产生细小组分；在下游观察到浓度较高的细小组分。

而长期的渗透率测量则是在 20/40 目的渥太华砂[铺砂浓度：$2lb_m/ft^2(1lb_m = 453.6g)$]和 Vaca Muerta 页岩组成的支撑剂充填层中进行的，支撑剂充填层同样在 5000psi 闭合压力、250℉下进行，持续 60d。流体采用去离子水、3%NaCl 和 0.5%KCl 按质量混合配制。对于长期实验来说，导流能力从 $240mD \cdot m(1mD = 0.99 \times 10^{-3} \mu m^2)$ 开始急剧下降，15d 后稳定在大约 $210 \times 10^{-3} \mu m^2 \cdot m$，随后逐渐下降，60d 内减少到大约 $100mD \cdot m$。

2. 页岩表面的支撑剂嵌入

通过对页岩板的激光扫描图可以看出，如图 2-13 所示，在经过了 10d 的实验后，Eagle Ford 页岩有更明显的支撑剂嵌入情况。经过矿物分析得到 Eagle Ford 页岩的黏土含量高于 Vaca Muerta 页岩，这说明支撑剂的嵌入程度与岩石的黏土含量密切相关。高温与应力作用进一步加剧了支撑剂嵌入程度。

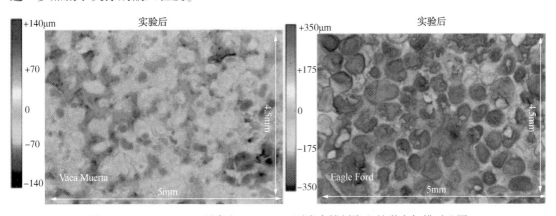

图 2-13　Vaca Muerta 页岩和 Eagle Ford 页岩支撑剂嵌入的激光扫描对比图

图中嵌入与嵌入周围的隆起/挤压区域用形状区分，实验后支撑剂嵌入区域显著增加。在长期试验中，由于闭合应力的作用，预计支撑剂颗粒在试验初期会发生嵌入现象。同时，必须要考虑到，在适宜的环境中，流体和岩石发生化学作用，可能会发生成岩作用。

图 2-14 显示了嵌入岩石表面的支撑剂颗粒。通过以上实验分析，发现地层压力、岩石性质、支撑剂粒径和铺置浓度、地层流体、温度等因素都会影响支撑剂的嵌入，其中地层压力、岩石性质对其影响最大。实验虽已考虑了单一因素的影响及各种因素的影响，但受制于实验条件，难以同时考虑各因素的作用。此时，就需要对支撑剂嵌入这一现象进行数值分析，构建力学模型，并借助数值模拟软件对裂缝结构进行更加精细的分析。

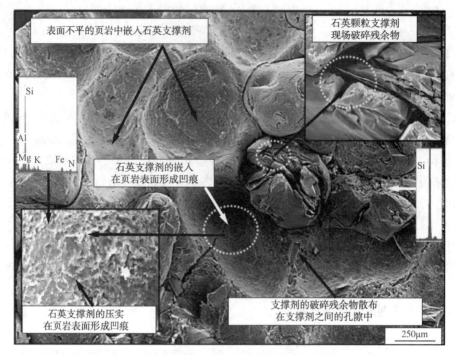

图 2-14 20/40 目渥太华砂嵌入 Vaca Muerta 页岩的扫描电镜图

第三节 支撑剂嵌入变形理论模型分析

支撑剂嵌入的研究方法包括实验研究、数值模拟和理论模型分析。近年来许多学者均对不同岩石类型开展了支撑剂嵌入实验研究，并得到了一些认识。Huitt 等人（1958）[14] 基于几何关系建立支撑剂嵌入深度计算公式，该公式中有两个参数需要通过实验研究来拟合确定。Volk 等人（1981）[15] 量化了影响嵌入的因素，如支撑剂浓度、尺寸、分布、岩石类型，根据实验结果制定了经验公式，对软岩地层的埋藏和裂缝导流能力进行了实验研究。结果表明，决定嵌入的主要参数首先是闭合压力，然后是支撑剂粒度。

Lacy 等人（1998）[16] 开发了一种算法，用来测量软岩储层中支撑剂的嵌入。研究了支撑剂嵌入与闭合压力、支撑剂铺置浓度、支撑剂粒径、含水饱和度、压裂液滤失行为和岩石力学性能之间的关系。Li 等人[17] 采用双球体弹性接触模型建立了支撑剂嵌入的解析公式。该公式虽然理论基础完善，但仅考虑了弹性变形，无法分析支撑剂弹塑性嵌入情况。

随着研究的不断推进，对支撑剂嵌入的弹塑性模型更加受到关注，研究过程经历了弹性模型到弹塑性模型的转变。本节分别介绍支撑剂嵌入的弹性模型和弹塑性模型。

一、弹性变形下的支撑剂嵌入研究

赵金洲等人（2014）[18] 基于经验公式提出了支撑剂嵌入深度计算模型。该模型通过微元变形叠加的方法，把支撑剂所承受的压力假设为各弹性力之和，以确定裂缝面在支撑剂作用下的形变量。下面首先就这一计算模型进行详细叙述。

模型假设条件：（1）支撑剂颗粒圆球度好，为一标准球形；（2）地层均质且嵌入时岩石只发生弹性变形；（3）支撑剂为理想等直径刚性球体，嵌入过程中不变形、不破碎；（4）嵌入深度不超过一个支撑剂直径。

数学模型的建立：假设支撑剂均匀铺置于裂缝中，当支撑剂与岩石表面没有压力作用时，即没有嵌入现象发生，如图2-15（a）所示。

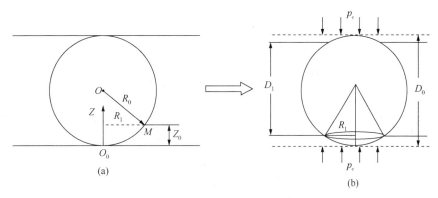

图2-15 支撑剂嵌入岩石示意图

支撑剂与岩石表面仅在 O 点接触，设距 Z 轴为 R_1 的 M 点与岩石水平面的距离为 Z_0，由几何关系得：

$$Z_0 = \frac{R_1^2}{2R_0 - Z_0} \tag{1}$$

当支撑剂与岩石以闭合压力 P_c 相互作用时，如图2-15（b）所示，在接触点附近将发生局部变形而出现一个边界为圆形的接触面，其半径为 R_1。令 Z 轴上距离点 O_0 较远处（即该处的形变已经可以略去不计）的一点趋近于岩石所在水平面的距离为 L，并令 M 点沿 Z 轴方向的位移为 Z_M，则 M 点与岩石水平面之间的距离可表示为 $L-Z_M$，代入公式（2）可得：

如果点 M 与接触点 O_0 很近，则 Z_0 远小于 $2R_0$，可认为：

$$Z_0 = \frac{R_1^2}{2R_0} \tag{2}$$

$$L - Z_M = \frac{R_1^2}{2R_0} \tag{3}$$

当支撑剂在岩石壁面发生嵌入时，M 点成为岩石表面上一点，则由弹性力学中水平边界上任意一点的铅直位移计算式，可得 M 点的位移为：

$$Z_M = \left(\frac{1-\mu_1^2}{\pi E_1} + \frac{1-\mu_2^2}{\pi E_2} \right) \iint p \mathrm{d}s \mathrm{d}\phi \tag{4}$$

式中，μ_1、μ_2 分别为岩石和支撑剂的泊松比；E_1、E_2 分别为岩石和支撑剂的弹性模量，MPa；p 为通过支撑剂作用在岩石表面上的压力，MPa；s 为受力圆内弦 BC 上某一点到 M 点的距离，m；ϕ 为弦 BC 与 OM 之间的夹角，rad。

在接触面的边界上做一个半圆球面，其半径记为 R_2，用其在各点的高度来代表压力 p

在各点处的大小，同时令 p_h 为半圆球面在 O_0 点处的高度对应的压力，即 p 的最大值，则表示压力大小的比例尺因子为 p_h/R_2。沿着通过 M 点的弦 BC，压力的变化如虚线半圆所示，则有：

$$\int p\,\mathrm{d}s = \frac{p_h}{R_2} A \tag{5}$$

其中 A 为该半圆的面积，且

$$A = \frac{\pi}{2}(R_2^2 - R_1^2 \sin^2\phi) \tag{6}$$

结合公式（1）~（6）可得：

$$\left(\frac{1-\mu_1^2}{\pi E_1} + \frac{1-\mu_2^2}{\pi E_2}\right)\frac{\pi^2 p_h}{4R_2}(2R_2^2 - R_1^2) = L - \frac{R_1^2}{2R_0} \tag{7}$$

根据赫兹弹性接触理论，接触面的压力以一半圆球体分布，即总的受力 F_0 可用半圆球的体积的受力来表示，则：

$$p_h = \frac{3p_c}{2}\left[\frac{4}{3\pi^2 p_c\left(\frac{1-\mu_1^2}{\pi E_1} + \frac{1-\mu_2^2}{\pi E_2}\right)}\right]^{\frac{2}{3}} \tag{8}$$

该式为支撑剂与岩石作用发生嵌入现象时的临界压力计算式。由图 2-15（b）中几何关系可知：

$$\left(\frac{1}{2}D_1\right)^2 = \left(\frac{1}{2}D_0\right)^2 - R_1^2 \tag{9}$$

将支撑剂嵌入岩石的深度记为 d，则有：

$$d = \frac{1}{2}D_0 - \frac{1}{2}D_1 \tag{10}$$

$$d = \frac{1}{2}D_0 - \sqrt{\left(\frac{1}{2}D_0\right)^2 - \frac{1}{6}\left[\frac{3\pi^2 p_c D_0^3}{4}\left(\frac{1-\mu_1^2}{\pi E_1} + \frac{1-\mu_2^2}{\pi E_2}\right)\right]^{\frac{2}{3}}} \tag{11}$$

该式即为支撑剂嵌入深度计算公式，模型验证结果，如图 2-16 所示。

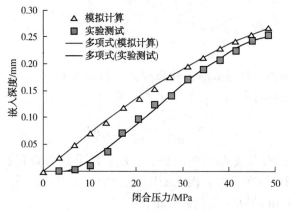

图 2-16　支撑剂嵌入深度模拟计算与实验对比

在理想条件(支撑剂不变形、不破碎,岩石只发生弹性形变)情况下,研究确定了与裂缝岩石面单层接触菱形铺置的支撑剂对岩石作用时岩石的形变量。通过微元受力分析,得到了在一定闭合压力下支撑剂对岩石的平均嵌入深度计算模型,对于分析支撑剂嵌入程度、优化压裂设计有一定的意义。但是该模型在假设时未考虑到弹塑性变形。

二、弹塑性变形下支撑剂嵌入模型研究

关于支撑剂嵌入模型这一问题,人们逐渐认识到支撑剂的嵌入大多是弹塑性变形,近年来的研究也大多为考虑弹塑性变形下的支撑剂嵌入模型。

在 Yuanping Gao 等人(2012)[19] 的研究中,推导了支撑剂嵌入、支撑剂变形、变化裂缝孔径和裂缝导流能力的解析模型。相关参数如图 2-17 所示和公式(12)~(25),拟合结果如图 2-18 所示。

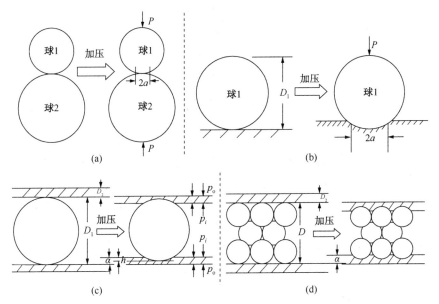

图 2-17　支撑剂嵌入示意图

$$h = 1.04D(K^2p)^{\frac{2}{3}}\left[\left(\frac{1-V_1^2}{E_1}+\frac{1-V_2^2}{E_2}\right)^{\frac{2}{3}}-\left(\frac{1-V_1^2}{E_1}\right)^{\frac{2}{3}}\right]+D_2\frac{p}{E_2} \qquad (12)$$

$$\beta = 1.04D\left(K^2p\frac{1-V_1^2}{E_1}\right)^{\frac{2}{3}} \qquad (13)$$

$$\alpha = \beta + h \qquad (14)$$

$$\phi = \frac{D\phi_0 - 2\beta}{D - 2\beta} \qquad (15)$$

$$r = \left(\frac{D-2\beta}{D}\right)r_0 \qquad (16)$$

$$\tau = \sqrt{1+\left(\frac{D-2\beta}{D}\right)^2(\tau_0^2-1)} \qquad (17)$$

$$k = \frac{\phi r^2}{8\tau^2} \tag{18}$$

$$F_{RCD} = C_0 KW = \frac{(D\phi_0 - 2\beta)(D - 2\beta)r_0^2}{8D^2 \left[1 + \left(\frac{D-2\beta}{D}\right)^2 (\tau_0^2 - 1)\right]} (D - 2\alpha) \tag{19}$$

$$h = s_h 1.04 D(K^2 p)^{\frac{2}{3}} \left[\left(\frac{1-v_1^2}{E_1} + \frac{1-v_2^2}{E_2}\right)^{\frac{2}{3}} - \left(\frac{1-v_1^2}{E_1}\right)^{\frac{2}{3}}\right] + D_2 \frac{p}{E_2} \tag{20}$$

$$\beta = s_\beta 1.04 D \left(K^2 p \frac{1-v_1^2}{E_1}\right)^{\frac{2}{3}} \tag{21}$$

$$\alpha = \beta + h + s_a \tag{22}$$

$$\phi = s_\phi \frac{D\phi_0 - 2\beta}{D - 2\beta} \tag{23}$$

$$r = s_r \left(\frac{D-2\beta}{D}\right) r_0 \tag{24}$$

$$\tau = s_\tau \sqrt{1 + \left(\frac{D-2\beta}{D}\right)^2 (\tau_0^2 - 1)} \tag{25}$$

式中，h 为包埋值，mm；d 为初始裂缝孔径，mm；D_1 为支撑剂直径，mm；D_2 为地层岩石厚度，mm；E_1 为支撑剂弹性模量，MPa；E_2 为地层岩石弹性模量，MPa；k 为渗透率，μm^2；p 为闭合压力，N；r 为孔喉半径，mm；当 r_0 为闭合压力为零时的孔喉半径；当裂缝受到闭合压力作用时，W 是裂缝孔径，cm；α 是裂缝孔径的变化，mm；β 是支撑剂变形，mm；ϕ 是孔隙度；ϕ_0 是当闭合压力为零时的孔隙度；v_1 是支撑剂的泊松比；v_2 是地层岩石的泊松比；μ 为流体黏度，mPa·s；τ 为孔隙迂曲度；τ_0 为闭合压力为零时的孔隙迂曲度；K 为距离系数，等于1；C_0 为拟合系数。导流能力拟合结果如图 2-18 所示。

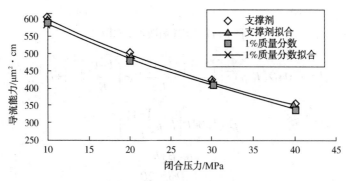

图 2-18　导流能力拟合结果

张景臣等人(2014)[20] 在高氏模型的基础上，建立了基于系数调整的导流能力计算模型，预测了聚合物处理支撑剂的裂缝导流能力，采用黏弹性模型预测支撑剂的嵌入量和裂缝导流能力，研究了黏弹性支撑剂的性能。

利用系数匹配法模拟了支撑剂嵌入情况，在不同形状、不同合金材料、不同力学性能、不同嵌入量下，导流能力会发生很大的变化。接着研究了 SMA（表面改性剂）处理后不同支撑剂漆黏度和不同闭合压力影响的支撑剂嵌入模型，其实验结果如图 2-19 和图 2-20 所示。

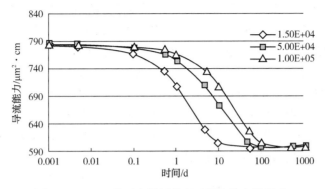

图 2-19　SMA 处理支撑剂黏度对导流能力的影响

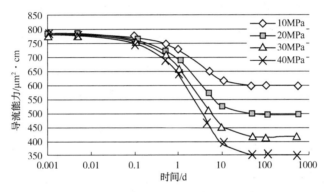

图 2-20　闭合压力对导流能力的影响

除了根据黏弹性模型预测支撑剂的嵌入量和裂缝导流能力以外，该实验还分析了支撑剂黏度和闭合压力对导流能力的影响。

处理后的支撑剂为黏弹性材料，地层岩石为弹性材料。随着支撑剂黏度的增加，导流能力需要更长的时间才能达到稳定状态，这是黏弹性材料的特性。并且导流能力下降需要较长的时间，这一过程可达 1000d，下降时间随支撑剂黏度的增加而增加。此外，当采用合适的材料时，裂缝可以长时间保持高导流能力，从而使油气井保持高产量状态。

处理后的支撑剂为黏弹性材料，闭合压力为 10～40MPa，地层岩石为弹性材料。导流能力需要 100d 左右才能达到稳定状态，并且随着闭合压力的增加，导流能力变化幅度增大。

第四节　支撑剂嵌入的数值模拟研究

随着数值模拟技术的发展，各种数值模拟方法被应用于支撑剂嵌入分析中。通过构建数值模型，模拟支撑剂嵌入行为。

一、采用有限元法的支撑剂嵌入数值模拟研究

Günter 等人（2010）[21]建立了描述盐岩柱弹塑性行为的本构方程，对盐岩柱对时间依赖的性质进行了研究，提出了一种应用弹性和黏弹性方程模拟支撑剂嵌入的计算方法。

KenGlover（2015）[22]提出一个模型，认为应力作用于断裂面时，岩石内部的应变能消耗会导致在给定的加载条件下，裂缝宽度会随着时间的推移而减小。该模型采用黏弹性/黏塑性材料模型，然后转化为 Galerkin 有限元公式。使用的模型与内部压力 $P(X, t)$ 及裂缝表面积 $A(X, t)$ 有关。假设介质是纯弹性的，这个区域表示为 $A^\tau(X, t)$。利用卷积积分的方法求解，得到一个卷积积分的解析解。其中分别表示非线性关系和卷积积分关系。卷积积分是施加的压力和测量的应变场之间定义的关系：

$$p(X, t) = D(z)\frac{h(X)}{W_0(X)}\left\{1-\left[\frac{A_0(X)}{A(X, t)}\right]^{0.5}\right\} \tag{26}$$

式中，$A_0(X)$ 为零压力区，$W_0(X)$ 为零压力区裂缝宽度，m；$D(z)$ 为介质的静态弹性模量，N/m^2；$h(X)$ 为有效的裂缝壁厚，m。假定支撑剂为刚性，以卷积积分的形式连接。

$$A(X, t) = J_H(t)A^e(X, 0) + \int_0^t J_H(t-\alpha)\frac{\partial A^e}{\partial \alpha}d\alpha \tag{27}$$

$J_H(t)$ 为归一化的蠕变函数，而弹性模型实际上为黏弹性模型的零频率极限。等式（27）可以写成：

$$A^\alpha(X, t) = E_H(t)A(X, 0) + \int_0^t E_H(t-\alpha)\frac{\partial A(X, \alpha)}{\partial x}d\alpha \tag{28}$$

$E_H(t)$ 为归一化松弛函数；$E_H(t)$ 和 $J_H(t)$ 为连续谱的数据函数，其定义为：

$$J_H(t) = 1+a\ln\frac{\tau_{Hz}}{\tau_{H_1}}+a\left[E_1\left(\frac{t}{\tau_{H_1}}\right)-E_1\left(\frac{t}{\tau_{H_2}}\right)\right] \tag{29}$$

为了方便起见，这里我们定义了松弛和蠕变行为的离散谱函数：

$$E(t) = D_e+U_{j=1}^j D_j\exp\left(-\frac{t}{\tau_j}\right) \tag{30}$$

模拟开始时，假设断裂处于非零静压力（预载荷）下。在这种情况下，即时弹性响应将采取以下形式：

$$A^e(X, t) = D_eA_{ref}(X) + \int_0^t E(t-\alpha)\frac{\partial A^e(X, \alpha)}{\partial \alpha}d\alpha \tag{31}$$

上述时间方程的离散形式为：

$$A^e(X, t+\Delta t) = D_eA^e(X, t+\Delta t) + \bigcup_{j=1}^j E_j\exp\left(-\frac{\Delta t}{\tau_j}\right)H_j(X, t) + \left[A(X, t+\Delta t)\right] \tag{32}$$

该变量保存第 j 个分量的变形历史，并在每次增量时更新，假设：

$$H_j(X, t) = \exp\left(-\frac{\Delta t}{\tau_j}\right)H_j(X, t-\Delta t) + \left[A(X, t+\Delta t)-A(X, t)\right]\frac{1-\exp\left(-\frac{\Delta t}{\tau_j}\right)}{\frac{\Delta t}{\tau_j}} \tag{33}$$

即弹性响应和压力保持关系：

$$p(X,\ t) = C(z)\frac{h(X)}{W_0(X)}\left\{1 - \left[\frac{A_0^e(X)}{A^e(X,\ t)}\right]^{0.5}\right\} \tag{34}$$

该模型采用 Galerkin 有限元法。每个单元都被认为是一个控制体，其中内应力是根据控制体中的应变确定的。这一应变说明了相应控制体积的流动运动（时间上的大应变）。定义了张量的平衡方程：

$$\frac{\partial \sigma_{ij}}{\partial x_j} + f_i = 0 \tag{35}$$

应用简单形式的加权余量公式得到：

$$\int_A w_i\left(\frac{\partial \sigma_{ij}}{\partial x_j} + f_i\right)dA = 0 \tag{36}$$

根据发散理论：

$$\int_A \frac{\partial}{\partial x_j}(\sigma_{ij}w_i)dA = \oint_s (\sigma_{ij}w_i)n_j dS \tag{37}$$

控制方程采用以下形式：

$$\int_A \sigma_{ij}\frac{\partial w_i}{\partial x_j}dA = \oint_s (\sigma_{ij}w_i)n_j dS + \int_A w_i f_i dA \tag{38}$$

基于微小应变理论的各向同性黏弹性材料定义如下：

$$\sigma_{ij}(t) = \int_0^t E_\tau(t-\tau)\frac{\partial \theta_{ij}}{\partial \tau}d\tau + \int_0^t E_K(t-\tau)\frac{\partial E_{kk}}{\partial \tau}d\tau \tag{39}$$

通过频率相关模量（也称为复剪切模量）来评估断裂表面的黏弹性性能。松弛函数可以分解成弹性项和黏滞项，以便适当地定义所期望的黏弹性模型。在建立控制方程时，定义了刚度矩阵，对求和的积分按如下方式处理：

$$E_\tau = E_0 + U_{i=1}^\infty E_i \exp\left(-\frac{t}{s_E}\right) \tag{40}$$

$$K_\tau = K_0 + U_{i=1}^\infty K_i \exp\left(-\frac{t}{s_K}\right) \tag{41}$$

将简单形式公式积分后，就得到了应力应变场的节点解。

对于黏弹性模型，假设外部荷载（动压力）的实验曲线相对于形变、温度是可用的，并在油藏中可能发生变化，从而改变裂缝表面的黏弹性性质如下：

$$p(U,\ T) = f(T) + U_i^\infty f_i(T)\exp\left(-\frac{u}{v_i}\right) \tag{42}$$

弹性模量的实验曲线在不同温度下作形变的函数估计：

$$G(U,\ T) = f(T) + f_1(T)\exp\left(-\frac{U}{U_2}\right) + f_2(T)\exp\left(-\frac{U}{U_2}\right) \tag{43}$$

黏弹性模量、复模量和损失因子都可以表示为 U 和 T 的函数，并且可以根据断裂面的黏弹性特性选择合适的多项式。

如图 2-21 和图 2-22 所示，最大的 vonMises 应力并不是发生在接触面，而是发生在实体裂缝的深处，这意味着裂缝和破裂是从离接触面一定距离的区域开始的。

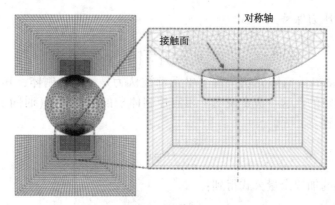

图 2-21　接触问题的有限元网格模型

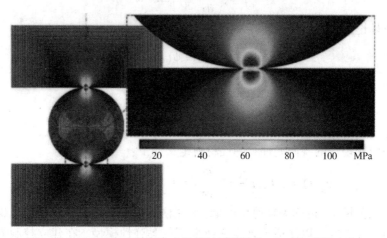

图 2-22　用非线性有限元法求解接触区周围的 vonMises 接触应力

二、基于离散元法的支撑剂嵌入数值模拟研究

1. 离散元法理论

岩石被视为由复杂形状的颗粒组成的胶结颗粒物质，其中的颗粒和胶结物都是可变形的，并且可能破裂。为简单起见，提出了以下假设：(1)对于二维和三维情况，粒子分别是有限质量的圆形或球形刚体；(2)部分圆周独立运动，既可平移又可旋转；(3)粒子只在接触处相互作用；(4)粒子允许相互重叠，所有重叠相对于粒子大小都很小；(5)有限刚性键可在接触处存在，这些刚性键承载载荷并可断裂[23]，离散元法(DEM)的物理模型如图 2-23 所示。

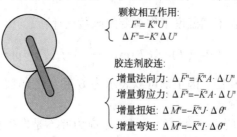

图 2-23　实现离散元法的物理模型

因为离散元是以完全动态的方式表述的，所以部分动能用来克服阻尼，并且施加到每个粒子的阻尼力 F_d 由下式给出：

$$F_d = -\alpha \mid \overline{F} \mid \mathrm{sign}(\overline{V}) \qquad (44)$$

式中，α 是动态阻尼；$\overline{F}$ 和 $\overline{V}$ 分别是总外力和速度。

对于 2 个粒子(颗粒)的相互作用，有两种力——法向力和剪切力。总法向力和剪力增量计算如下：

$$F^n = K^n U^n, \quad -\Delta F^s = -K^s \Delta U^s \qquad (45)$$

这里，U^n 是两个粒子之间的重叠量(总是正的)，ΔU^s 是两个粒子之间在接触中心的相对位移。K^n 和 K^s 表示两个粒子之间的法向刚度与剪切刚度，由下式给出：

$$K^n = \frac{k_n^{(A)} k_n^{(B)}}{k_n^{(A)} + k_n^{(B)}} \qquad (46)$$

$$K^s = \frac{k_S^{(A)} k_S^{(B)}}{k_S^{(A)} + k_S^{(B)}} \qquad (47)$$

$$\mid F^S \mid \leqslant \mu F^n \qquad (48)$$

假设一层岩石颗粒来说明岩石的抗拉强度，两个颗粒之间有一个平行的相互作用。其相互作用表现为空间梁，其本构方程如下：

增量法向力：

$$\Delta \overline{F}^n = \overline{K}^n A \Delta U^n \qquad (49)$$

增量剪切力：

$$\Delta \overline{F}^s = -\overline{F}^s A \Delta U^S \qquad (50)$$

增量扭转力矩：

$$\Delta \overline{M}^n = -\overline{K}^S J \Delta \theta^n \qquad (51)$$

增量弯矩：

$$\Delta \overline{M}^S = -\overline{K}^n I \Delta \theta^S \qquad (52)$$

其中，A、J 和 I 分别是平行键截面的面积、极惯性矩和惯性矩，它们定义如下。

对于二维情况，

$$A = 2\overline{R}t \, (t=1) \qquad (53)$$

$$I = \frac{2}{3}\overline{R}^3 t \, (t=1) \qquad (54)$$

$$J = NA \qquad (55)$$

对于三维情况，

$$A = \pi \overline{R}^2 \qquad (56)$$

$$I = \frac{1}{4}\pi \overline{R}^4 \qquad (57)$$

$$J = \frac{1}{2}\pi\overline{R}^4 \tag{58}$$

平均或有效半径由下式定义：

$$\overline{R} = \overline{\lambda}\min(R^{(A)},\ R^{(B)}) \tag{59}$$

其中 $R^{(A)}$ 和 $R^{(B)}$ 是 2 个粒子的半径，通常半径乘数 λ 取 1。

与刚度相关的模量为：

$$2D:k_n = 2E_c,\quad 3D:k_n = 4RE_c \tag{60}$$

$$k_s = \frac{k_n}{(k_n/k_s)} \tag{61}$$

$$\overline{K}^n = \frac{\overline{E}_c}{R^{(A)}+R^{(B)}} \tag{62}$$

$$\overline{K}^5 = \frac{\overline{K}^n}{(\overline{K}^n/\overline{K}^5)} \tag{63}$$

断裂所以不能恢复，相应的抗拉强度和剪切强度是：

$$\overline{\sigma}^{max} = -\frac{-\overline{F}^n}{A} + \frac{|\overline{M}^s|\,|\overline{R}|}{I} \leqslant \overline{\sigma}_c \tag{64}$$

$$\overline{\tau}^{max} = \frac{|\overline{F}|}{A} + \frac{|\overline{M}^n|\,|\overline{R}|}{J} \leqslant \overline{\tau}_c \tag{65}$$

当相应的应变（负值）小于一个阈值时，岩石泥相互作用后进入塑性状态。这里选择阈值为 0.006。此外，为了简单和不改变基本的物理机制，采用了弹塑性理想假设，所用材料是完全弹塑性的。如果颗粒的相互作用是弹塑性的，则可以很容易地确定极限载荷，这意味着不能对试样施加较大的载荷。严重时岩石颗粒可以进入支撑剂并完全重合。另一方面，如果颗粒间的相互作用只具有弹性—塑性，那么它所面临的问题与两者的相互作用都是弹性—完全塑性的问题是相同的。实际上，理想弹塑性岩石相互作用也存在同样的问题，但它大大缓解了这一问题。

2. 离散元的数值算法

在 DEM 中，直线运动受力：

$$F_i = m(\ddot{x}_i + g_i) \tag{66}$$

其中，F_i 为作用于粒子上的所有外力之和，N；m 是粒子的总质量，kg；g_i 是物体的力加速度矢量（例如重力载荷），x_i 是粒子的加速度，m/s²。

转动运动方程可以写成矢量形式，

$$M_i = \dot{H}_i\left[= I\dot{\omega}_i = \left(\frac{2}{5}mR^2\right)\dot{\omega}_i\right] \tag{67}$$

式中，m_i 是作用在质点上的合力力矩，N·m；H_i 是质点的角动量 kg·m²/s；ω_i 是粒子的角速度，rad/s。

对于每段时间，包含以下子过程：

$$x_i^{(t+\Delta t)} = x_i^{(t)} + \dot{x}_i^{(t)} \Delta t + \frac{1}{2} \ddot{x}_i^{(t)} (\Delta t)^2 \tag{68}$$

$$x_i^{(t+\Delta t)} \rightarrow F_i^{(t+\Delta t)} , \quad M_i^{(t+\Delta t)} \rightarrow \ddot{x}_i^{(t+\Delta t)} \tag{69}$$

$$\dot{x}_i^{(t+\Delta t)} = \dot{x}_i^{(t)} + \frac{1}{2} \left[\ddot{x}_i^{(t)} + \ddot{x}_i^{(t+\Delta t)} \right] \Delta t \tag{70}$$

实际开发的 DEM 程序采用混合 MPI/Open MP 并行化，并行性能测试达到 1024cpu，粒子数超过 5×10^7 个。由于研究中主要关注页岩与支撑剂的相互作用，因此忽略了裂缝孔径的评价和性能计算。

3. 参数校准

模型参数在 DEM 模拟中首先被校准来匹配页岩和支撑剂的宏观力学性能，参数如表 2-5 和表 2-6 所示，例如，应力—应变曲线，峰值应力，杨氏模量和屈服应变。为了进行模型校准，在一个容器内生成了随机分布的页岩颗粒，其均匀随机分布为 $u(0.08\text{mm}, 0.12\text{mm})$。然后利用泥页岩样品进行典型三轴加载试验条件下的 DEM 模拟。另外，裂隙的渗透率与总渗透率的比值合理（与裂隙的渗透率相比，页岩基质的渗透率很小，可以忽略不计）。模型目的是评价裂隙附近渗透率（不考虑页岩），所以设计的页岩颗粒较大，可以大大降低计算量。

表 2-5 关键 DEM 粒子交互作用参数列表

DEM 模型参数	平均值	标准差
黏结法向模量 $E_{n,b}$	25.03GPa	0.751GPa
黏结剪切模量 $E_{s,b}$	10.34GPa	0.310GPa
黏结抗拉强度 $\sigma_{n,b}$	0.172GPa	0
黏结抗剪强度 $\sigma_{s,b}$	0.241GPa	0
黏结塑性屈服点 $\varepsilon_{y,b}$	0.6%	0
页岩质量密度 ρ	$2.50 \times 10^3 \text{kg/m}^3$	0

表 2-6 DEM 模型中使用的支撑剂信息

	最小直径/mm	最大直径/mm	平均直径/mm	颗粒密度/(kg/m^3)	杨氏模量/MPa	剪切模量/MPa
20/40	0.4	0.841	0.62	2.50×10^3	34.48	13.79
30/60	0.25	0.595	0.425	2.50×10^3	34.48	13.79
40/70	0.21	0.4	0.305	2.50×10^3	34.48	13.79

在标定过程中，恒定围压 20.69MPa（3000psi），通过规定的位移（注意，这不同于页岩—支撑剂相互作用的力—载荷边界条件 BC），从顶部和底部持续施加载荷。

4. 泥页岩模型与支撑剂粒度分布的影响

在目前的 DEM 模型中，页岩基质是由均匀分布的黏结颗粒表征的。其颗粒的大小受到 2 个因素限制：（1）颗粒的尺寸太小，无法承受合理的计算量；（2）颗粒尺寸不能太大（相当于支撑剂的粒径），以便模拟嵌入的影响。基于这些考虑，选择了在颗粒直径在

0.16~0.24mm 范围内均匀分布的页岩颗粒。假设水力压裂时，平均孔径为 2.54mm(相当于 0.1in)的页岩颗粒与支撑剂一起使用，相当于 47.88Pa(1psi)的支撑剂。相对于页岩颗粒，水力裂缝中的支撑剂表现为相对较大的颗粒。支撑剂粒度的选择也遵循均匀分布原则。支撑剂可以模拟与页岩具有相同或不同模量的弹性材料。两种支撑剂颗粒之间的相互作用以及页岩与支撑剂颗粒之间的相互作用仅仅包括颗粒—颗粒的压缩作用和摩擦作用，从而得到：黏结性一般只存在于页岩基体中，支撑剂的充填没有黏结强度。

为了研究泥页岩—支撑剂相互作用过程中不同因素对裂缝开度的影响，设计并运行了 9 个模拟模型。每次模拟使用 92910 个页岩颗粒，94042 个支撑剂颗粒直径尺寸为 20/40 目，97559 个支撑剂颗粒直径尺寸为 30/60 目，101880 个支撑剂颗粒直径为 40/70 目。每个模拟模型中有 8 个加载阶段，从 0 到 96.552MPa(相当于 14000psi)。图 2-24 显示了所有模拟模型下三种支撑剂填充层的粒径分布，其中(a)用于模型 1~3，(b)用于模型 4~6，(c)用于模型 7~9。

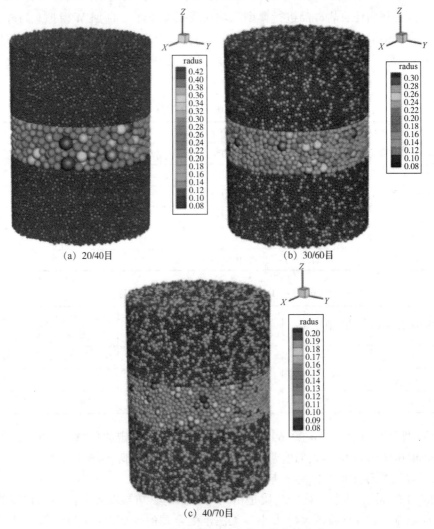

图 2-24　不同支撑剂尺寸的三种充填方式

在所有的模拟中，整个加载过程被分为八个阶段来模拟相应的实验。在每一个加载状态下，垂直加载一定的应力，使其保持足够长的模拟时间，从而使结构达到力学平衡。给出了三种不同支撑剂在页岩基体中的垂直应力随模拟时间的平均值，七级相当于13.793MPa(2000psi)至96.552MPa(14000psi)，每级的压力为13.793MPa(2000psi)。在每个加载阶段结束时进行模拟快照发现支撑剂的粒径对于裂缝尺寸的缩小有显著的影响。20/40目支撑剂裂缝孔径缩小20%~25%；30/60目支撑剂裂缝孔径缩小15%~19%；40/70目支撑剂裂缝孔径缩小10%~18%。泥页岩模量对孔径缩小也有一定的影响。一般来说，较硬的页岩孔隙度降低的幅度较小，而较软的页岩孔隙度降低的幅度较大。结果表明所采用的加载边界条件是有效的。

5. 研究总结

该研究建立了一个由微观弹塑性本构关系与速度—Willett 时间积分实现的三维离散元模型，用于研究页岩—支撑剂相互作用和裂缝孔径的演化。在 DEM 方法中，泥岩和支撑剂颗粒分别被标记为有黏结剂颗粒和无黏结剂颗粒，岩石运动和破裂表现为颗粒运动和颗粒间黏结破坏。根据壳牌勘探开发公司提供的泥页岩和支撑剂的真实力学特性，对三维 DEM 应用的前提条件——参数标准与标定，进行了细致的研究。在敏感性研究中，考察了支撑剂尺寸(3 种尺寸，分别相当于 20/40 目、30/60 目和 40/70 目)、泥页岩模量和支撑裂缝的闭合情况，最大裂缝闭合应力达 96.552MPa(14000psi)。支撑剂尺寸(直径)对裂缝闭合有显著影响，20/40 目支撑剂的裂缝闭合程度较大，而敏感性研究中使用的支撑剂(40/70 目)的裂缝闭合程度较小。一般来说，泥岩颗粒越软，压力越高，支撑剂的尺寸越大，裂缝开口越小，塑性区越大。数值结果与同期实验中的测量值相一致。

第五节　实验总结

本章通过实验研究和数值模拟研究，分析了支撑剂嵌入这一因素对导流能力的损伤情况。分析总结了目前的实验和数值模拟研究状况：

(1) 地层闭合压力对裂缝导流能力的影响最为明显，裂缝导流能力随着闭合压力的增大而减小。这是因为随着闭合压力的增加，支撑剂的嵌入和形变量均不断增加，导致裂缝缝宽变小，损伤裂缝导流能力。

(2) 在支撑剂单层铺置情况下，支撑剂铺砂浓度越大则支撑剂嵌入程度越弱，裂缝导流能力衰减越慢。而在支撑剂多层铺置时，铺砂浓度对支撑剂嵌入和导流能力影响不大。

(3) 现有的实验方法所考虑的因素较为单一，实验装置简单，与实际裂缝环境相差较大，难以精准预测实际生产后导流能力的变化。

(4) 目前关于支撑剂嵌入导流问题的研究，较少考虑温度、地层颗粒破碎以及压裂液残渣的影响。应综合考虑到这几个方面，完善基于岩石—支撑剂—流体的支撑剂嵌入、破碎、压裂液残渣、温度的长期影响研究。

(5) 相比于实验研究，数值模拟有诸多优势，要加快对于数值模型的开发，优化模拟参数，计算便捷准确，并建立相应的数据库。

参 考 文 献

［1］Weaver J D, Nguyen P D, Parker M A, et al. Sustaining fracture conductivity［C］//SPE European Formation Damage Conference. Society of Petroleum Engineers, 2005.

［2］Lacy L L, Rickards A R, Bilden D M. Fracture width and embedment testing in soft reservoir sandstone［J］. SPE drilling & completion, 1998, 13(01)：25-29.

［3］吴国涛, 胥云, 杨振周, 等. 考虑支撑剂及其嵌入程度对支撑裂缝导流能力影响的数值模拟［J］. 天然气工业, 2013, 33(5)：65-68.

［4］Lacy L L, Rickards A R, Ali S A. Embedment and fracture conductivity in soft formations associated with HEC, borate and water－based fracture designs［C］//SPE Annual Technical Conference and Exhibition. Society of Petroleum Engineers, 1997.

［5］郭天魁, 张士诚, 雷鑫, 张雄. 弱胶结地层中影响支撑剂嵌入的因素研究［J］. 石油天然气学报, 2010, 32(06)：299-302+536-537.

［6］卢聪, 郭建春, 王文耀, 邓燕, 刘登峰. 支撑剂嵌入及对裂缝导流能力损害的实验［J］. 天然气工业, 2008(02)：99-101+172.

［7］刘建坤, 谢勃勃, 吴春方, 等. 多尺度体积压裂支撑剂导流能力实验研究及应用［J］. 钻井液与完井液, 2019, 36(5)：646-653.

［8］徐加祥, 杨立峰, 丁云宏, 等. 支撑剂变形及嵌入程度对裂缝导流能力的影响［J］. 断块油气田, 2019(6)：32.

［9］温庆志, 张士诚, 王雷, 刘永山. 支撑剂嵌入对裂缝长期导流能力的影响研究［J］. 天然气工业, 2005(05)：65-68+9-10.

［10］李超, 赵志红, 郭建春, 张胜传. 致密油储层支撑剂嵌入导流能力伤害实验分析［J］. 油气地质与采收率, 2016, 23(04)：122-126.

［11］曲占庆, 周丽萍, 曲冠政, 等. 高速通道压裂支撑裂缝导流能力实验评价［J］. 油气地质与采收率, 2015, 22(1)：122-126.

［12］Zhang J, Ouyang L, Zhu D, et al. Experimental and numerical studies of reduced fracture conductivity due to proppant embedment in the shale reservoir［J］. Journal of Petroleum Science and Engineering, 2015, 130：37-45.

［13］Mittal A, Rai C S, Sondergeld C H. Proppant－conductivity testing under simulated reservoir conditions：impact of crushing, embedment, and diagenesis on long－term production in shales［J］. SPE Journal, 2018, 23(04)：1, 304-1, 315.

［14］Huitt J L, McGlothlin Jr B B. The propping of fractures in formations susceptible to propping－sand embedment［C］//Drilling and Production Practice. American Petroleum Institute, 1958.

［15］Volk L J, Raible C J, Carroll H B, et al. Embedment of high strength proppant into low－permeability reservoir rock［C］//SPE/DOE low Permeability Gas Reservoirs Symposium. Society of Petroleum Engineers, 1981.

［16］Lacy L L, Rickards A R, Bilden D M. Fracture width and embedment testing in soft reservoir sandstone［J］. SPE drilling & completion, 1998, 13(01)：25-29.

［17］Li K, Gao Y, Lyu Y, et al. New mathematical models for calculating proppant embedment and fracture conductivity［J］. SPE Journal, 2015, 20(03)：496-507.

［18］赵金洲, 何弦桀, 李勇明. 支撑剂嵌入深度计算模型［J］. 石油天然气学报, 2014, 36(12)：209-212+13.

［19］Yuanping Gao, Youchang Lv, Man Wang, et al. New mathematical models for calculating the proppant embedment and fracture conductivity. Paper SPE 155954, 8-10 October; 2012.

[20] Zhang J. Theoretical conductivity analysis of surface modification agent treated proppant[J]. Fuel, 2014, 134: 166-170.

[21] Gunther R M, Salzer K, Popp T. Advanced strain-hardening approach constitutive model for rock salt describing transient, stationary, and accelerated creep and dilatancy [C]//44th US rock mechanics symposium and 5th US-Canada rock mechanics symposium. American Rock Mechanics Association, 2010.

[22] Glover K, Naser G, Mohammadi H. Creep deformation of fracture surfaces analysis in a hydraulically fractured reservoir using the finite element method[J]. Journal of Petroleum and Gas Engineering, 2015, 6(6): 62-73.

[23] Deng S, Li H, Ma G, et al. Simulation of shale-proppant interaction in hydraulic fracturing by the discrete element method[J]. International Journal of Rock Mechanics and Mining Sciences, 2014, 70: 219-228.

第三章　微粒运移

微粒运移是导致裂缝导流能力下降的主要原因之一；支撑剂破碎以及地层颗粒在流体流动的作用下，运移并沉积于支撑剂充填层，引起导流通道的堵塞。微粒还会加快支撑剂与黏土等矿物相互反应，在成岩作用的影响下，使导流能力进一步降低。

本章结合相关文献从微粒运移伤害机理和影响因素两个方面研究分析，结合相关的物理实验和数值模拟研究，讨论微粒运移机理以及裂缝稳定剂在改善微粒运移方面的应用。

第一节　微粒运移机理研究

微粒运移伤害主要分为微粒释放、运移和堵塞 3 个过程。这些微粒在流体的流动作用下发生运移，并在运移过程中发生沉积和吸附，导致介质孔隙的堵塞。

微粒能否脱离孔隙表面，流体携带的微粒能否吸附到岩石骨架上，主要取决于微粒和岩石表面的力学性质。如果颗粒与岩石表面的相互作用表现为吸引力，那么已经在岩石骨架上的微粒不会脱离，在流体中流动的微粒接触到岩石表面时会产生吸附，反之原本吸附在岩石上的微粒就会脱离并发生运移[1]。这些力学性质与微粒的来源以及储层岩石和流体的物性参数有关。

一、微粒定义

储层内可发生运移的微粒包括开发过程中外部入侵的颗粒和自身存在的内部颗粒，按成分可分为黏土矿物微粒和非黏土矿物微粒[2]。其中，油层中的主要黏土矿物为高岭石、蒙脱石、伊利石和绿泥石。高岭石颗粒微小，遇水不易膨胀，但容易释放到流体中并运移；蒙脱石是膨胀型黏土，遇到淡水后能够膨胀，导致孔隙度和渗透率下降，也可从孔隙表面释放并运移；伊利石能够形成多种晶体结构，有时以不规则的纤维状结构存在于孔隙中；绿泥石是强酸敏的，酸处理后易生成铁元素胶体沉淀。非黏土矿物微粒主要有石英、长石、云母、方解石等其他碳酸盐和硅酸盐微粒。支撑剂破碎所产生的微粒一般属于非黏土矿物微粒，这些微粒也可以在流体的作用下发生运移，并与地层矿物发生反应，造成导流通道的堵塞。

储层中的微粒运移和沉积占主导作用的是黏土微粒的运移，这是引起储层堵塞的内因[3]。微粒的运动受润湿性和多相流动的影响，当外来流体侵入使储层含水饱和度较高时，介质表面润湿性改变，微粒将会释放到流体中并随之一起流动。

二、微粒来源

压裂过程中微粒有两个主要来源，即储层的岩石颗粒剥落和支撑剂颗粒破碎。微粒在裂缝通道内发生运移和沉积甚至堵塞，导致导流能力下降。

岩石颗粒剥落，尤其携砂液冲刷会产生大量微粒。这些微粒的数量受埋藏深度、地层压力和储层岩石物性等因素影响。Alramahi B 和 Sundberg MI 的研究证明，岩石颗粒剥落导致裂缝的导流能力降低了 2~4 个数量级，并且对闭合应力的变化更加敏感[4]。陈金辉等人（2010）进行了储层岩石破碎诱发微粒运移损害实验，选用露头岩样分别进行基块、干式与湿式破碎岩样的速敏实验，证明了岩石破碎导致微粒之间连接力减弱是诱发微粒运移的力学机理，地层水对岩石强度的弱化作用加剧了微粒运移的程度[5]。岩样中含有易发生微粒运移的矿物是诱发微粒运移的潜在地质因素。对于岩石强度较差的储层，采用负压射孔和优选支撑剂粒径有助于弱化微粒运移[6]。

支撑剂在地层条件下破碎会产生一定量的微小颗粒，这些微粒随流体的作用发生运移和沉积，并与黏土矿物发生反应，导致导流能力进一步下降[7]。

第二节　微粒运移影响因素研究

本节结合相关文献资料探讨颗粒粒径、支撑剂材质、流体流动及地层黏土矿物 4 个因素对微粒运移的影响。

一、颗粒粒径

在储层微粒中，只有直径大小适当的颗粒会造成堵塞。如图 3-1 所示，20/40 目经济型低密度陶粒支撑剂在 6000psi 的压碎实验后有约 2% 的支撑剂破碎成微粒，其中 80% 破碎为 40/70 目，该颗粒体积太大，不会进入支撑剂间的孔隙；另外的 10% 体积小于 100 目，这些微粒体积较小，可以顺利流过支撑剂充填裂缝；只有剩余 10% 的微粒可能造成孔隙堵塞。实验室测试表明，随着支撑剂浓度降低，支撑剂颗粒破碎产生的微粒数量增加[8]。

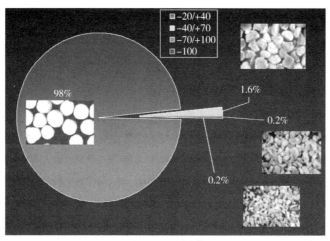

图 3-1　20/40 目经济型低密度陶粒在 6000psi 闭合应力下的微粒组成

二、支撑剂材质

所有的支撑剂都会破碎，材质不同其破碎方式也不同。例如，沙基支撑剂的破碎类似于玻璃杯，会裂成许多小碎块或碎片；大多数陶粒基支撑剂像瓷砖一样裂开，它们被挤压成几个大块，偶尔也会挤压成小块，其产生的微粒数量少于沙基支撑剂[9]。

图 3-2 是不同基质支撑剂在破碎时的形态区别，左边的沙基支撑剂部分破裂形成微粒，而陶粒基支撑剂的颗粒从中间裂开，其产生的微粒数量明显少于沙基支撑剂。

从图 3-3 中可以看出，优质白砂在 6000psi 条件下的破碎率近 30%，而轻陶粒破碎率明显小于优质白砂。在相同的压力条件下，不同类型的支撑剂破碎产生的微粒数量存在明显差距。压力载荷单位为 lb_f/ft^2，$1lb_f = 4.448N$。

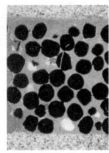

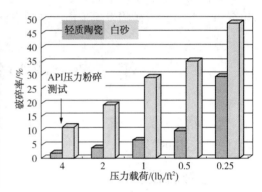

图 3-2 不同种类支撑剂的破碎情况

图 3-3 经济轻质陶粒和白砂
在 6000psi 下的破碎率情况

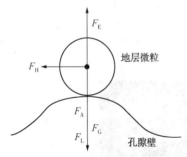

图 3-4 储层微粒受力示意图
F_E—双电子层斥力；F_L—伦敦-范德华吸引力；F_A—酸基相互作用力；F_G—重力；F_H—水动力

三、流体的影响

岩石表面的微粒是否可以释放到流体中主要取决于微粒的力学性质，如图 3-4 所示，在理想状态下，微粒吸附在孔隙壁上方，水动力垂直于油层微粒的情况。如果总能量为负，表示微粒对岩石具有吸附力，反之为排斥力[10]。

流体在岩石孔内流动会对孔隙表面的微粒产生冲刷，产生的作用力称为水动力。当增加到足以克服微粒在孔隙表面的吸附力时，就会使微粒脱离孔隙表面，导致储层中游离的微粒数量增加，加剧微粒运移[11]。

当水动力值一定时，改变流体中盐离子的浓度，达到微粒释放的临界条件，对应的盐离子的浓度为微粒释放临界盐离子浓度。当低于该浓度时，微粒开始从孔隙表面释放到流体中。1984 年，Khilar 和 Fogler 通过对 Berea 地区的砂岩实验测试，得到砂岩相对 NaCl 浓度变化造成储层内孔隙体积变化的关系曲线。如图 3-5 所示，随着 NaCl 浓度的降低，岩芯渗透率在突破临界浓度值后开始快速下降，并在下降至一定值后趋于稳定。

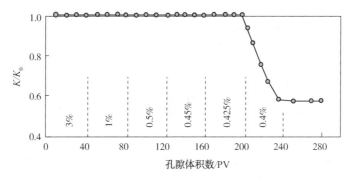

图 3-5　NaCl 浓度与孔隙体积关系曲线

除此之外，流体流动速率对于微粒运移也存在较大影响，水动力随着流动速率的增大而增大，储层微粒更容易发生运移。同时，流体的流速变化越快，储层微粒在流体的扰动影响下，越难以达到平衡状态，更容易造成孔隙表面的微粒释放[12]。Khilar 等人的研究表明，在其他条件不变的条件下，通过改变流体的流速，也可以使微粒达到临界状态，此时对应的流速称为微粒释放临界流速。

四、地层黏土矿物之间的影响

地层内流体及矿物组成、支撑剂的种类、温度等因素与地层应力之间存在着复杂的相互作用。这些相互作用类似于某些成岩反应，导致支撑剂填充裂缝的导流能力下降[13]。相关研究结果表明，在一定条件下，支撑剂与地层黏土矿物发生反应，导致导流通道堵塞，如图 3-6 所示。这些反应还会使支撑剂破碎、强度降低、破碎率上升、直接导致地层中微粒数量增加[14]。

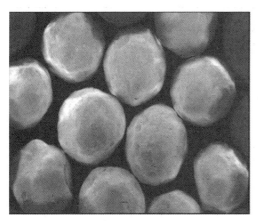 

图 3-6　整洁的陶粒支撑剂(左)和陶粒支撑剂与俄亥俄砂岩的反应(右)

在实际生产过程中，储层中黏土矿物的膨胀现象对于微粒运移的影响不容忽视。当矿化度较低的外来流体流经孔隙喉道时，那些暴露在流体中的黏土矿物会发生膨胀，并侵占部分孔隙空间[15]。在这一变化过程中，由于体积膨胀的影响，原来处于应力平衡状态下的黏土矿物，局部产生应力集中现象，进而在剪切力的作用下发生破碎，生成细小颗粒。同时，吸附在孔隙表面的微粒也会由于应力的改变而发生脱落。这些细小颗粒都会在流体的流动作用下发生运移。其中一些粒径较大的微粒运移到孔隙的喉道处，导致孔喉堵塞，而那些粒径较小的微粒吸附在黏土矿物表面，沉降到介质孔隙中，导致孔隙内供流体流通的体积减小，渗透率进一步降低[16]。

第三节　微粒运移实验分析

前两节的内容对微粒运移的作用机理及其影响因素进行了分析，本节通过 3 个物理实验介绍和讨论岩石破碎以及微粒运移的应对措施。

一、储层岩石破碎诱发微粒运移伤害实验

岩石的速敏性对微粒运移有影响，西南石油大学的陈金辉等人[17]在 2010 年通过对基块、干式与湿式破碎岩样的速敏实验，结合岩石力学基本理论，开展了破碎岩石的微粒运移机理研究，对岩石破碎所导致的微粒运移伤害进行了评价。

实验选取物性相近的露头岩芯作为实验岩样，孔隙度在 $16.8\% \sim 19.2\%$，渗透率为 $0.0098 \times 10^{-3} \sim 0.1720 \times 10^{-3} \mu m^2$。实验中对部分岩样人工造缝，其中干式造缝模拟了储层岩石在干燥状态或含水饱和度较低情况下的破碎过程，湿式造缝模拟了储层岩石在地层水或注入压裂液后的破碎过程。利用公式 $K = b^3/12D$ 计算裂缝宽度，其中 b 为裂缝宽度，μm；D 为岩芯直径，cm；K 为岩样造缝后的渗透率，mD。岩样的相关物性参数如表 3-1 所示。

表 3-1　实验岩样物性参数

岩芯号	L/cm	D/cm	ϕ/%	K/mD	$K_{f(造缝后)}$/mD	$b_{裂缝}$/μm
X-2-6	6.50	2.53	17.63	0.1200	15.30	16.69
X-13-1	6.24	2.53	17.71	0.1190	9.780	14.37
X-1-8	5.86	2.51	17.90	0.1720	6.640	12.60
X-4-4	6.55	2.52	17.70	0.1140	7.520	13.15
X-8-7	6.01	2.51	18.30	0.1440	10.60	14.72
X-13-5	6.77	2.52	18.40	0.1700	19.40	18.03
Y-15-2	6.50	2.52	18.40	0.1260		
Y-15-3	6.66	2.51	18.10	0.1530		
Y-15-8	5.76	2.52	16.80	0.0797	5.778	12.04
X-14-3	5.19	2.52	18.20	0.1120	4.772	11.30
X-12-8	4.66	2.53	19.20	0.1420	3.800	10.47
X-14-6	5.93	2.52	18.40	0.1360	16.58	17.11
X-13-6	6.47	2.52	18.40	0.1700	14.60	16.36
X-6-2	6.51	2.50	18.20	0.0098	6.458	12.50

在实验开始之前进行预实验，用 SCMS-Ⅱ型高温高压岩芯多参数测量系统测应力敏感，得到的应力敏感曲线如图 3-7 所示。可以看出，裂缝性岩样具有极强的应力敏感性，围压大于 6MPa 时岩样渗透率趋于稳定。因此开始实验前，应将实验岩样在 6MPa 以上围压下加压预处理，以消除应力敏感的干扰。

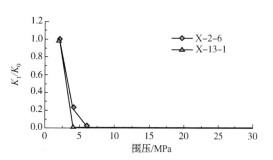

图 3-7 裂缝岩样应力敏感曲线

实验通过调节岩芯流动仪氮气瓶减压阀出口压力来获得不同流量点，岩样、干式裂缝岩样及湿式裂缝的岩样速敏实验所得结果如图 3-8 及表 3-2 所示。

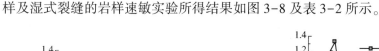

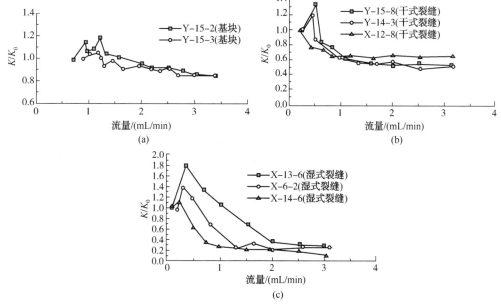

(c)

图 3-8 实验岩样速敏曲线

表 3-2 实验岩样速敏评价结果

岩芯号		临界流量/(mL/min)	速敏损害率/%	平均值/%	损害程度
基块	Y-15-2	1.225	20.34	18.71	弱
	Y-15-3	1.253	17.07		
干式裂缝	Y-15-8	0.500	57.94	51.29	中等偏强
	X-14-3	0.410	50.02		
	X-12-8	0.160	45.90		
湿式裂缝	X-14-6	0.250	78.63	77.84	强
	X-13-6	0.300	78.03		
	X-6-2	0.270	76.85		

实验结果表明，岩石破碎导致的微粒运移可归结为力学因素和地质因素 2 个方面。力学因素体现在岩石破碎导致微粒之间的内聚力减弱，从而导致更多的微粒被释放到流体当中。地质因素主要是指实验岩样矿物组分对于微粒运移的诱发作用。这些矿物微粒从基块中被释放出来，随流体发生运移，在裂缝中发生沉积甚至堵塞，降低裂缝渗透率。

该实验证明，储层岩石的破碎与地层流体及岩石的矿物组成密切相关。由于减少岩石破碎可有效改善微粒运移所造成的储层伤害，因此根据储层岩石物性选用合理的开发方案对油田的顺利生产极为重要。

二、裂缝稳定剂实验研究

研究表明，使用裂缝稳定剂可优化支撑剂性能，明显缓解微粒运移造成的储层伤害。裂缝稳定剂可在支撑剂表面形成一层带有一定强度的黏性膜，虽会轻微降低裂缝导流能力，但能起到稳定支撑剂充填裂缝的作用，有效改善微粒运移造成的储层导流能力下降的问题。针对不同的油藏开发条件，裂缝稳定剂选取也有所不同，并且需要考虑其用量和压裂液的配伍性。

现场实验中，张景臣[18]选取瓜尔胶压裂液、表面活性剂压裂液（VES 压裂液）、破乳剂 3 种常用压裂液展开研究。如图 3-9 所示，裂缝的导流能力随裂缝稳定剂质量分数的增加而变小。因此，在实际应用中要根据导流能力降低值和防砂效果综合确定稳定剂的用量。当裂缝稳定剂质量分数小于 5% 时，随着闭合压力增加导流能力与原始支撑剂导流能力差别越来越大；当裂缝稳定剂质量分数大于 5% 之后，裂缝稳定剂用量增大所导致的导流能力降低幅度随闭合压力增大而减小。

将添加裂缝稳定剂后导流能力下降值与原导流能力的比值定义为裂缝稳定剂对支撑剂的伤害率。加入质量分数为 1%、3%、5% 的裂缝稳定剂时，随着闭合压力和裂缝稳定剂用量的增加，支撑剂导流能力伤害率增大，压力越高导流能力伤害率增加越快，如图 3-10 所示。

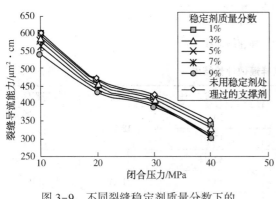

图 3-9　不同裂缝稳定剂质量分数下的
裂缝导流能力

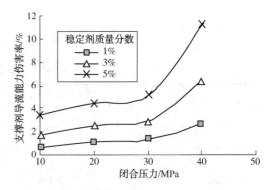

图 3-10　支撑剂导流能力伤害率变化图

由于疏松砂岩储集层取样困难，为测定裂缝稳定剂处理过的支撑剂实际防砂效果，根据渤海地区疏松砂岩储集层粒径配比配制人造岩芯，在对应储集层温度压力条件下固结 48h，其胶结程度与真实岩芯近似相同，如表 3-3 所示。

表 3-3 疏松砂岩储集层粒径配比

粒径/mm	质量分数/%	粒径/mm	质量分数/%
0.85~2.00	13.63	0.15~0.25	15.50
0.59~0.85	10.73	0.089~0.15	16.76
0.42~0.59	4.96	0.074~0.089	19.22
0.25~0.42	6.84	<0.074	12.36

为了评价在地层温度、流动状态下裂缝的稳定性及防砂效果，岩芯夹持器从出口到入口依次放置粒径为 0.25~0.42mm 支撑剂、0.42~0.85mm 卡博陶粒支撑剂（未用裂缝稳定剂处理的支撑剂及用不同质量分数裂缝稳定剂处理后的支撑剂）、人造岩芯，来模拟地层砂向支撑剂中的运移情况。本实验采用围压 5MPa，入口压力 3MPa，出口压力为大气压，从入口泵入柴油，持续 8h。

图 3-11 为采用不同浓度的稳定剂情况下地层微粒侵入图。由图可见，未用稳定剂处理过的支撑剂中地层微粒侵入较多，随着裂缝稳定剂质量分数增大，处理过的支撑剂表面地层微粒减少。

(a)~(f)分别为未加裂缝稳定剂，加入1%、3%、5%、7%、9%
质量分数的裂缝稳定剂的支撑剂(0.42~0.85mm)

图 3-11 不同浓度稳定剂下的地层微粒侵入情况

在裂缝稳定剂质量分数大于 3% 后，地层砂粒侵入状况显著减少，其模拟情况如图 3-12 所示。

图 3-12 0.42~0.85mm(20/40目)支撑剂模拟情况

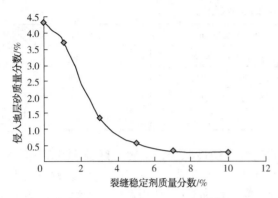

图 3-13　0.074~0.089mm 地层
侵入砂粒质量分数变化图

将不同质量分数裂缝稳定剂处理过的 0.42~0.85mm 支撑剂与 0.074~0.089mm 侵入砂粒的混合体筛分，计算地层侵入砂粒占混合体质量分数。裂缝稳定剂质量分数小于 5% 时，侵入砂粒质量分数下降很快；当裂缝稳定剂质量分数大于 5% 之后，侵入砂粒质量分数基本不变，证明裂缝稳定剂的防砂效果较好。

由图 3-13 可知，裂缝稳定剂质量分数大于 5% 时，低压下导流能力降低幅度变大，而防砂效果不再改善，综合评价导流能力和防砂效果，推荐选用质量分数为 3%~5% 的裂缝稳定剂处理支撑剂。

如图 3-14 所示，裂缝稳定剂处理过的 0.42~0.85mm 支撑剂与常用压裂液体作用，加入瓜尔胶压裂液之后，支撑剂黏结性基本没有变化，在瓶体倾斜 70° 左右时部分支撑剂开始流动[见图 3-14(a)]。加入 D-60 破乳剂之后，1h 左右胶结稳定，液体变浑浊，支撑剂黏结程度基本没有变化[见图 3-14(b)]。加入 VES 压裂液之后，30min 左右胶结稳定，支撑剂黏结性大幅降低，在瓶底部胶结变为可以自由流动的散砂体，液体变浑浊[见图 3-14(c)]。为模拟压裂液返排之后支撑剂胶结情况，过滤得到分别与瓜尔胶、破乳剂、VES 压裂液反应后的支撑剂，60℃下放置 8h 达到性能稳定状态，而后观察其胶结情况，发现均没有继续变化。

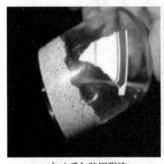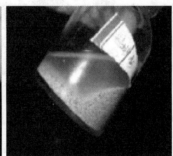

(a)加入瓜尔胶压裂液　　　　　　　(b)加入破乳剂　　　　　　　(c)加入VES压裂液

图 3-14　支撑剂黏结性变化

通过以上分析可知，该裂缝稳定剂与传统的瓜尔胶压裂液和 D-60 破乳剂适配性较好，但是不适于 VES 压裂液。证明在给定的压裂过程中，裂缝稳定剂与压裂液之间的配伍性及其用量会对支撑剂的导流能力有影响。

三、SiO₂ 纳米流体在微粒运移控制中的应用研究

2017 年，HASANNEJADA 等人[19]关于二氧化硅纳米流体在储集层微粒运移控制中的应用研究中，利用 SiO_2 纳米流体做岩芯驱替实验，通过注入 SiO_2 纳米流体改变孔壁的表面物性，强化颗粒与孔壁间的吸引力，进而克服水动力排斥力，可有效控制储集层中微粒运移。

为更好地模拟储集层中微粒运移情况，在实验中采用平均直径为 $210\sim595\mu m$ 的玻璃珠构建多孔介质模型。首先将玻璃珠和微粒混合后装入一个长度为 1.5cm、直径为 3.8cm 的套筒中，将制备好的岩芯固定在岩芯夹持器中，并施加 8.27MPa 的上覆压力，然后用 0.3mol/L 的 NaCl 溶液饱和该岩芯。

为了研究 SiO_2 纳米流体浓度对控制微粒运移和提高流体临界流速的影响，该实验分别配制了质量分数为 0.03%、0.10%、0.20% 和 0.30% 的 SiO_2 纳米流体，注入多孔介质，所得数据如表 3-4 所示。

表 3-4　不同注入速度下的产出液微粒浓度

实验条件	不同注入速度下的微粒浓度/($10^{-9}g\cdot mL^{-1}$)								
	25mL/h	50mL/h	100mL/h	150mL/h	300mL/h	500mL/h	700mL/h	1000mL/h	1500mL/h
基础测试	0	0	0	3	2	63	215	467	557
0.03%SiO₂ 纳米流体	0	0	0	2	4	4	122	203	249
0.10%SiO₂ 纳米流体	0	0	0	1	3	5	62	102	136
0.20%SiO₂ 纳米流体	0	0	0	1	0	3	88	149	206
0.30%SiO₂ 纳米流体	0	0	0	3	6	56	176	281	392

为确定流体的临界流速，绘制了微粒产出平均速度和孔隙速度的关系曲线，如图 3-15 所示，偏离零值的孔隙速度即为临界流速。从图中可以看出，基础测试中流体的临界流速约为 0.024cm/s。分别注入浓度为 0.03%、0.10% 和 0.20% 的 SiO_2 纳米流体后，流体的临界流速增加到 0.048cm/s。但是当 SiO_2 纳米流体的浓度增加到 0.30% 时，流体的临界流速却降为 0.024cm/s。此外，通过比较曲线的斜率可见，注入任何浓度的 SiO_2 纳米流体，在高于临界流速的情况下均会降低微粒的产出速度。

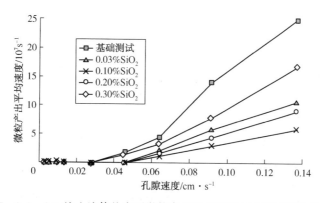

图 3-15　0.3mol/L 注入流体盐度下微粒产出平均速度与孔隙速度的关系曲线

从表 3-5 可以看出，0.10% 的 SiO_2 纳米流体控制微粒运移的效果最好。因此可以得出结论，继续提高 SiO_2 纳米流体的浓度不会改善纳米流体控制微粒运移的性能。

当 SiO_2 纳米流体浓度从 0.03% 增加到 0.10% 时，玻璃的表面粗糙度达到最大值，如图 3-16 所示，此时的处理效果最好。

在 SiO_2 纳米流体的浓度增加到 0.30% 后，吸附在玻璃表面的纳米颗粒增加并在玻璃表面形成了纳米颗粒层，降低玻璃表面的粗糙度，如图 3-17 所示。此时的微粒表面粗糙度降低，处理效果变差。

表 3-5　不同实验中纳米流体控制微粒运移的效率

实验条件	产出微粒总量/mg	效率/%
基础测试	583.5	
0.03%SiO$_2$ 纳米流体	301.1	48.40
0.10%SiO$_2$ 纳米流体	120.3	79.38
0.20%SiO$_2$ 纳米流体	156.5	72.80
0.30%SiO$_2$ 纳米流体	363.1	37.77

图 3-16　经 0.10% 的 SiO$_2$ 纳米流体
浸泡后玻璃的表面粗糙度

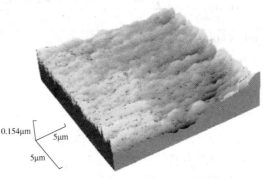

图 3-17　经 0.30% 的 SiO$_2$ 纳米流体
浸泡后玻璃的表面粗糙度

由实验可知，将 SiO$_2$ 纳米流体注入多孔介质中，这些纳米颗粒吸附到孔壁上可以改变孔隙表面物性，提高注入流体的临界流速，减少微粒运移造成的储层伤害。

微粒从孔壁脱落是微粒运移的重要内因。在实验中，用 SiO$_2$ 纳米颗粒涂覆玻璃珠后，玻璃珠的表面粗糙度增加，微粒运移得到了有效的控制。纳米流体的浓度对纳米颗粒改善微粒运移的性能有着直接影响，最佳浓度是使孔壁的粗糙度增加到最大值的同时使微粒在多孔介质中的迁移距离最短的浓度。

第四节　微粒运移数值模拟分析

相较于物理模拟实验，数值模拟计算在经济性和效率方面具有明显优势。本节从支撑裂缝中微粒运移和沉积的数值模拟、砾石充填层损伤的数值模拟两方面出发，对微粒运移影响裂缝导流能力的最新数值模拟研究进行了介绍。

一、支撑裂缝中微粒运移和沉积的数值模拟研究

许多含油气地质构造，特别是页岩，黏土含量很高。在生成烃类化合物的过程中，孔隙压力降低，岩石基质的有效应力增加，这可能导致地层破裂，从而导致地层流体中产生

细小微粒。在水力裂缝中，细小微粒侵入支撑剂层会堵塞支撑剂微粒之间的孔隙空间，从而导致裂缝渗透率和导流能力的损失。虽然在支撑剂支撑的水力裂缝中减少微粒运移和堵塞对油气的有效生产至关重要，这在前面三节已有提及，但有效应力、支撑剂微粒大小和支撑剂粒径分布的作用仍然不清楚。

1. 模型机理分析

许多研究表明，在支撑裂缝中稳定的支撑剂组合和支撑剂尺寸是防止细微粒堵塞造成的地层损害的关键[20]。Weaver 等人（1999）指出，在压裂充填设计中选择最优的支撑剂粒径有利于控制微粒运移[21]。由于油气生产过程中储层衰竭过程通常会导致支撑剂组合的孔隙结构复杂，不同尺寸的细小组分可能会导致孔喉处产生张力[22]，从而影响流体在储层中的运移。

根据 Mohnot 的研究[23]，油藏中典型的细微粒粒径中值在 $10\mu m$ 左右。对于直径在 $1\mu m$ 左右或更小的微粒，仍有很大一部分悬浮在储层中。由于具有不同粒径的微粒在不同运移机制下的运移不尽相同，因此需要在孔隙尺度上理解不同微粒运移的控制机制。然而，微粒运移研究通常是在现场尺度或岩芯尺度的室内实验中进行的。在这些连续尺度下测量的平均性质无法解释与支撑剂支撑裂缝的精细运移相关的孔隙尺度过程[24]。因此，迫切需要建立一个能够在孔隙尺度上跟踪微粒运移的基本数值模型，这对于表征微粒运移对支撑剂支撑裂缝导流能力损伤的影响至关重要。

针对这一问题，Ming Fan 等人建立了离散元方法—玻尔兹曼（DEM-LB）数值框架，以研究在闭合压力作用下支撑裂缝中微粒运移和沉积的调控机制。具体来说，DEM 用于生成支撑剂组合，并模拟有效应力增加和支撑剂微粒压实的结果。然后，将 DEM 模拟的压实支撑剂组合的孔隙结构提取出来，导入 LB 模拟器，作为流体流动建模的内部边界条件。基于 LB 模拟的孔隙流场，对微粒在孔隙空间中的运移进行了数值模拟，分析了 3 种控制微粒运移的输运机制，即拦截收集、布朗运动和重力沉降。采用连续尺度的微粒沉积模型拟合孔隙尺度微粒跟踪沉积的数值结果，确定宏观沉积系数，以及微粒尺寸、支撑剂粒径不均质性和有效应力对宏观沉积系数的影响。数值模拟的沉积系数与相关预测的沉积系数有很好的吻合性。模拟结果证实了微粒沉积系数随微粒粒径的非单调变化规律，表明支撑剂组合具有相同的平均支撑剂直径，但支撑剂直径分布更加不均匀。支撑剂粒径分布较宽有利于在低至中等闭合应力条件下细小微粒通过孔隙空间迁移。所开发的模拟框架可以有效地模拟不同粒径的微粒在孔隙尺度上的迁移和沉积过程。

2. 模拟方法

1）数学和数值方法概述

采用数学建模软件（PFC3D）进行 DEM 建模，模拟由于油藏衰竭导致的机械载荷增加情况下支撑剂微粒的移动和重排。开发内部数值程序，离散支撑剂组合的孔隙结构，并将其导入 Lattice Boltzmann（LB）模拟器作为流动建模的内部边界条件，以模拟压缩孔隙空间中的单相流动[25]。采用微粒跟踪方法，基于 LB 模拟的孔隙流场，在孔隙尺度上对微粒在孔隙空间的输运和沉积进行了数值模拟，并考虑 3 种调控微粒迁移的输运机制：截留聚集、布朗运动和重力沉降。通过这种 DEM-LB 数值流程，可以获得孔隙结构几何形状和孔隙尺度流动特征，从而研究通过压实支撑剂组合在裂缝中的细微粒迁移和沉积。以下部分为数学和数值方法的细节。

2）微粒沉积的连续尺度数学模型与沉积系数

当微粒通过支撑剂组合的孔隙空间迁移时，它们会附着在支撑剂表面并堵塞孔隙空间从储层流体中去除的微粒的质量等于支撑剂表面沉积的微粒的质量，如公式(1)所示：

$$U \cdot dC \cdot A_{cs} \cdot dt = -\alpha \cdot (A_{cs} \cdot dx \cdot \varphi \cdot C) \cdot dt \tag{1}$$

式中，C 为流体中细微粒浓度（kg/m^3）；U 为达西流速（m/s）；ac 为垂直于主流方向的多孔介质截面积（m^2）；x 是沿着流向的距离（m）；t 为时间（s）；φ 是孔隙度；α 是微粒附着在支撑剂表面的速率，表示单位时间内悬浮微粒附着在支撑剂表面的比例（s^{-1}）。式(1)是根据基本的质量平衡原理得出的。其中，(1)式左侧表示悬浮微粒质量的减小，悬浮微粒质量通量 UC 表示单位时间内悬浮微粒在单位截面积内的输送质量。通过微观控制体积 $A_{cs}dx$ 所减少的悬浮微粒质量必须等于沉积在固体表面的微粒质量。将公式(1)简单整理后，有：

$$\frac{dC}{C} = -\alpha\varphi \frac{dx}{U} \tag{2}$$

对公式(2)积分，细微粒物浓度可表示为：

$$C = b \cdot e^{-\frac{\alpha\varphi}{U}x} \tag{3}$$

其中 b 为常数，等于流入细微粒浓度 C_0（kg/m^3）。因此，公式(3)改写为：

$$C = C_0 e^{-\frac{\alpha\varphi}{U}x} \tag{4}$$

通过定义沉积系数，可以计算出溶液中细微粒浓度沿主流（x）方向，与 Yao 等人提出的经典胶体过滤模型一致：

$$C = C_0 e^{-\lambda x} \tag{5}$$

由于沉积的细微粒在多孔介质中堆积，支撑剂表面被附着的细微粒覆盖。通过对细微粒沉积质量分析，孔隙流体中的细微粒浓度（kg/m^3）与支撑剂表面沉积的细微粒浓度（kg/m^3）之间存在质量平衡，σ 表示单位孔隙介质中沉积的细微粒的质量。这个质量平衡表达式可以写成：

$$U \cdot dC \cdot A_{cs} \cdot dt = -A_{cs} \cdot dx \cdot d\sigma \tag{6}$$

将公式(6)进行简单整理，有：

$$\frac{\partial\sigma}{\partial t} = -U \frac{\partial C}{\partial x} \tag{7}$$

将公式(5)代入公式(7)，对等式两边积分，有：

$$\sigma = tUC_0\lambda e^{-\lambda x} + b_2 \tag{8}$$

其中 b_2 是常数，t 是时间。当 $x=0$、$t=0$ 时，细微粒沉积质量 $\sigma=0$。将 $x=0$、$t=0$、$\sigma=0$ 代入公式(8)，得 $b_2=0$。因此，公式(8)改写为：

$$\sigma(x, t) = tUC_0\lambda e^{-\lambda x} \tag{9}$$

通过数值求解粒子轨迹方程，可以用半经验相关法确定沉积系数 λ，这是 Logan 等人给出的应用最广泛的关联式之一：

$$\lambda = \frac{3}{2} \frac{(1-\varphi)}{d_m} \left[4A_s^{1/3} \left(\frac{Ud_m}{D}\right)^{-2/3} + A_s \left(\frac{4A}{9\pi\mu d_p^2 U}\right)^{1/8} \left(\frac{d_p}{d_m}\right)^{15/8} + 3.38 \times 10^{-3} A_s \left(\frac{v_s}{U}\right)^{1.2} \left(\frac{d_p}{d_m}\right)^{-0.4} \right] \tag{10}$$

式中，d_m 为多孔介质的微粒直径（m）；d_p 为细微粒直径（m）；D 为细微粒扩散率；μ 为动态黏度 [kg/(m·s)]；v_s 为斯托克斯沉降速度（m/s）；A 为哈梅克常数，典型取值范围为 $3 \times 10^{-21} \sim 4 \times 10^{-20}$，为考虑邻近沉积物微粒影响和孔隙几何效应的无量纲修正因子，表示为：

$$A_s = \frac{1-p^5}{1-1.5p+1.5p^5-p^6} \qquad (11)$$

在宏观沉积系数的这种半经验相关性即公式（10）中，细微粒的输运通过布朗运动、截留收集和重力沉降机制的线性组合来说明。公式（10）中括号内的第一项表示布朗运动机制，第二项表示拦截收集机制，第三项表示重力沉降机制。

3）基于 LB 模拟流场的孔隙微粒跟踪与沉积

基于 LB 模拟孔隙流场跟踪微粒在孔隙空间运动和沉积的数值方法。关于 LB 方法的细节将在第 6）部分中给出。粒子的数值结果跟踪和沉积将安装使用 continuum-scale 数学模型和第 2）部分中描述的微粒沉积模型确定宏观沉积系数。

利用 LB 模拟的三维孔隙流场，基于欧拉方法跟踪细微粒在三维（3D）孔隙空间运动的数值算法：

$$x(t+\Delta t) = x(t) + v[x(t)] \cdot \Delta t + v_s[x(t)]\Delta t + \sqrt{6D\Delta t}\xi \qquad (12)$$

式中，x 为表示细微粒在三维空间中位置向量（m）；t 为时间（s）；δt 是用于微粒子跟踪的时间步长；v 为孔隙尺度 LB 模拟确定的孔隙流速向量（m/s）；v_s 为斯托克斯沉降速度（m/s）；D 为细微粒的扩散系数（m^2/s）；ξ 是一个随机向量，其方向在三维空间中均匀分布，且大小为均值和单位方差为零的随机变量。斯托克斯沉降速度由式（13）计算：

$$v_s = \frac{2}{9}\frac{(\rho_p-\rho_f)}{\mu}gr^2 \qquad (13)$$

式中，g 为重力加速度（m/s^2）；ρ 为细微粒的质量密度（kg/m^3）；ρ_f 为流体的质量密度（kg/m^3）。

细微粒的扩散系数采用 Stokes-Einstein 方程计算：

$$D = \frac{k_b T}{6\pi r\mu} \qquad (14)$$

式中，k_b 是玻尔兹曼常数，等于 1.38×10^{-23} m^{2}kg/(s^{2}K)；T 为绝对温度（K）；r 为细微粒半径（m）。

利用这种粒子跟踪方法，单个细微粒在支撑剂支撑裂缝孔隙空间中的位移由对流、重力沉降和布朗运动决定，分别对应于公式（12）右边的第二、第三和第四项。当单个微粒沿着对流流线与支撑剂表面碰撞时，这种沉积机制称为截留集，如公式（12）右边第二项所述。重力会使细小微粒偏离流线并向下移动，从而导致细小微粒发生碰撞并沉积在支撑剂表面；这种沉积机制被称为重力沉降，如公式（12）右边第三项所描述的那样。此外，随机布朗运动也会导致微粒偏离对流流线，导致微粒碰撞沉积在支撑剂表面，如公式（12）右边第四项所示。值得注意的是，这三种机制都有助于细微粒在孔隙空间中的输运和沉积。对于较小的细微粒，以布朗运动机制为主，而对于较大的细微粒，则以重力沉降机制为主。

该方法基于公式（12）模拟的 LB 孔隙流场，采用蒙特卡罗方法模拟了 10000 个细微粒在孔隙空间中的输移沉积过程。当细微粒与支撑剂表面碰撞时，记录碰撞发生的纵向（x）位置。MC 模拟结束后，利用宏观细微粒沉积模型即公式（9）拟合了 x 方向上所有碰撞位置的分布，宏观细微粒沉积模型决定了连续尺度沉积系数 λ。附着在支撑剂表面的细小微粒不会脱落，这表明黏附系数等于 1；这种假设是合理的，因为储层地层水一般具有高离子浓度，有利于微粒附着在支撑剂表面。此外，本研究中支撑剂的细微粒尺寸远小于支撑剂微粒尺寸，并假设沉积质量相对较低，这表明拟合沉积系数接近清洁床沉积系数。

4）PFC3D 软件模拟

在这项研究中，PFC3D 软件包用于模拟受压缩压力作用的水力裂缝中支撑剂微粒的移动和重排。PFC3D 是一个三维不连续介质力学模拟器。最近，DEM 在模拟支撑剂微粒的力学行为方面被证明是有效的[26]。他使用 DEM 格式描述刚性球形微粒的运动和相互作用。在 PFC3D 中，球形粒子独立生成，只在接触或界面处相互作用。计算周期采用时间步进算法，每个质点的位置和速度由牛顿第二运动定律确定，用力—位移关系更新每个接触点的接触力。在模拟过程中，触点可以同时创建和分离。然而，牛顿第二运动定律不适用于边界墙，因为墙的运动是由用户指定的。力—位移关系作用于每个接触点，该接触点由单位法向量 n_i 定义。微粒接触时产生接触力，接触力的大小由两微粒间的相对位移和规定刚度决定。接触力可分解为相对于接触平面的法向分量和剪切分量，如公式（15）所示。法向接触力由公式（16）计算。剪切接触力的大小初始为零，然后在每个时间步长递增，由公式（17）确定。

$$F_i = F_i^n + F_i^s \tag{15}$$

$$F_i^n = K^n U^n n_i \tag{16}$$

$$\Delta F_i^s = -k^s \Delta U_i^s \tag{17}$$

在这些方程中，F_i^n 和 F_i^s 为接触力的法向分量和剪切分量；K^n 为接触处的法向刚度，它将总法向位移与力联系起来；k^s 为剪切刚度，将增量剪切位移与力联系起来；U^n 为法向接触位移，U_i^s 为接触位移的剪切分量。

5）三维支撑孔隙结构的离散化

将 DEM 模拟得到的支撑剂三维孔隙结构进行离散化、提取，然后导入 LB 模型，作为流动建模的内部边界条件，模拟孔隙尺度、单相在压缩孔隙空间中的流动。具体地说，三维孔隙几何被离散化使用三维网格在 x、y 和 z 方向具有 0.05mm 像素的分辨率。当支撑剂微粒的平均直径接近 1mm 时，支撑剂的组合几何形状可以很好地用这种分辨率进行解析。

6）单相流数值模拟的晶格玻尔兹曼方法

研究采用 LB 方法模拟支撑剂支撑裂缝孔隙空间内的孔隙尺度流场，并采用公式（12）所示的算法跟踪细微粒的输运和沉积。LB 方法是一种基于微观物理模型和中尺度动力学方程求解 Navier-Stokes 方程的数值方法。与传统的流体动力学模型相比，LB 方法具有许多优点。例如，演化方程显式，实现简单，并行化自然，易于纳入新的物理，如流体—固体界面的相互作用。

本研究中使用的 LB 模拟器已通过与解析解和实验室测量的直接比较得到验证。然后，它与高性能图形处理单元（GPU）并行计算进行优化，这将计算速度提高了 1000 倍，并导致内部的 LB 代码，GPU 增强的晶格玻尔兹曼模拟器（GELBS）。在本研究中，我们使用了D3Q19 晶格结构（在三维空间中有 19 个速度矢量），因为它在计算稳定性和效率之间保持了良好的平衡。

$$f_i(x+e_i\Delta t,\ t+\Delta t)=f_i(x,\ t)-\frac{f_i(x,\ t)-f_i^{eq}(\rho,\ u)}{\tau},\ (i=0,\ 1,\ 2\cdots18) \tag{18}$$

其中 $f_i(x,\ t)$ 为微粒分布函数，表示在晶格位置 x 和时间 t 处流体微粒沿第 i 方向运动的概率；e_i 为方向 i 对应的晶格速度矢量，定义为：

$$e_i=c\begin{bmatrix}0 & 1 & -1 & 0 & 0 & 0 & 0 & 1 & -1 & 1 & -1 & 0 & 0 & 0 & 0 & 1 & -1 & 1 & -1\\ 0 & 0 & 0 & 1 & -1 & 0 & 0 & 1 & 1 & -1 & -1 & 1 & -1 & 1 & -1 & 0 & 0 & 0 & 0\\ 0 & 0 & 0 & 0 & 0 & 1 & -1 & 0 & 0 & 0 & 0 & 1 & 1 & -1 & -1 & 1 & 1 & -1 & -1\end{bmatrix}$$

其中，$c=\delta x\times\delta t$，δx 为晶格间距，δt 为时间步长；τ 是相关的无量纲弛豫时间的运动黏度；f_i^{eq} 是平衡分布函数选择的宏观 N-s 方程。

$$f_i^{eq}(\rho,\ u)=\omega_i\rho\left[1+\frac{3e_i\cdot u}{c^2}+\frac{9(e_i\cdot u)^2}{2c^4}-\frac{3u^2}{2c^2}\right] \tag{19}$$

其中 ω_i 为计算得到的权重系数：

$$\omega_i=\begin{cases}1/3 & i=0\\ 1/18 & i=1\cdots6\\ 1/36 & i=7\cdots18\end{cases} \tag{20}$$

宏观流体密度和速度由以下公式计算：

$$\rho=\sum_{i=0}^{18}f_i \tag{21}$$

$$u=\frac{\sum_{i=0}^{18}f_ie_i}{\rho} \tag{22}$$

在实践中，已经发展了双松弛时间和多松弛时间 LB 格式，以缓解高雷诺数流动模拟中的数值不稳定性，避免数值误差对流体黏度的非线性依赖性。在本研究中，我们将碰撞算子替换为双松弛时间碰撞算子，并选择对称和非对称特征函数的最优组合，以减少反弹边界条件带来的数值误差。

对于流体流动模拟，我们施加了一个具有恒定压差的周期性边界条件 δP，在纵向方向和四个侧面和内部固体表面的无滑移边界条件。为了保证宏观流动在达西区范围内，雷诺数总是远远小于 1。一个很小的压差 δP 产生了一个足够小的马赫数和密度变化，这对于用 LB 方法对不可压缩流动进行交流模拟是必要的。

7）不同支撑剂粒径不均一性的产生

两种支撑剂组合的支撑剂平均粒径相同，但粒径分布不同，如图 3-18 所示。支撑剂组合上的有效应力慢慢增加到 6000psi。支撑剂组件在 z 方向压实（方向正常）在一个恒定的速度，这是足够缓慢的，避免了快速的支撑剂微粒之间的孔隙流体压力、有效应力和允许流体在孔隙空间内流在横向方向（x-y）。在这种情况下，支撑剂微粒上的瞬态孔隙压力变化和合成应力可以忽略不计。在模拟中，为了避免支撑剂在高有效应力下被压碎，所有模拟中都使用了高强度陶粒支撑剂特性（如刚度和密度）。

支撑剂组件的初始尺寸为20mm。在支撑剂微粒直径均匀分布的假设条件下生成支撑剂组合。支撑剂粒径的变异系数（COV）定义为支撑剂粒径与支撑剂平均粒径的标准差之比，用来表征支撑剂粒径分布的异质性。具体来说，支撑剂粒径COV越大，表明水力裂缝中支撑剂粒径分布越宽、越非均质。为了研究支撑剂粒径COV对宏观沉积系数的影响，生成了两种粒径COV分别为5%和25%的支撑剂组合。这两种支撑剂组合的支撑剂平均直径相同，为0.95mm，不同支撑剂粒径的COV表明，一种支撑剂组合的支撑剂粒径分布更加均匀，而另一种支撑剂组合的支撑剂粒径分布更加不均。具体来说，粒径COV为5%的支撑剂组合中支撑剂直径在0.87~1.036mm之间均匀分布，支撑剂平均直径为0.95mm，直径标准差为0.0479mm。当支撑剂组合中支撑剂粒径COV为25%时，支撑剂直径在0.54~1.368mm之间均匀分布，支撑剂平均直径为0.95mm，直径标准差为0.239mm。COV为5%和COV为25%的支撑剂组合的支撑剂粒径分布如图3-19所示，y轴表示在x轴上标记的小于特定微粒尺寸的微粒的累积质量分数。支撑剂组合的空间分辨率为0.05mm/LB长度单位。在LB模拟达西流动时，在x、y两个方向施加压力梯度，驱动单相流体通过支撑剂支撑裂缝的孔隙空间。在本研究中，我们假设细微粒主要来自富含黏土的储层，而不是来自陶粒支撑剂。

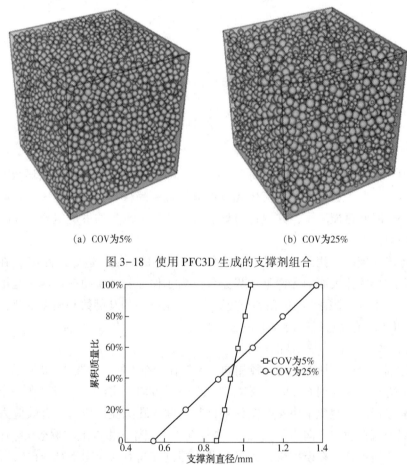

(a) COV为5%   (b) COV为25%

图3-18　使用PFC3D生成的支撑剂组合

图3-19　粒径COV为5%、COV为25%支撑剂组合的支撑剂粒径分布

3. 模拟结果与讨论

1）生成孔隙结构和流场

图 3-20 给出了直径比为 5% 和 25% 的支撑剂组合在裂缝中心沿 $x-y$ 平面（与裂缝壁平行）切割的 LB 模拟孔隙空间内流体压力分布。压力以 LB 单位表示。①粒径 COV 为 5% 的支撑剂组合孔隙内的流体压力分布，②粒径 COV 为 25% 的支撑剂组合孔隙内的流体压力分布。这两张图片是二维截面，沿着三维计算区域的中心切割，面积为 20mm²。两种支撑剂组合的支撑剂平均直径为 0.95mm。可以观察到，当支撑剂粒径 COV 为 25% 时，支撑剂粒径分布的不均匀性更强，因为粒径 COV 越高，支撑剂粒径分布越宽。由于所有的模拟都是在 Re 值远小于 1 的情况下进行的，因此流体的流动属于达西区。

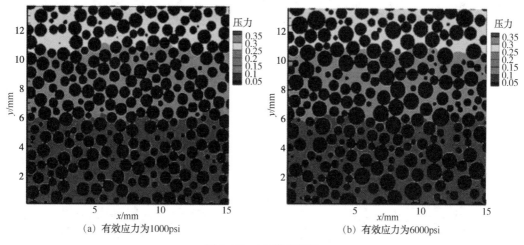

（a）有效应力为1000psi　　　　　　（b）有效应力为6000psi

图 3-20　LB 模拟结果

图 3-21 展示了在（a）1000psi 和（b）6000psi 有效应力下，LB 模拟支撑剂组合孔隙内的流速大小分布（左图）和相关流线（右图）。支撑剂结构实现中，支撑剂粒径分布均值为 0.95mm，COV 为 5%。流动密度的大小以 LB 单位表示。颜色强度与流速的大小成正比。由图 3-21（a）可知，当有效应力为 1000psi 时，平均孔径较大，支撑剂粒径范围内存在多个高流速区，说明孔隙空间连通性较好。相反，图 3-21（b）显示，在 6000psi 的有效应力下，支撑剂组合压实明显，导致孔隙空间连通性降低，流速降低；在这种情况下，高流速区域的尺寸受到单一支撑剂微粒尺寸的限制，这意味着降低了支撑剂组合内部孔隙空间的连通性。

2）沉积系数测定

模拟基于 LB 模拟的孔隙流场和公式（12）所示的算法，对 10000 个细微粒在支撑剂支撑裂缝孔隙空间中的运移和沉积进行了跟踪。在模拟的最后，分析并整理了各碰撞位置在纵向流（x）方向上的分布。图 3-22 给出了 x 方向上碰撞位置的累积分布函数（CDF）和相应的概率密度函数（PDF）。支撑剂粒径分布的均值为 0.95mm，粒径 COV 为 5%。支撑剂组件上的有效应力为 6000psi。CDF 表示微粒在支撑剂组装过程中纵向移动距离小于 x 的概率。PDF 是 CDF 曲线关于 x 的一阶导数，他表明在 x 与进气道的纵向距离处细小微粒沉积的可能性。利用宏观细微粒沉积模型即公式（9）拟合 PDF 曲线，确定沉积系数 λ 在指数函数中。

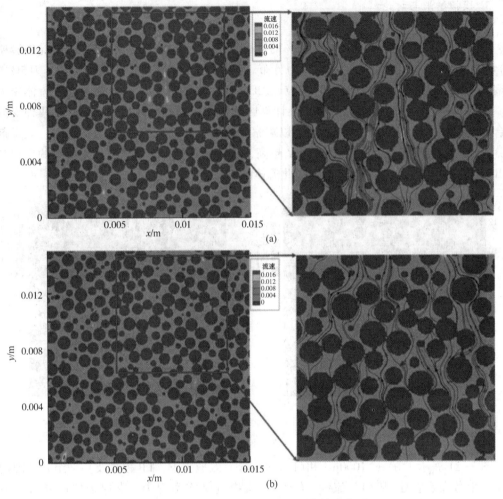

图 3-21　(a) 1000psi 和 (b) 6000psi 有效应力下，
LB 模拟的孔隙尺度流速大小分布和二维中心截面内的相关流线

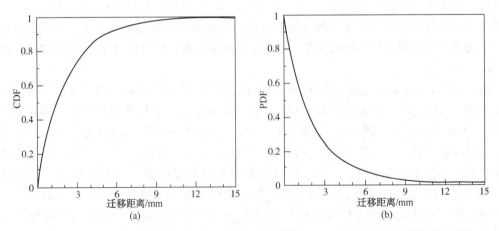

图 3-22　(a) 累积分布函数 (CDF) 和 (b) 概率密度函数 (PDF) 作为细微粒迁移距离的函数

3）COV 与有效应力的影响

图 3-23 为通过拟合孔隙尺度模拟微粒迁移距离得到的沉积系数，该系数与不同有效应力下的细微粒直径和支撑剂直径不均一性的函数关系。具体来说，粒径 COV 分别为 5% 和 25%、平均值为 0.95mm 的支撑剂组合承受的有效应力分别为 1000psi、3000psi 和 6000psi。相同的达西流速(1.08×10^{-4}m/s)，作为边界条件，分别施加不同支撑剂粒径 COV 的两种支撑剂组件。图 3-23 中的左右两幅图是从 PFC 生成的支撑剂孔隙结构中选取的两幅图。相关性计算中所用的支撑剂粒径大小为 0.95mm。

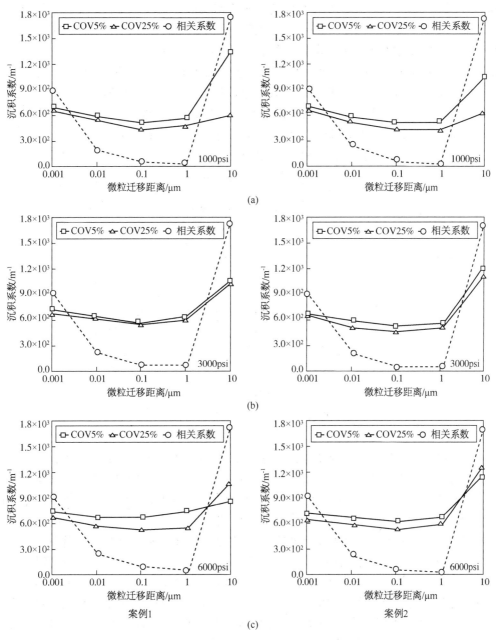

图 3-23 沉积系数与不同有效应力下的细微粒直径和支撑剂直径不均一性的函数

4）速度大小分布的影响

在油气生产过程中，孔隙压力降低，岩石基质中的有效应力增加。因此，支撑剂组合内部会出现更多曲折的孔隙流动通道和更多非均质速度场。微粒在支撑剂组合中的运移不仅受孔隙结构和流动路径分布的影响，而且受这些路径上速度物质分布的影响。为了量化不同支撑剂粒径 COV 和有效应力条件下支撑剂组合的流动速度大小分布，计算了孔隙流动速度大小的 PDF（概率密度函数）。图 3-24 给出了图 3-23 所示的两种实现中孔隙速度大小的 PDF。为了清楚地展示结果，对每个支撑剂组合只进行了两个有效应力测试（1000psi 和 6000psi）。图 3-24（a）和（b）均采用相同的达西流速度边界条件。孔隙密度的大小分布具有高度的偏斜度和严重的不均性。在同一支撑剂组合中，当有效应力增大时，在低速区概率分布增大，而在高速区概率分布减小。这是因为在较高的有效应力下，支撑剂的组合结构非常明显，导致流动通道的减少和整体孔隙速度大小的降低。在相同的有效应力下，支撑剂粒径 COV 较大的支撑剂组合在低速区概率分布较小，在高速区概率分布较大，这是由于支撑剂组合粒径 COV 较大，支撑剂微粒相对较大，导致流道开放。图 3-24 的结果与图 3-23 的结果一致，表明对于大多数细微粒尺寸，25% 支撑剂粒径 COV 几何形状下的沉积系数小于 5% 支撑剂粒径 COV 几何形状下的沉积系数。

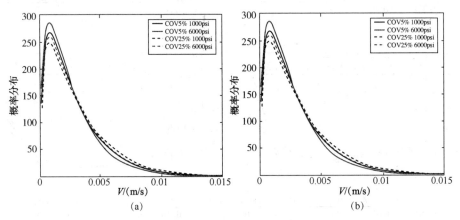

图 3-24　（a）和（b）是在不同有效应力和支撑剂粒径 COV 条件下
孔隙流动速度大小的概率密度函数（PDF）

5）过渡时间分布的影响

另一个重要的参数与多孔介质中微粒迁移是过渡时间分布，即微粒迁移通过一个晶格长度所需的时间。图 3-25 显示了如图 3-23 所示的两种再现过程中的转变时间分布。如图 3-25 中所示，过渡时间呈指数下降随着时间的推移。两种案例的幂律指数 α 的绝对值如表 3-6 所示。在相同的支撑剂组合条件下，α 值随有效应力的增加而减小。这是因为当有效应力增加时，支撑剂组合会发生相对于孔隙结构几何形状和连通性，对细小微粒在支撑剂支撑裂缝中的运移产生了负面影响，导致细小微粒在同一点阵长度内的运移时间较长。相同有效应力条件下，COV 为 25% 支撑剂组合过渡时间分布斜率绝对值大于 COV 为 5% 支撑剂组合过渡时间分布斜率绝对值。这是因为支撑剂直径 COV 较大的支撑剂组合具有较大的流道，这在孔隙空间中提供了更多的高速区域，因此细微粒通过一个晶格长度需要更短的时间。图 3-25 所示的结果与图 3-23 和图 3-24 的观察结果一致。

表 3-6 幂律指数 α 的绝对值

实验条件	案例 1		案例 2	
	COV = 5%	COV = 25%	COV = 5%	COV = 25%
1000psi	2.5387	2.5524	2.5381	2.5556
3000psi	2.4075	2.4116	2.3969	2.3989
6000psi	2.3840	2.3947	2.3877	2.3762

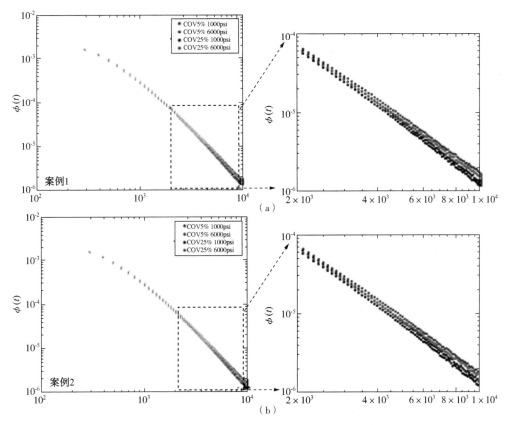

图 3-25 在不同有效应力和支撑剂粒径 COV 下过渡时间的概率密度函数(PDF)

4. 结论

微粒运移是裂缝导流能力降低和产能下降的主要原因之一。当细小微粒在支撑剂组合中迁移时,一些细小微粒通过各种沉积机制被固定下来。在上述研究中,支撑剂充填层使用 PFC3D 生成,并使用 LB 方法模拟了孔隙尺度下的流体流动。将 PFC3D 与 LB 模型相结合,来评估支撑剂尺寸(支撑剂微粒直径的变化)和有效应力对分离的细微粒在支撑剂支撑裂缝中的运移的作用。模拟结果与相关预测的沉积系数很好地吻合。模拟结果和经验相关结果均表明沉积系数随细微粒粒径的非单调变化规律。较小微粒(如 $0.001\mu m$)的运移以布朗运动为主,较大微粒(如 $10\mu m$)的运移以重力沉降为主。支撑剂组件中的细微粒迁移和沉积受到裂缝闭合应力的显著影响,支撑剂直径分布更不均匀的支撑剂组件(如 COV 为 25%)有利于细微粒在低至中等闭合应力(如 1000~3000psi)下通过孔隙迁移。在支撑剂直径

COV 相同的情况下，随着有效应力的增加，低速区的概率分布增大，而高速区的概率分布减小。在相同的有效应力下，过渡时间分布中斜率的绝对值随着支撑剂粒径 COV 的增加而增加，这表明高孔隙流速区域的增加。这就表明，具有相同支撑剂直径但支撑剂直径分布更不均匀的支撑剂组件，由于在低至中等闭合压力下相对较大的流动通道，细微粒相对更容易迁移通过孔隙空间。

支撑剂组合在油气生产过程中施加的有效应力的增加，增加了细微粒运移的复杂性，这表明研究孔隙结构演化如何影响支撑剂支撑裂缝的细微粒运移具有重要意义。该研究结果为油气生产过程中孔隙含量变化、流体流动和细微粒运移之间的关系提供了理论依据。这种综合方法在砾石充填设计中也有实际应用，所以下面将对砾石充填层损伤的数值模拟展开论述，更详细地论述微粒运移与支撑剂组合的导流能力之间的关系。

二、砾石充填层损伤的数值模拟研究

随着常规油藏的枯竭，非常规油藏(即稠油油藏、低渗透油藏、裂缝性油藏)在油气开发中的地位日益重要，特别是稠油油藏已成为非常规油藏的主要组成部分。2019 年统计，全球储量约 6.3 万亿桶[27]。稠油是高黏度的，通常储存在不牢固的、疏松的砂岩储层中。开采稠油需要某种形式的侧向井眼支撑和防砂解决方案。稠油开采成功的关键是提高高黏度液体在储层基质中的流动性以及防砂。出砂是石油开采的主要问题之一，特别是疏松砂岩储层。井筒周围岩石胶结强度较弱，容易发生损坏，出砂量大。油井出砂不仅会对井下和地面设备造成严重的磨损，甚至会造成砂堵或埋砂事故，还会降低采收率和造成油井弃井[28]。所以 Li Yanchao 等人[29]的研究，从通过驱油试验，模拟了不同砂粒径比、初始砂体积分数和流体黏度条件下的砾石充填损伤情况。在孔隙空间模型的基础上，建立了砂粒沉积引起的砂砾渗透损害的评价模型。利用实验数据，对理论模型进行了验证。

1. 损伤机理分析

过去人们对出砂的不同方面进行了许多研究。然而，由于采出砂处理的操作成本高，他们主要集中于寻找有效的方法来避免出砂[30]。为了确保设备的安全运行，减少地层伤害并提高产能，水平井完井中最常用的防砂技术包括：裸眼砾石充填(OHGP)、独立筛管(SAS)和可膨胀防砂筛管(ESS)。砾石充填防砂具有防砂效果好、对产能影响小等优点，在油田中得到了广泛的应用[31]。砂粒运移和堵塞是影响砾石充填井有效长度的重要因素。因此，对评价地层砂粒运移对砾石层渗透率的影响，明确封堵机理具有重要的意义，对准确预测产能、提高防砂效果十分重要。人们进行了均匀布砂砾石封堵机理的实验研究，但由于模拟砂与真实地层砂粒径分布差异较大，模拟结果与实际数据存在较大差异[32]。实验采用不同的 D50/d50 储层渗透率分布及砾石块体机理分析。利用多点管驱替实验，研究砂粒运移对砾石层渗透率的影响，提出砾石充填井的防砂机理[33]。

许多评估颗粒沉积的渗透性损害的理论模型被提出来[34-35]。滤失系数和储层伤害系数是渗透率损害理论评价的重要经验参数。在孔隙空间模型的基础上，提出了这些参数的模型。对于天然岩石来说，必须通过实验室岩芯驱替试验确定，即含有颗粒的流水穿过岩石。Wennberg 等人的研究表明，这两个参数都可以通过岩芯出口的压降和悬浮物颗粒浓度的综合测量得到[36]。

综上所述，产油井出砂通常与两种机制有关：一是由于应力集中，井筒附近岩石的力学不稳定性和局部破坏（损伤），二是由于内部侵蚀和表面侵蚀引起的流体力学不稳定性，表现为渗流力作用下颗粒的释放和迁移。

2. 实验分析

通过水驱试验研究了不同 D50/d50 值下砾石渗透率的变化规律，如图 3-26 所示。砾石充填防砂如图 3-27 所示。

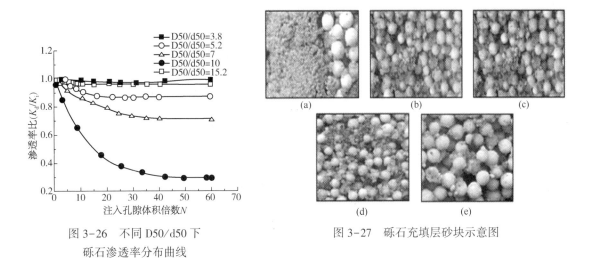

图 3-26 不同 D50/d50 下砾石渗透率分布曲线

图 3-27 砾石充填层砂块示意图

通过不同砂粒体积分数的驱替试验，得出了砂体体积与渗透率的关系。

图 3-28、图 3-29、图 3-30 分别说明了初始砂体体积分数对渗透率损害率的影响。随着初始砂体体积分数的增加，渗透率损失增大。

通过不同黏度的驱替试验，发现流体黏度对渗透率减损减小的影响如图 3-29、图 3-31、图 3-32 所示。随着驱替液黏度的增加，砾石充填的渗透率损失减小，这是由于随着黏度的增加，流体与砂之间的惯性力增大，砂沉积减小。

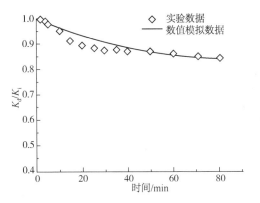

图 3-28 初始砂体体积分数对渗透率损失率的影响（$x_p = 0.04$）

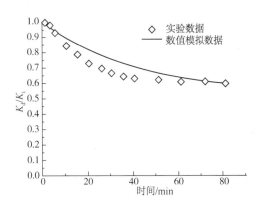

图 3-29 初始砂体体积分数对渗透率损失率的影响（$x_p = 0.1$）

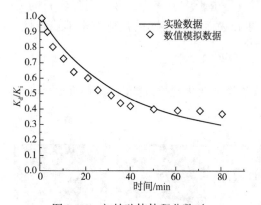

图 3-30　初始砂体体积分数对
渗透率损失率的影响（$x_p = 0.2$）

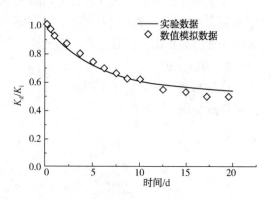

图 3-31　初始流体黏度对
渗透率损失率的影响（$\mu_0 = 169\text{mPa·s}$）

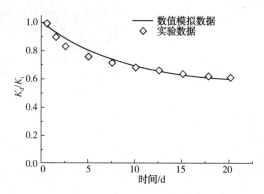

图 3-32　初始流体黏度对渗透率损失率的影响（$\mu_0 = 260\text{mPa·s}$）

3. 数值模拟分析

1）渗透率模型

根据多孔介质多相流动理论，假设流体与砂混合，建立均质多孔介质中砂沉积引起的渗透率 K、孔隙度和孔隙半径 r 模型如下：

$$\frac{\phi_d}{\phi_i} = \left(1 - \frac{x'_p}{\phi_i}\right) \tag{23}$$

$$\frac{K_d}{K_i} = \left(1 - \frac{x'_p}{\phi_i}\right)^n \tag{24}$$

$$\frac{r_d}{r_i} = \left(1 - \frac{x'_p}{\phi_i}\right)^{(n-1)/2} \tag{25}$$

下标"i"和"d"分别指初始和损伤后的状态。为孔隙介质单位体积积砂量，n 为渗透率—孔隙度幂律函数形式的指数。

$$K \propto \phi^n \tag{26}$$

指数 n 是一个可调参数，他表征了多孔介质的内在流动性质，包括其岩性和岩相。对于大多数岩石类型，n 的范围在 $2\sim10$ 之间。

2）渗透率模型

泥沙淤积是一个动态过程。当沙粒处于悬浮状态时，不会造成有效孔隙度或渗透率的显著降低。当微粒沉积或吸收到孔壁上时，有效孔体积或渗透率会降低。根据以下假设提出了沉积模型：（a）沉积物立即被吸收，（b）重力和浮力是主导力。

在砂粒凝结过程中，质量平衡方程为：

$$\rho_m v_s x_p = \rho_m v_s x'_p + \rho_m r \frac{\mathrm{d}x'_p}{\mathrm{d}t} \tag{27}$$

式中，v_s 是设定速度，x_p 为单位体积多孔介质含砂量。忽略密度的变化，公式（27）减少到：

$$x_p = x'_p + \tau \frac{\mathrm{d}x'_p}{\mathrm{d}t} \tag{28}$$

式中 $\tau = r/v_s$ 为影响沉积过程的单个参数。

根据 Stock 定律（Tchobanoglous et al. 2003），设定速度可以描述为：

$$v_s = \frac{(\rho_s - \rho_f)gD_a^2}{18\mu f} \tag{29}$$

利用上述沉积模型，可以评价砂岩颗粒在开发过程中对储层孔隙度、渗透率和孔隙半径的影响。

4. 模型验证

考虑初始沙粒体积分数和流体黏度对砾石充填损伤的影响，利用上述实验数据对沉积模型进行验证，验证所用的基本参数如表 3-7 所示。

表 3-7　沉积模型验证中使用的基本参数

黏度/ mPa·s	渗透率/ μm^2	孔隙度	沙粒密度/ （kg/m³）	流体密度/ （kg/m³）	重力系数/ （m/s²）	指数/ 无量纲	沙粒 直径/m	沙粒积分数/ 无量纲
0.89	4.2	0.393	2500	1000	9.8	2	0.0002	0.1
169	4.2	0.393	2500	1000	9.8	2	0.0002	0.1
260	4.2	0.393	2500	1000	9.8	2	0.0002	0.1

由图 3-30~图 3-32 可知，数值计算结果与实验数据吻合较好，验证了上述提出的沉积模型。

流体黏度对渗透率减损降低的影响如图 3-31、图 3-33 和图 3-34 所示。结果表明，流体黏度对渗透率损伤率的影响较大。在上述沉积模型中，沙粒的沉积是由有效体积力控制的，即重力与浮力之差。当流体密度与砂密度差一定时，黏度是决定有效体力的主要因素。随着流体黏度的增加，浮力增大，有效力减小，渗透率损伤率减小。

与实际情况相比，提出的积砂模型忽略了电磁力的影响，但对于高黏度流体，浮力远大于电磁力。因此，利用所建立的模型来评价高黏度下渗透率的损伤速率是可行的，并验证了随着黏度的增加，数值计算结果与实验数据更加吻合。

利用所建立的模型，计算了不同流体黏度下砂粒半径对渗透率损伤速率的影响。图 3-35 和图 3-36 的计算结果表明，渗透率减少与砂体半径密切相关。砂粒半径决定了重力，在流体黏度和密度不变的情况下，砂粒半径越大，渗透率损害越严重。

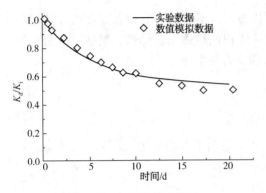

图 3-33 初始流体黏度对
渗透率损失率的影响($\mu_0 = 169\text{mPa} \cdot \text{s}$)

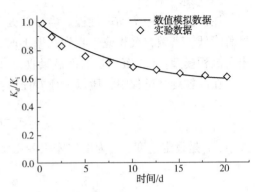

图 3-34 初始流体黏度对
渗透率损失率的影响($\mu_0 = 260\text{mPa} \cdot \text{s}$)

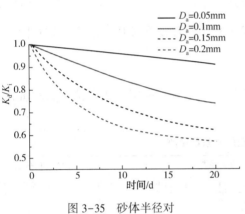

图 3-35 砂体半径对
渗透率损失率的影响($\mu_0 = 169\text{mPa} \cdot \text{s}$)

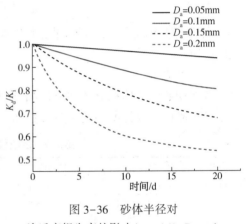

图 3-36 砂体半径对
渗透率损失率的影响($\mu_0 = 260\text{mPa} \cdot \text{s}$)

由模拟结果可知，当砂粒体积分数一定时，流体黏度和砂粒半径对渗透率伤害率的影响最大。提高油层黏度、减小颗粒半径等措施可有效降低储层开发过程中的渗透率损害。但在降低产能、增加开发成本的前提下，提高原油黏度并不可行。选择可行的防砂技术，能优化生产压力和产量，阻止大颗粒砂流动[37]。

5. 结论

由实验和数值模拟分析可知，砾石充填层渗透率的损伤规律为：

（1）由于砂粒在砾石孔隙中的运移、侵入和桥塞作用，砾石渗透率显著降低，砾石充填前端损伤更为严重。

（2）对于不同半径比的砾石砂和地层砂，可分为 5 种类型的损伤机理。

（3）建立并验证了评价渗透率损失的分析模型。

（4）初始砂体体积分数、流体黏度和砂粒半径是影响渗透率损害速率的主要因素。

第五节　实验分析与数值模拟总结

本节通过分析微粒运移伤害机理及其影响因素，可见：

（1）地层微粒主要来源是储层岩石剥落和支撑剂颗粒破碎，其中储层岩石剥落与岩石的速敏、酸敏等性质密切相关；支撑剂破碎产生的微粒与支撑剂的材质及其与地层矿物之间的相互作用有关。

（2）对于一个给定的压裂过程，可造成堵塞的微粒的尺寸分布是微粒大小和孔喉半径的函数，并且支撑剂在较低的铺置浓度下，支撑剂颗粒破碎产生的微粒数量会增加。

（3）支撑剂的材质不同和破碎方式不同，产生的颗粒情况也有所不同，因此在选择支撑剂时要结合储层性质对支撑剂进行合理选择。

（4）地层内流体流动时，会对储层岩石以及支撑剂造成一定冲刷作用，流体中盐离子会对微粒表面电平衡造成一定影响，导致微粒从岩石骨架上脱落。因此，控制地层流体中盐粒子的临界浓度和临界流速对于缓解微粒运移造成的伤害具有重要意义。

（5）在地层流体的作用下，黏土矿物的体积发生膨胀，由于体积增大导致局部应力集中，岩石破碎并产生微粒，加剧了微粒运移造成储层伤害。

（6）采用裂缝稳定剂对支撑剂进行处理可有效改善微粒运移伤害造成的影响，但是在选用裂缝稳定剂及其用量时，需要综合考虑支撑剂材质和压裂液配伍性以及地层物性参数。

（7）在开发过程中向地层内注入 SiO_2 纳米流体，通过改变介质表面物性，强化微粒与介质表面的吸附力，从而减少流体中的微粒数量，可有效改善微粒运移造成的地层伤害。

参 考 文 献

［1］Thomas R, Kiet W, Abbas Z, et al. Effects of delayed particle detachment on injectivity decline due to fines migration［J］. Journal of Hydrology, 2018.

［2］李龙，鞠斌山，江怀友，邸鹏. 油层微粒运移及其对储层物性的影响［J］. 中外能源，2011，16（12）：50-54.

［3］Thomas Russell, Kiet Wong, Abbas Zeinijahromi, Pavel Bedrikovetsky, Effects of delayed particle detachment on injectivity decline due to fines migration, Journal of Hydrology, Volume 564, 2018.

［4］Alramahi B, Sundberg MI. Proppant embedment and conductivity of hydraulic fractures in shales. American Rock Mechanics Association, 2012.

［5］金辉，康毅力，游利军，杜新龙. 储层岩石破裂诱发微粒运移损害实验研究.

［6］付浩，陈锐，杨承欣，刘凌，李跃. 浅层砂岩油藏微粒运移机理及防治［J］. 中国石油和化工标准与质量，2011，31（09）：188+192.

［7］陈琦，微粒运移临界速度及伤害半径定量计算方法［J］. 石油地质与工程，2016，30（04）：113-114+118.

［8］Palisch TT, Duenckel RJ, Bazan LW, et al. Determining realistic fracture conductivity and understanding its impact on well performance-theory and field examples. SPE-106301-MS, 2007.

［9］吴建平，肖建洪，李鹏，赵益忠，梁伟，陈雪. 微粒运移对砾石充填防砂效果影响研究［J］. 钻采工艺，2018，41（02）：54-56.

［10］刘鹏超，周伟，王文涛，李标，钟家峻，舒杰. 疏松砂岩气藏高束缚水储层微粒运移实验评价［J］. 重庆科技学院学报(自然科学版)，2019，21(05)：28-30+34.

［11］游利军，周洋，康毅力，豆联栋，程秋洋. 氧化性入井液对富有机质页岩渗透率的影响［J］. 油气藏评价与开发，2020，10(01)：56-63.

［12］龙瀛，蒲俊余，范志利. 微粒运移在储层保护中的应用研究［J］. 西部探矿工程，2012，24(11)：52-54+57.

［13］Weaver JD, Rickman RD. Productivity impact from geochemical degradation of hydraulic fractures. SPE-130641-MS, 2010.

［14］刘庆菊，贺承祖，石京平. 微粒运移损害宏观规律研究［J］. 油气田地面工程，2006(03)：14-15.

［15］Palisch TT, Chapman MA, Godwin JW. Hydraulic fracture design optimization in unconventional reservoirs-a case history. SPE-160206-MS, 2012.

［16］陈金辉，康毅力，游利军，杜新龙. 储层岩石破裂诱发微粒运移损害实验研究.

［17］张景臣，张士诚，卞晓冰，庄照峰，郭天魁. 裂缝稳定剂实验评价［J］. 石油勘探与开发，2013，40(02)：237-241.

［18］HASANNEJADA Reza, POURAFSHARY Peyman, VATANI ALi, SAMENI Abdolhamid. 二氧化硅纳米流体在储集层微粒运移控制中的应用［J］. 石油勘探与开发.

［19］李龙. 油气钻采过程中储层孔渗参数变化的数值模拟研究［D］. 中国地质大学(北京)，2013.

［20］Blauch, M., Weaver, J., Parker, M., Todd, B., & Glover, M. (1999, January 1). New Insights into Proppant-Pack Damage Due to Infiltration of Formation Fines. Society of Petroleum Engineers.

［21］Weaver, J., Blauch, M., Parker, M., & Todd, B. (1999, January 1). Investigation of Proppant-Pack Formation Interface and Relationship to Particulate Invasion. Society of Petroleum Engineers.

［22］Chen, C., Martysevich, V., O'Connell, P., Hu, D., & Matzar, L. (2015, June 1). Temporal Evolution of the Geometrical and Transport Properties of a Fracture/Proppant System Under Increasing Effective Stress. Society of Petroleum Engineers.

［23］Mohnot, S. M. (1985, September 1). Characterization and Control of Fine Particles Involved in Drilling. Society of Petroleum Engineers.

［24］Habibi, A., Ahmadi, M., Pourafshary, P., Ayatollahi, shahab, & Al-Wahaibi, Y. (2012, November 27). Reduction of Fines Migration by Nanofluids Injection: An Experimental Study. Society of Petroleum Engineers.

［25］Fan, M., McClure, J., Han, Y., Ripepi, N., Westman, E., Gu, M., & Chen, C. (2019, August 1). Using an Experiment/Simulation-Integrated Approach To Investigate Fracture-Conductivity Evolution and Non-Darcy Flow in a Proppant-Supported Hydraulic Fracture. Society of Petroleum Engineers.

［26］Fan, M., McClure, J., Han, Y., Ripepi, N., Westman, E., Gu, M., & Chen, C. (2019, August 1). Using an Experiment/Simulation-Integrated Approach To Investigate Fracture-Conductivity Evolution and Non-Darcy Flow in a Proppant-Supported Hydraulic Fracture. Society of Petroleum Engineers.

［27］Shouliang, Z., Yitang, Z., Wu, S., Shangqi, L., Li, X., & Li, S. (2005, January 1). Status of Heavy Oil Development in China. Society of Petroleum Engineers.

［28］Zhang, L., & Dusseault, M. B. (2004, December 1). Sand-Production Simulation in Heavy-Oil Reservoirs. Society of Petroleum Engineers.

［29］Li, Y., Qin, G., Li, M., Wu, J., & Wang, W. (2012, January 1). Numerical Simulation Study on Gravel-Packing Layer Damage by Integration of Innovative Experimental Observations. Society of Petroleum Engineers.

［30］Meza – Díaz, B. I., Sawatzky, R. P., Kuru, E., & Oldakowski, K. (2011, August 1). Sand on Demand: A Laboratory Investigation on Improving Productivity in Horizontal Wells Under Heavy-Oil Primary Production. Society of Petroleum Engineers.

［31］Changyin, D., Jiajia, L., Yanlong, L., Huaiwen, L., & Lifei, S. (2014, May 21). Experimental and Visual Simulation of Gravel Packing in Horizontal and Highly Deviated Wells. Society of Petroleum Engineers.

［32］Gravelle, A., Peysson, Y., Tabary, R., & Egermann, P. (2011, January 1). Controlled Release of Colloidal Particles and Remediation: Experimental Investigation and Modelling. Society of Petroleum Engineers.

［33］Luo, W., Xu, S., & Torabi, F. (2012, January 1). Laboratory Study of Sand Production in Unconsolidated Reservoir. Society of Petroleum Engineers.

［34］Alizadeh, N., Khaksar Manshad, A., Fadili, A., Leung, E., & Ashoori, S. (2009, January 1). Simulating the Permeability Reduction due to Asphaltene Deposition in Porous Media. International Petroleum Technology Conference.

［35］Lawal, K. A., & Vesovic, V. (2010, January 1). Modelling Asphaltene-Induced Formation Damage in Closed Systems. Society of Petroleum Engineers.

［36］Wennberg, K. E., & Sharma, M. M. (1997, January 1). Determination of the Filtration Coefficient and the Transition Time for Water Injection Wells. Society of Petroleum Engineers.

［37］Guo, B., Ai, C., & Qu, J. (2010, January 1). Critical Oil Rate and Well Productivity in Cold Production From Heavy-Oil Reservoirs. Society of Petroleum Engineers.

第四章 压裂液伤害

压裂液在压裂过程中起到传递压力和携带支撑剂的作用。作为入井流体，压裂液体与储层相互作用会给储层带来伤害，影响压裂施工的效果[1]。压裂液伤害主要分为液相伤害和固相伤害[2]。目前已经有成熟的标准方法测定压裂施工过程及压裂后压裂液对导流能力造成的损害。除了液相伤害和固相伤害，压裂液对岩石的力学性质也会产生作用进而影响"岩石—支撑剂"复合系统的导流能力，这涉及嵌入、微粒运移、应力、温度效应等，是一个多因素综合作用的结果。本章基于压裂液伤害理论、压裂液损伤因素和实验分析3个方面展开研究。对压裂液的优选、压裂液性能的改进以及油气藏储层的有效开发具有重要作用。

第一节 压裂液伤害理论分析

一、压裂液及其作用

压裂液是压裂施工中的工作液，是由多种添加剂按一定配比形成的非均质不稳定化学体系。在压裂过程中，压裂液会受到包括混配、管道中流动、裂缝中的流动和受热升温、向地层滤失、关井破胶和开井返排等多种扰动因素。压裂液及其性能是影响压裂成败和施工成本的诸多因素中的重要因素。压裂液类型及其性能对减少储层伤害、提高裂缝导流能力、改善增产效果密切相关。

压裂液按泵注顺序和所起作用不同，分为预置液、前置液、携砂液和顶替液。按照组成不同，可以分为水基压裂液、油基压裂液、乳化压裂液、泡沫压裂液、清洁压裂液、酸压裂液等[3]。在压裂施工中，压裂液的基本作用为形成裂缝并使之延伸，沿裂缝输送并铺置压裂支撑剂。压裂后液体要能最大限度地破胶与返排，减少对裂缝与储层的伤害，使其在储层中形成高导流能力的支撑裂缝带，提高油井的生产能力和油井的利用率。

二、压裂液发展历史

1947年7月，美国堪萨斯州胡果顿气田采用稠化油基压裂液，首次成功实施了水力压裂增产作业，开始了压裂液发展的历史[4]。压裂措施带来的丰厚回报，刺激了在该项技术上大量物力和人力的投入。压裂首次在现场成功实施后的初期，由于担心水基压裂液会对水敏地层造成损害，常用以原油、成品油配成的油基压裂液。20世纪50年代后，出现了控制水敏对地层损害的方法后，水基压裂液才得以应用，但此时仍以油基压裂液为主。50年代末期，美国开展了声势浩大的能源部多井计划（MWX），促进了现代压裂技术的迅猛发展，这期间在认识上的一个重大提高就是——廉价的水基压裂液使压裂成为经济的作业方法。进入 60 年代，发现了瓜尔胶可作为水基压裂液的稠化剂，标志着现代压裂液化学的诞生。在 70 年代，由于成功地将瓜尔胶化学改性而获得多种衍生物产品，以及完善了相应的交联体系，其中羟丙基瓜尔胶（HPG）成为水基压裂液的主要体系，使水基压裂液迅速发展并成为压裂液中的主导类型。到了 80 年代，压裂液进入一个显著的发展时期，出现了延迟交联反应的水基压裂液及泡沫压裂液。随着致密气藏的开采，泡沫压裂液和乳化压裂液快速发展。90 年代以后，开发了有机硼交联水基压裂液新体系和胶囊破胶剂技术，压裂液技术无论是其体系本身还是应用工艺都日趋成熟，在油气田开采中发挥了重要作用。1997 年，由 Schlumberger Dowell 公司开发的新型无聚合物压裂液——黏弹性表面活性剂压裂液（VES）被成功应用于水力压裂施工，以 Clear FRAC（清洁压裂液）的名字注册，并快速发展以下 4 项研究：（1）黏弹性表面活性剂压裂液成胶破胶机理的研究与认识；（2）黏弹性表面活性剂的优选与制备；（3）黏弹性表面活性剂压裂液性能的实验评价与研究；（4）发展了改性疏水缔合聚合物与黏弹性表面活性剂复合压裂液[5]。随着压裂液技术的不断进步和发展，低稠化剂浓度水基压裂液和清洁压裂技术的应用越来越广泛。

三、常用压裂液

目前，国内外使用的压裂液体系以水基压裂液为主，还有油基压裂液、乳化压裂液、泡沫压裂液、VES 压裂液（清洁压裂液）、酸压裂液等[6]。

（1）水基压裂液由聚合物稠化剂（植物胶、瓜胶、香豆胶等）、交联剂、破胶剂、表面活性剂、pH 调节剂、杀菌剂、黏土稳定剂等组成。其中，稠化剂的主要作用是增加压裂液的黏度，从而将支撑剂输送到储层裂缝中；破胶剂的主要作用是待裂缝形成后，降低压裂液的黏度，使压裂液成功返排。水基压裂液具有价廉、安全、可操作性强、综合性能好、运用范围广等特点，但潜在的问题是对水敏性储层伤害严重。水基压裂液的发展方向是降低成本、减小对储层的伤害。

（2）油基压裂液通常由烃类（原油、凝析油、LPG、柴油）和破胶剂（强碱弱酸盐）组成。通过两步交联法，提高其现场可操作性和耐温性能力（达 130℃）。它具有与油藏配伍性好、成本高、耐温性弱、滤失量大等特点。油基压裂液的发展方向是改善施工安全和可操作性，使用高效液体破胶剂。

（3）泡沫压裂液具有易返排、伤害小、携砂能力强等特点。在压裂施工中的应用正稳步增加。泡沫压裂液一般由气相和液相组成，气相（一般含有 70%~75% CO_2 或 N_2）以气泡的形式分散在液相中。液相通常含有表面活性剂或其他稳定剂，如植物胶稠化剂，可以改善泡沫压裂液稳定性。特别适合于低压、水敏性储层，尤其是气藏。

（4）乳化压裂液是介于水基与油基之间的压裂液流体，目前常用的是聚合物水包油乳化压裂液。它由 60%~70% 的液态烃（原油或柴油为内相）和 30%~40% 聚合物稠化水（植物胶水溶液为外相）组成，具有低滤失率、低残渣、黏度高、伤害小等特点。其发展方向为改善流变性能，降低摩阻。

（5）清洁压裂液是表面活性剂与盐水混合形成的压裂液。由于反离子压缩表面活性剂双电层，形成棒状胶束，相互缠绕后形成三维网状结构，引起黏度增加，从而携带支撑剂进入裂缝。与地层流体接触，表面活性剂浓度下降或三维网状结构被烃类破坏，黏度降低，从而顺利返排。清洁压裂液不需交联剂、破胶剂和其他化学添加剂，地层伤害很小，但成本高。

（6）超临界二氧化碳压裂液。二氧化碳干法压裂具有得天独厚的优势，得到了广泛的关注。近年来超临界二氧化碳压裂液高效稠化剂、密闭混砂车等进展巨大，现场应用效果显著，一旦克服加砂量低、滤失严重等问题，在稠油、气藏等方面的应用潜力将快速释放。

表 4-1[7] 为有关学者对以上几种压裂液的性能、优缺点、适用范围及在国内外的应用情况总结。

表 4-1　国内外压裂液类型及使用现状

压裂液类型	优点	缺点	适用范围	使用比例/%	
				国外	国内
水基压裂液	廉价、安全、可操作性强	浓度高、残渣、损害高	除强水敏性储层外均可使用	60~65	≥90
泡沫压裂液	密度低、易返排、损害小、携砂性好	施工压力高、需特殊设备	低压、水敏储层	25~30	≤3.0
油基压裂液	配伍性好、密度低、易返排、损害小	成本高、安全性差、耐温较低	强水敏、低压储层	≤5.0	≤3.0
乳化压裂液	残渣少、滤失低、损害较小	摩阻较高、油水比例较难控制	水敏、低压储层、低中温井	≤5.0	≤2.0
清洁胶束压裂液	无聚合物、无残渣、低伤害	黏度低、滤失较大、成本高	高渗透油气储层	≤2.0	试验

第二节　压裂液损伤因素

研究表明，造成压裂液伤害的因素主要可分为液相伤害和固相伤害。其中，液相伤害是指地层中的黏土矿物，岩石的水敏、速敏、酸敏等造成的地层伤害；固相伤害是指压裂液中的固相颗粒、微粒、钻井液滤饼等造成的储层伤害[8]。

压裂液伤害实质是进入地层的流体与地层岩石发生一系列物理化学变化，造成导流能力的下降，最直观的表现是储层的渗透率降低。这既与储层岩石的性质密切相关，也与压裂液的性质、与地层流体的配伍性相关。

一、液相伤害

液相伤害是压裂液滤液对储层基质的伤害，是由滤液和地层流体及基质中的岩石发生物理或化学反应造成的。液相损害主要指由压裂液引起的水敏伤害、酸敏伤害、水锁伤害、乳化堵塞、润湿性反转等[9]。以下内容详细地阐述了其产生的原因。

1. 水敏性伤害

当入井流体的矿化度低于储层流体时，储层岩石中的蒙脱石、伊利石、高岭石等水敏性矿物产生水化膨胀，使孔隙和喉道的有效渗流半径减小，从而降低储层岩石的渗透率；或从岩石颗粒上脱落并随流体运移，堵塞储层岩石的孔隙与喉道，对储层造成伤害[10]。水敏性伤害存在如下规律：水敏性矿物含量越高，储层伤害越严重；入井流体的矿化度越低，储层伤害越严重；储层岩石孔隙喉道半径越小，渗透率越低，储层伤害越严重；水敏性矿物比表面越大，储层伤害越严重。

2. 酸敏性伤害

在酸化或酸压施工作业中，酸液与储层岩石相互作用，储层岩石的胶结物被溶蚀后，将释放出较多的微粒，某些金属离子如 Fe^{3+}、Mg^{2+} 在溶液 pH 值升高时会生成沉淀，上述微粒和沉淀会堵塞储层岩石的孔隙与喉道，对储层造成伤害[11]。

3. 水锁伤害

在油气藏开采的各阶段作业中都会出现外来相在多孔介质中滞留的状况。多孔介质中不相溶相饱和度的上升以及其他不相溶相的渗入，都会造成基质中相对渗透率的降低，同时使油气相对渗透率和储层的渗透率大幅下降[12]。当不相溶相为水相时，称之为水锁伤害。以下措施可减少水锁对地层的伤害：将助排剂加入压裂液中，增大接触角，使表面张力降低、毛细管力下降；改善压裂液破胶性能，力求压裂液可在地层中彻底水化破胶，不留残渣，这样也使压裂液的黏滞阻力有所下降；可用液氮、CO_2 等作为助排剂。

4. 乳化堵塞

液体以极微小的液滴状态均匀分散于互不相溶的其他液体中，这种界面现象称为乳化。水基压裂液可能产生油、水乳化堵塞，这是由压裂液和地层油乳化作用造成的。当地层毛管及喉道中有乳化液分散相流经时，会产生贾敏效应叠加，其中乳状液黏度、稳定性决定了地层的损害程度。下列措施可消除压裂过程的乳化堵塞：尽量少使用以阳离子为代表的表面活性剂，其润湿黏土的作用会造成稳定油包水乳化剂出现；使用能够彻底破胶的优质压裂液，形成压裂液的残渣少、与地层"微粒"等形成的油水界面的膜稳定低；使用性能好的破乳剂，避免其进入地层产生堵塞[13]。

5. 润湿性反转

当外来流体进入储层后，可能会引起润湿反转。即由水润湿转变成油润湿，毛管力从驱油动力变成驱油阻力，导致水相流动从原来的吸吮变成驱替，油相和水相的渗透率也随之改变。在低渗透储层中，润湿反转会对最终采收率产生极大影响[14]。

二、固相伤害

固相残渣堵塞地层喉道、支撑裂缝，这一现象称为固体损害或者是固相伤害。压裂液在高压作用下发生滤失，裂缝表面会因稠化剂的压缩形成致密滤饼，被压入地层中的滤液则成为浓缩压裂液，这会使破胶的难度加大，裂缝的导流能力大幅降低[15]。

1. 压裂液聚合物残渣对储层的伤害

根据石油天然气行业标准 SY/T 5017—2005《水基压裂液性能评价方法》给出的定义，压裂液的残渣是指压裂液经交联破胶后的固相含量，压裂液水不溶物是指未交联的压裂液原胶中的固相含量。当压裂液进入裂缝面之后，会有部分压裂液由于滤失而进入地层，而这一部分压裂液很难完全破胶，这样就会造成孔隙喉道机械堵塞[16]。残渣进入储层后会堵塞储层孔隙空间，进而造成储层渗透率降低。破胶液分散体系中的残渣含量、颗粒粒径大小、颗粒的分布规律都直接影响压裂液对地层伤害程度。

2. 滤饼对储层的损害

滤饼是指压裂液在高压作用下于裂缝表面形成的薄膜，通常具有一定的弹性。在压裂时，滤饼可起到降滤失的作用，有助于提高压裂液效率；但在生产过程中，致密而富弹性的滤饼阻碍地层流体向裂缝流动，且滤饼几乎占据了填砂裂缝的所有间隙空间，使裂缝的导流能力大幅下降，阻碍压裂液的返排，降低油气的产量。

3. 压裂液浓缩对裂缝导流能力的损害

在压裂施工过程中，压裂液在高压作用下被浓缩，则稠化剂被浓缩，导致其冻胶不易被完全破胶，若其破胶后生成的残渣粒径大于孔喉直径，就会使大量残渣集中于填砂裂缝中，且裂缝中聚合物的浓度将比原始浓度高许多倍，这都将对支撑裂缝的导流能力产生严重的影响。

三、综合损伤

1. 岩石软化与支撑剂嵌入

Junjing Zhang 等人（2015）[17]对 Barnett 页岩样品进行了实验研究，通过模拟地层水环境，研究了支撑裂缝导流能力的损害过程，如图 4-1 所示。对实验岩样的力学性能分析显示：页岩—流体相互作用降低了杨氏模量、单轴抗压强度，最终导致岩石软化破坏，加剧了支撑剂嵌入。

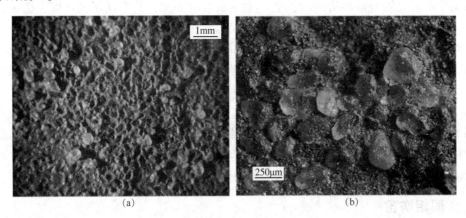

图 4-1　流体作用下岩样嵌入的显微成像图

当水进入黏土结构时，局部孔隙水压力增大。由于水的运动引起的局部孔隙压力增量被称为不排水条件。黏土格子中的迁移水会引起黏土膨胀，降低黏土的层间黏结强度。局部孔隙压力升高和强度降低相结合，导致了页岩浸水后软化。

2. 流体作用下岩石的弹塑性蠕变

蠕变变形是岩石在恒定载荷作用下表现出连续变形的特征之一，它影响油藏的完井和水力压裂增产。许多学者研究了岩石的弹塑性蠕变变形这一现象，认为页岩矿物与压裂液相互作用是该现象的原因之一。

Mouin M 等人（2014）[18]研究了页岩—流体相互作用对蠕变行为的影响。用模拟液体浸泡岩样，置于三轴加载框架轴向加载。采用注射泵提供围压。位移测量使用 2 个线性可变位移变压器（LVDT）。应力变化如图 4-2 所示。

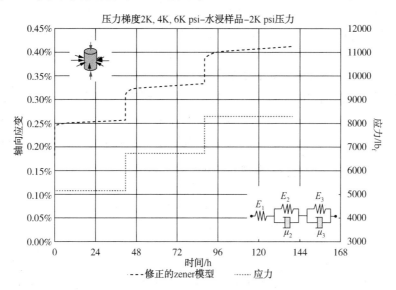

图 4-2　浸水的岩样样在应力阶段的蠕变变形

上述实验说明了压裂液的潜在影响。不同的流体引起不同的蠕变速率，反映了页岩矿物学和流体化学之间的相互作用。图 4-2 结果表明，蠕变形变量很大，使用弹性模型将严重低估裂缝损害问题。因此，页岩—流体间相互作用的影响必须在水力压裂设计中考虑。

3. 流体—岩石—支撑剂的地球化学反应

在地热系统中，支撑剂会承受高温、高压、酸化环境，从而导致裂缝导流能力下降。Kristie Mclin（2011）[19]等发现这种化学反应其实是支撑剂的水热降解和成岩反应。随着时间的推移，溶质通过水膜扩散进入孔隙空间，在那里流体呈过饱和状，可能形成沉淀，可能与溶液中可能存在的其他离子反应形成新的矿物晶体；支撑剂颗粒可能作为成核点促进沉淀，或发生溶解，降低孔隙度和渗透率。

4. CO_2 压裂液—岩石的综合作用

CO_2 压裂作为一种无水压裂技术，具有节约水资源、减小压裂液对地层的伤害、提高采收率、实现 CO_2 埋存等优点[20]。超临界 CO_2 具有超低黏度的物理特性，其破裂压力比水基压裂的破裂压力更低，且形成的裂缝数量更多[21]。

CO_2 压裂过程中流体的相态变化以及压裂液与岩石的相互作用研究[22]发现 CO_2 水溶液溶蚀使得致密砂岩性质发生改变，地层中的方解石和白云石会大量溶蚀，低溶蚀孔隙数量增多，孔径变大，孔隙度和渗透率增大；CO_2 水溶液浸泡后，矿物被溶蚀，导致岩石的胶结强度和力学强度降低；CO_2 水溶液浸泡裸眼段后，超临界 CO_2 压裂的破裂压力相比于未浸泡情况降低 21.61%，且水力裂缝多点起裂，裂缝复杂程度进一步提高。

第三节 压裂液伤害实验分析

近年来相关研究主要集中在页岩等非常规储层，如 Junjing Zhang 等人（2015）实验研究了水对页岩裂缝导流能力的伤害，发现页岩裂缝表面软化是导致裂缝导流能力降低的主要因素。王丽伟等人（2013）[23]通过研究不同压裂液对支撑裂缝的伤害程度，发现残渣对支撑裂缝的伤害程度较大，对于同一种体系，闭合压力升高会导致导流能力、渗透率的降低。同时支撑剂颗粒大小、温度变化对导流能力都有很大影响。

本节在压裂液损伤机理的基础上，通过室内实验研究，分析了压裂液对储层的损害原因。首先研究了压裂液对岩芯渗透率以及导流能力的伤害，然后对岩石—流体系统下的各个影响因素展开研究，重点分析了弹性模量、聚合物残渣和沉淀、酸蚀裂缝等影响因素。

一、压裂液对岩芯渗透率的伤害实验

通过前面的分析，我们知道，由于外来流体的侵入，储层会发生水敏、水锁，从而损伤储层的渗透率。宋晓莉等人（2015）[24]通过实验对瓜尔胶压裂液、二氧化碳泡沫压裂液以及清洁压裂液进行了室内伤害评价，重点分析了压裂液的水敏、水锁伤害。

实验流体采用瓜尔胶压裂液、二氧化碳泡沫压裂液以及清洁压裂液，实验室精制煤油，模拟地层水；实验岩芯采用 W 储层岩芯，渗透率分布范围为 0.500~3.10mD，孔隙度分布范围为 8%~12%。

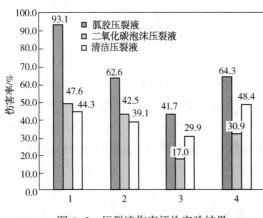

图 4-3 压裂液伤害评价实验结果

实验开始前首先切割岩芯，直径为 2.5cm，长度不小于直径的 1.5 倍；将岩芯萃取洗油、烘干并称重，并计算其孔隙度；待采用煤油驱替至流量稳定后，计算岩芯未伤害渗透率 K_1；从另一端，驱替压裂液 0.5~1PV，使其在岩芯中滞留 2h；采用精制煤油驱替 5PV，计算岩芯渗透率 K_2；利用公式计算岩芯伤害率，公式为 $(K_1-K_2) \times 100/K_1$。

压裂液伤害评价实验表明，如图 4-3 所示，瓜尔胶压裂液对岩芯的伤害分布在 41.7%~93.1%，二氧化碳泡沫压裂液对岩芯的伤害分布在 17%~47.6%，清洁压裂液对岩芯的伤害分布在 29.9%~48.4%。瓜尔胶压裂液对岩芯的伤害最大，清洁压裂液与泡沫压裂液对储层的伤害区别不大。且随着岩芯渗透率的增大，三种压裂液对岩芯的伤害均减小，即岩芯的物性越好，其受压裂液的伤害也越小。

瓜尔胶压裂液经破胶后会产生大量的残渣，残渣在储层的运移会堵塞储层喉道，从而增加流体的流动阻力，二氧化碳泡沫压裂液与清洁压裂液几乎不含残渣，因此，它们对储层的伤害要小些。

压裂液对岩芯的伤害主要有水敏伤害和水锁伤害。水基流体压裂液作为储层的一种外来流体，与储层的敏感性矿物如蒙脱石、绿泥石等反应，会对储层产生水敏伤害；二氧化碳泡沫压裂液、清洁压裂液作为水基流体，也会对储层产生一定的水敏性伤害。物性越差的储层，其受水敏伤害的影响越大。同时外来流体水相的侵入，会增大储层的含水饱和度，减小流体的渗流通道，使得油水的界面张力也随之增加，储层物性越差，其界面张力增加得也越大。二氧化碳泡沫压裂液与清洁压裂液中含有表面活性剂，其降低了油水界面张力，从而减小储层的水锁伤害。

二、压裂液对导流能力的伤害实验

前面的实验分析了压裂液对岩芯渗透率的损伤，下面通过导流能力实验研究压裂液对导流能力损伤规律。

研究人员分析了瓜尔胶压裂液、浓缩瓜尔胶压裂液、VES 压裂液对于支撑剂填充裂缝导流能力的损伤[25]。实验在压力为 30MPa 下对铺砂浓度为 15kg/m² 的 20/40 目和 16/20 目的 Carbo-Lite 陶粒，进行压裂液残渣伤害导流能力的实验。表 4-2、表 4-3 分别列出了 3 种压裂液体系的配方以及对支撑剂充填层的伤害性实验数据，用量为 150mL。可见，VES 压裂液体系对支撑剂充填层的伤害最低，其次是浓缩瓜尔胶压裂液。

表 4-2　压裂液配方

名称	配方
瓜尔胶压裂液	0.35%HPG+0.03%PS+2%KCl+0.5%ZCY-2+0.1%1227+0.03%NaOH+0.05%APS
浓缩瓜尔胶压裂液	1%浓缩液(瓜尔胶干粉含量为 0.35%)+0.03%PS+ 2%KCl+0.5%ZCY-2+0.1%1227+0.03%NaOH+0.05%APS
VES 压裂液	2.3%D3F-AS05+0.21%EDTA+4%KCl+0.6%KOH 破胶剂：标准盐水(与清洁压裂液的比例为 1∶3)

表 4-3　压裂液对支撑剂充填层的伤害性结果

支撑剂	压裂液	导流能力/μm²·cm	导流能力下降程度/%
20/40 目 Carbo-Lite 陶粒	无压裂液	426	0
	VES 压裂液	392	8
	浓缩瓜尔胶压裂液	294	31
	瓜尔胶压裂液	273	36
16/20 目 Carbo-Lite 陶粒	无压裂液	879	0
	VES 压裂液	800	9
	浓缩瓜尔胶压裂液	598	32
	瓜尔胶压裂液	545	38

由实验结果可知：瓜尔胶压裂液对地层渗透率和支撑裂缝的伤害较大；浓缩瓜尔胶压裂液伤害率比普通瓜尔胶压裂液要稍小；VES 表面活性剂压裂液体系因为没有残渣、添加剂少、破胶彻底等特点对岩芯和导流能力的伤害小。另外，清洁压裂液中含有表面活性剂，可在一定程度上减缓对储层的残渣伤害、水锁伤害和压裂液乳化伤害。

三、压裂液对地层弹性模量的影响

在储层的物理特性中，杨氏模量是其中一个重要的参数。H. Corapcioglu 等人（2014）研究发现，压裂液会影响岩石的杨氏模量，如果杨氏模量减少，就会导致地层削弱。地层的这种弱化反过来会导致支撑剂嵌入裂缝面的程度进一步加剧，进而导致地层导流能力的损失[26]。

实验从岩石的杨氏模量入手，探究了不同压裂液对 Niobrara 页岩杨氏模量的影响，以及这种变化对支撑剂嵌入和导流能力的影响。实验中，首先把 Niobrara 岩芯样品在特定压裂液中饱和 30d 后在 180℉下加热 5d，采用纳米压痕技术测定杨氏模量变化。然后将处理过的样品用选定的支撑剂进行高压（3030psi）处理，利用扫描声学显微镜（SAM）和轮廓仪测量方法模拟裂缝来测试支撑剂的嵌入情况。

1. 流体对杨氏模量降低的影响

在实验中，使用了 4 种不同的压裂液对所选取的样品饱和。将样品在压裂液中分别浸泡 5d、15d 和 30d。为了了解杨氏模量值随时间的变化情况，在每个时间间隔对样品进行纳米压痕测量。

表 4-4 按时间顺序列出了杨氏模量值的变化情况，以图形方式绘制了这些值。不同的流体对材料的弹性模量的影响不同。当样品浸泡在 KCl 减阻剂中时，两组样品的弹性模量都发生了显著的降低，而淡水氯化钾替代物是损伤最小的液体。试样 5 和试样 6 由于 KCl 减阻剂的作用，其杨氏模量分别降低了 78% 和 48%，淡水氯化钾降阻剂的杨氏模量则降低了 48%。

表 4-4　各饱和阶段样品的杨氏模量减少百分比和杨氏模量值

饱和时间/d	液体	样品	1-3-5-7样品杨氏模量减少率/%	1-3-5-7样品杨氏模量/psi	样品	2-4-6-8样品杨氏模量减少率/%	2-4-6-8样品杨氏模量/psi
未饱和	清水	1	0.00	$7.16×10^6$	2	0.00	$6.83×10^6$
5		1	33.58	$4.75×10^6$	2	14.04	$5.87×10^6$
15		1	40.33	$4.27×10^6$	2	9.42	$6.19×10^6$
30		1	37.78	$4.45×10^6$	2	4.84	$6.50×10^6$
未饱和	KCl	3	0.00	$7.72×10^6$	4	0.00	$6.67×10^6$
5		3	26.51	$5.67×10^6$	4	19.18	$5.39×10^6$
15		3	53.68	$3.58×10^6$	4	20.98	$5.27×10^6$
30		3	64.27	$2.76×10^6$	4	5.06	$6.33×10^6$
未饱和	KCl+减阻剂	5	0.00	$7.67×10^6$	6	0.00	$6.42×10^6$
5		5	43.75	$4.31×10^6$	6	13.98	$5.52×10^6$
15		5	61.76	$2.93×10^6$	6	47.89	$3.35×10^6$
30		5	78.65	$1.64×10^6$	6	48.83	$3.29×10^6$
未饱和	清水+KCl替代物	7	0.00	$6.94×10^6$	8	0.00	$6.89×10^6$
5		7	10.82	$6.19×10^6$	8	9.54	$6.24×10^6$
15		7	17.16	$5.75×10^6$	8	12.03	$6.07×10^6$
30		7	16.62	$5.79×10^6$	8	1.78	$6.77×10^6$

图 4-4 显示了在每个饱和阶段下样本杨氏模量的变化。对于这些样本，处理 5d 和 15d 所造成的破坏是最明显的，在第 15d 至第 30d 之间，杨氏模量反而不会出现严重的减少。除了 KCl 减阻剂以外，所有样品的杨氏模量都在 15d 到 30d 之间显著增加或回弹。总体结果表明，杨氏模量变化经历了一个先减小后增大的周期，在样品饱和 15d 后，杨氏模量先停止下降，后增大。

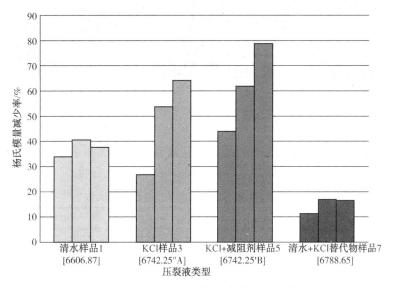

图 4-4 样本的杨氏模量降低百分比值

2. 嵌入结果

实验使用了声学显微镜(SAM)和表面形貌仪对支撑剂的嵌入进行观察和量化，如图 4-5、图 4-6 所示。SAM 利用声波来观测物体的表面和内部并成像，可以研究各种支撑剂类型在岩芯表面和支撑剂上的变形以及支撑剂的嵌入情况，使用 Tencor P10 型面形测量仪测量核心表面的嵌入量，在定义了负载、速度、分辨率和图像质量之后，轮廓仪的尖端通过在样品上施加恒定负载物理扫描岩芯表面，并绘制岩芯表面的变形图。

图 4-5 KCl 减阻剂实验的底部和上部岩芯

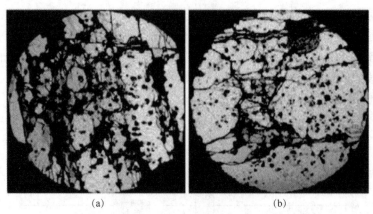

(a)   (b)

图 4-6　KCl 减摩剂 20/40 目 RCP（Resin Coated Proppant，树脂覆膜支撑剂）

支撑剂实验 2# 底（a）和顶（b）原岩芯的 SAM 图像

表 4-5 列出了从最低到高的所有嵌入深度剖面数据，每次测试都将底部和顶部岩芯的嵌入深度加在一起，以便报告影响 2 个岩芯之间空间的总嵌入深度。

表 4-5　压裂液热处理的岩芯平均支撑剂嵌入剖面

平均嵌入值	清水样品 1-2				KCl 样品 3-4			
	1#实验—1#岩芯（底部）	1#实验—3#岩芯（顶部）	2#实验—2#岩芯（底部）	2#实验—4#岩芯（顶部）	1#实验—1#岩芯（底部）	1#实验—3#岩芯（顶部）	2#实验—2#岩芯（底部）	2#实验—4#岩芯（顶部）
支撑剂种类	16/30 目 Brody		20/40 目渥太华砂		16/30 目 Brody		20/40 目渥太华砂	
深度/μm	80	67	47	66	86	106	92	91
宽度/μm	462	498	407	449	518	747	693	520
平均嵌入值	KCl+减阻剂—样品 5-6				清水+KCl 替代物—样品 7-8			
	1#实验—1#岩芯（底部）	1#实验—3#岩芯（顶部）	2#实验—2#岩芯（底部）	2#实验—4#岩芯（顶部）	1#实验—1#岩芯（底部）	1#实验—3#岩芯（顶部）	2#实验—2#岩芯（底部）	2#实验—4#岩芯（顶部）
支撑剂种类	20/40 目陶粒		20/40 目树脂包层砂		20/40 目陶粒		20/40 目树脂包层砂	
深度/μm	70	106	107	97	62	74	67	64
宽度/μm	497	520	556	596	390	442	397	425
平均嵌入值	180℉清水—样品 9				180℉ KCl—样品 10			
	1#实验—1#岩芯（底部）	1#实验—3#岩芯（顶部）	2#实验—2#岩芯（底部）	2#实验—4#岩芯（顶部）	1#实验—1#岩芯（底部）	1#实验—3#岩芯（顶部）	2#实验—2#岩芯（底部）	2#实验—4#岩芯（顶部）
支撑剂种类	20/40 目渥太华砂		20/40 目陶粒		20/40 目渥太华砂		20/40 目陶粒	
深度/μm	65	75	57	59	103	101	88	85
宽度/μm	489	562	370	395	619	630	541	480

实验显示，暴露于压裂液的页岩杨氏模量确实降低。杨氏模量的降低加剧了支撑剂的嵌入，对页岩样品产生了很大破坏。加入浓度为 2%KCl 的水和减阻剂，从而降低了高达 40% 的导流能力。通过对比还发现，在 180℉下加热 5d 的页岩样品支撑剂嵌入程度最大，这说明在温度效应作用下可能会对岩石的力学性能产生更大的损坏。

杨氏模量值的下降幅度取决于流体类型和饱和时间。在最严重的情况下，杨氏模量下降了约 80%。分析认为是由于 KCl 和方解石矿物之间存在化学反应，导致方解石矿物溶解而引起杨氏模量的降低。此外，方解石中杨氏模量的降低可能还与碳酸盐矿物的沉淀有关，这需对这些类型的地层做进一步的研究。

四、盐水压裂液的损害

目前，关于聚合物对支撑剂充填层的破坏已有大量的研究，但较少考虑水源、水垢的影响。随着压裂采出水和其他高含盐水资源的重复利用，可能会对支撑剂填充层造成进一步的损害。

过去对水垢造成损害的研究主要集中在压裂液和地层水不相容造成的损害。Rasika Prabhu（2016）研究了聚合物残渣和水垢沉淀的损害[27]，实验重点研究了由于不相容水的混合，或由于添加剂与水的化学不相容，在压裂液配制过程中，水垢沉淀在表面的情况以及压裂液井下运输过程中由于温度和压力变化而形成的结垢。

实验采用了两种不同类型的盐水：一种是自行配制的人工采出水（APW），总溶解固体含量（TDS）为 301000mg/L；另一种是即时油田水（IOW），其中 TDS 浓度为 35000mg/L。瓜尔胶聚合物按规定浓度在淡水或上述盐水中混合，搅拌至少 30min 完成水合作用。最后在聚合物浓度为 20% 的固定浓度下加入过硫酸铵破胶剂。

使用台式渗透率测量装置用于测量压裂液破裂残渣堵塞支撑剂充填层内部孔隙空间后支撑剂充填层的剩余渗透率，装置如图 4-7 所示。将 40/70 目 Carbo-lite 支撑剂填充在装置中，支撑剂通过浓度为 2%KCl 盐水进行"湿填充"。在支撑管的两端加入 100 目筛网，以避免在测量渗透率时支撑剂发生位移。KCl 盐水以可控的层流速度通过支撑剂柱，用 Rosemount 压力传感器在 0~9psi 范围内测量柱内的压降，根据达西定律确定支撑剂的渗透率。

实验分别测量了聚合物残渣体积、聚合物渗透率损伤以及结垢渗透率损伤。

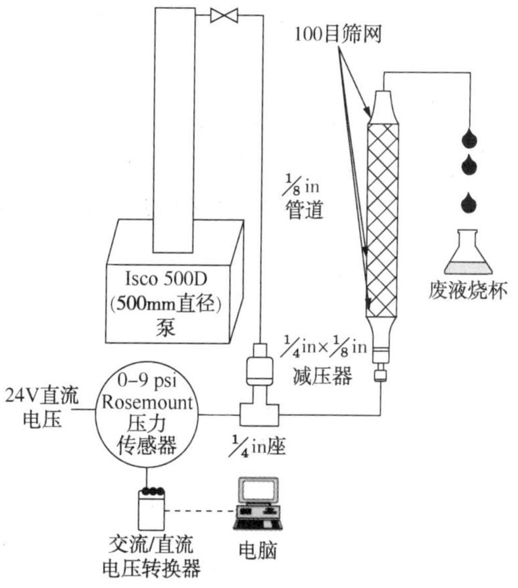

图 4-7 台式渗透率测量装置

1. 聚合物残渣体积

破胶残渣体积取决于凝胶中聚合物的浓度、破胶剂的类型、破胶剂的浓度以及破胶温度和时间，如图 4-8 所示。本研究中使用的破胶剂浓度相对较高，选择这些破胶剂是为了确保聚合物在 150℉ 的温度及合理时间内完全破胶。在实际中，破胶剂的浓度要低得多，但破胶时间可以大大延长，井底温度可以高得多，使聚合物完全破胶。

2. API 测试中的渗透率测量

改进的短期 API 导流测试旨在模拟裂缝闭合条件，20/40 目 Carbo HSP 支撑剂的负荷为 2lbm/ft²。其实验温度为 200℉，闭合压力为 5000psi。测试共使用了 65.7mL 的液体，其中含有指定的聚合物浓度。过硫酸盐胶囊破胶剂在起始聚合物浓度为50%时使用，以确保破胶良好。

图4-9显示了对65.7mL凝胶进行的API测试。由于短期API测试的目的是模拟裂缝的闭合条件，包括流体滤失、滤饼内聚合物浓度、闭合应力、温度、凝胶的不完全破胶，预计的凝胶残渣有效损伤体积要高于实际残渣体积。

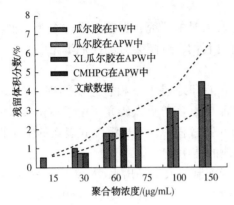
图4-8　不同瓜尔胶浓度的残留体积

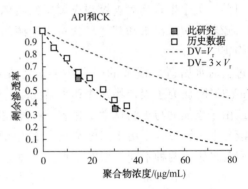
图4-9　API法测定的不同聚合物浓度下淡水中线性瓜尔胶凝胶的剩余渗透率

3. API实验测定结垢物的渗透率

在API测试中用带沉淀的盐水(65.7mL)作为压裂液，图4-10表示在无聚合物和有聚合物情况下测量盐水中产出沉淀的剩余渗透率。

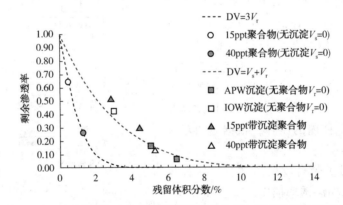
图4-10　无聚合物和有聚合物情况下盐水中产出沉淀的剩余渗透率

这个实验通过研究不同压裂液的伤害，来估计支撑剂充填层渗透率的伤害程度。聚合物伤害的残留体积测量或离心沉淀体积测量虽然简单，但可以作为聚合物残渣和结垢分别对支撑剂充填层造成伤害的指标。

实验研究了简单支撑剂填充层(无滤饼)和API填充的剩余渗透率，以及其他复杂因素，如滤饼、不破胶凝胶效应等。在完全破胶条件下，伤害体积等于聚合物残渣体积，而在API测试中，可能还有其他伤害机制的作用。

通过对残渣体积测量和渗透率测试表明，在高盐度水中制备的凝胶(TDS高达

300000mg/L），在没有盐水结垢沉淀的情况下，支撑剂充填的渗透率没有比在淡水中的支撑剂充填渗透率进一步降低。当结垢伤害与聚合物伤害相结合时，残留渗透率数据表明，3倍聚合物残留体积与结垢体积相加，有效伤害体积小于预期。未来的工作将研究不同沉淀情景和沉淀类型的影响，确定沉淀体积减小以外的结垢沉淀抑制策略，并评估支撑剂充填的相应伤害。

五、酸蚀裂缝导流能力影响研究

酸压技术是开发致密白云岩储层最常用的技术，通常首先从注入前置液形成粗糙裂缝开始，然后泵送酸液在裂缝表面形成不均匀的刻蚀。因此，溶蚀形状和酸压裂缝导流能力在很大程度上取决于粗糙表面裂缝的初始特征。Jie Lai 等人（2019）从酸流速度、酸岩接触时间、表面粗糙度和力学性能 4 个方面对酸蚀裂缝导流能力进行了研究[28]。

实验采用鄂尔多斯盆地奥陶系马家沟组露头致密白云岩，经 X 射线衍射分析，矿物组成主要为白云石、方解石、石英和黏土，平均质量分数分别为 64.4%、34.2%、0.8% 和 0.6%，如图 4-11 所示。

首先将露头切割成长 178mm、宽 38mm、厚 50mm 的长方形块体，然后将岩石样品劈成两块，形成水力压裂裂缝，如图 4-12 所示。同时，记录闭合应力来表征岩样的力学性质。之后，岩石样本研磨成圆形的边缘。利用 3D 激光扫描仪对粗糙断口扫描，可以得到粗糙断口的参数。

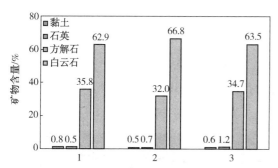

图 4-11　致密露头白云岩的矿物组成测试结果

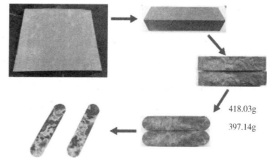

图 4-12　岩石样品制备程序

岩石样品制备完成后，进行动态酸蚀实验。酸蚀后，再次扫描裂缝表面，记录断口表面形貌和各部分质量的变化，然后将岩石样品移到裂缝导流测试仪中进行酸蚀裂缝导流测定。当氮气流经酸蚀裂缝时，载荷框架对岩石样品施加闭合应力。采用流量计监测氮气流量，测定不同闭合应力下的压力和通过导流仪的压降，计算出酸压裂缝的导流能力[29]。

1. 酸流速度对酸蚀和酸压裂缝导流能力的影响

在相同酸岩接触时间下，对岩样测定了酸流速度对酸蚀和酸压裂缝导流能力。在闭合应力小于 55.2MPa 时，酸蚀裂缝导流能力最高，随着破碎面积的扩大，酸蚀裂缝导流能力迅速下降，如图 4-13 所示。

与传统观点认为更多的溶解质量导致更高的酸压裂缝导流能力相反，酸蚀裂缝导流能力测试结果表明，岩样溶解质量越小，则酸液对岩石力学性能的破坏程度越轻，裂缝导流能力的下降程度也越小。对于粗糙地表裂缝，需要进一步研究溶解量与酸化裂缝导流能力之间的相关性。而对于酸流速率最高岩样，酸蚀裂缝导流能力最低，这可能是由于溶蚀孔的形成，导致裂缝面的力学性能较弱。

2. 酸岩接触时间对酸蚀裂缝导流能力的影响

由图 4-14 可知，对于实验的岩样来说，酸岩接触时间越长，则溶解物质越多，可能会增加裂缝面的粗糙度。同时较长的接触时间会造成平滑粗糙表面的较大粗糙度，对材料的力学性能造成较大的酸损伤。在低闭合应力条件下，酸岩接触时间越长，酸蚀裂缝导流能力越强。而在高闭合应力条件下，酸岩接触时间越短，酸蚀裂缝导流能力越强。

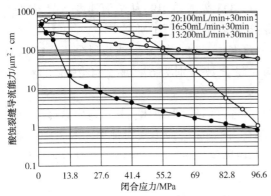

图 4-13　酸流速度对裂缝导流能力的影响　　　图 4-14　酸岩接触时间对裂缝导流能力的影响

3. 表面粗糙度对酸蚀裂缝导流能力的影响

在相同酸蚀条件下，两种岩样的溶解度相近，分别为 10.80g 和 8.37g。但溶解度较高的岩样的酸蚀裂缝导流能力始终高于溶解度较低的岩样，这是因为溶解度大的岩样的裂缝表面粗糙度更大，如图 4-15 和图 4-16 所示。

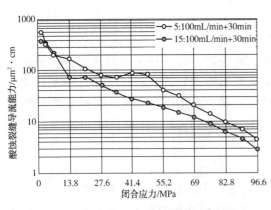

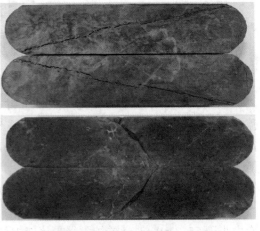

图 4-15　两种岩样的酸蚀裂缝导流能力结果　　　图 4-16　酸蚀裂缝导流能力实验后
　　　　　　　　　　　　　　　　　　　　　　　　　　两种岩样的断裂面

4. 力学性能对酸蚀裂缝导流能力的影响

在一定程度上最大闭合应力可以看作岩石试样的抗拉强度，此外抗拉强度通常与压缩强度成正比。因此，最大闭合应力越大，力学性能越高，破裂阶段越多，微裂缝越多。如图 4-17 所示，8 号和 7 号岩样的最大闭合应力分别为 10.00kN 和 15.48kN，在低闭合应力条件下，8 号岩样的酸化裂缝导流能力高于 7 号岩样的酸化裂缝导流能力。随着闭合应力的增大，闭合应力小的岩样变形破碎速度加快，导致酸蚀裂缝导流能力急剧下降。

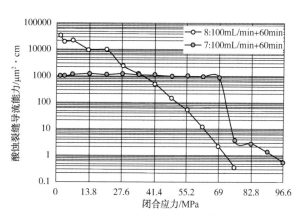

图 4-17　闭合应力对酸蚀裂缝导流能力的影响

根据以上研究，可以得出以下结论：

总体来看，溶解质量随着酸岩接触时间的延长而增加。在低闭合应力条件下，酸岩接触时间越长，酸化裂缝导流能力越强；而在高闭合应力条件下，酸岩接触时间越短，酸化裂缝导流能力越强。初始断口形状和酸流速率共同控制酸蚀表面形状和裂缝表面粗糙度，裂缝的表面粗糙度越大，则裂缝导流能力越好。对于力学性能好的岩样，在高闭合应力下能保持较高的导流能力。

压裂液伤害的实质是进入地层的流体与地层岩石和支撑剂层发生一系列物理化学变化，造成裂缝的导流能力下降，从而使储层的渗透率降低。同时岩石的力学性能的下降，进而产生嵌入、沉淀、蠕变等现象，进一步损害了裂缝导流能力。

本章通过对支撑裂缝压裂液伤害实验，得到以下认识：

（1）压裂液造成储层渗透率及导流能力损害的主要因素有压裂液引起的水敏伤害、酸敏伤害、水锁伤害等，以及储层微粒分散、运移和压裂液滤液残渣滞留引起的堵塞。

（2）对比三种常用压裂液可知，瓜儿胶压裂液对地层渗透率和支撑裂缝的伤害较大；浓缩压裂液伤害率比普通瓜儿胶稍小；VES 表面活性剂压裂液体系因为没有残渣、添加剂少、破胶彻底等特点对岩芯和裂缝导流能力的伤害小。

（3）返排后，压裂液残渣及滤饼会在支撑剂表面及裂缝中大面积覆盖，从而伤害裂缝导流能力。随着返排率的增加，岩芯伤害率总体呈下降趋势。

（4）压裂液未破胶，黏度过高，需要较高的启动压力，而启动压力过高，在缝内流体流速太大会造成支撑剂的分散运移，进一步损害裂缝导流能力。

（5）对于压裂液伤害的研究，仍有许多不足。需要把储层裂缝、支撑剂和流体系统看成整体，从微观渗流机理上综合考虑力学变形和流体伤害导致的导流能力损伤。基于孔隙网络模型的数值模拟能研究储层微观渗流机理，是研究压裂液伤害的重要工具，将在后面的章节介绍。

参 考 文 献

［1］刘建坤. 低渗透砂岩气藏压裂液伤害机理研究［D］. 中国科学院研究生院（渗流流体力学研究所），2011.

［2］卢拥军. 压裂液对储层的损害及其保护技术［J］. 钻井液与完井液，1995，12（5）：36~38.

［3］梁文利，赵林，辛素云. 压裂液技术研究新进展［D］.，2009.

［4］马新仿，张士诚. 水力压裂技术的发展现状［J］. 石油地质与工程，2002（01）：44-47+1.

［5］苑光宇，侯吉瑞，罗焕，等. 清洁压裂液的研究与应用现状及未来发展趋势［J］. 日用化学工业，2012（04）：288-292+297.

［6］李钦. 水基压裂液伤害性研究［D］. 西南石油学院，2004.

［7］丁云宏. 难动用储量开发压裂酸化技术［J］. 2005.

［8］徐林静，张士诚，马新仿. 胍胶压裂液对储集层渗透率的伤害特征［J］. 新疆石油地质，2016，37（4）：456-459.

［9］冯晓楠，姜汉桥，李威，等. 应用核磁共振技术研究低渗储层压裂液伤害［J］. 复杂油气藏，2015（03）：75-79.

［10］刘平礼，张璐，邢希金，等. 瓜胶压裂液对储层的伤害特性［J］. 油田化学，2014，31（3）：334-338.

［11］刘平礼，兰夕堂，李年银，等. 酸预处理在水力压裂中降低伤害机理研究［J］. 2016.

［12］Aderibigbe A A，lane R H. Rock/fluid chemistry impacts on shale fracture behavior［C］//SPE International Symposium on Oilfield Chemistry. Society of Petroleum Engineers，2013.

［13］高建国. 压裂液对低渗储层人工裂缝伤害评价及影响因素实验研究［D］. 西安石油大学，2015.

［14］辜富洋. 克深裂缝性致密砂岩储层钻井液和改造液伤害规律研究［D］. 中国石油大学（北京），2017.

［15］Akrad O，Miskimins J，Prasad M. The Effect of Fracturing Fluids on Shale Rock Mechanical Properties and Proppant Embedment. Paper SPE 146658 presented at SPE Annual Technical Conference and Exhibition，Denver，Colorado，USA，30 October-2 November［J］. 2011.

［16］周伟勤，梁小兵. 致密砂岩气藏压裂液体系对储层基质伤害性能评价［J］. 长江大学学报（自科版），2016（29）：14.

［17］Zhang J，Ouyang l，Zhu D，et al. Experimental and numerical studies of reduced fracture conductivity due to proppant embedment in the shale reservoir［J］. Journal of Petroleum Science and Engineering，2015，130：37-45.

［18］Almasoodi M M，Abousleiman Y N，Hoang S K. Viscoelastic creep of eagle ford shale：investigating fluid-shale interaction［C］//SPE/CSUR Unconventional Resources Conference - Canada. Society of Petroleum Engineers，2014.

［19］Mclin K，Brinton D，Moore J. Geochemical Modeling of Water - Rock - Proppant Interactions［C］//Proceedings of the 36th Workshop on Geothermal Reservoir Engineering. 2011.

［20］Middleton R S，Carey J W，Currier R P，et al. Shale gas and non-aqueous fracturing fluids：Opportunities and challenges for supercritical CO_2［J］. Applied Energy，2015，147：500-509.

［21］Deng B，Yin G，Li M，et al. Feature of fractures induced by hydrofracturing treatment using water and $L-CO_2$ as fracturing fluids in laboratory experiments［J］. Fuel，2018，226：35-46.

［22］李四海，马新仿，张士诚，等. CO_2-水-岩作用对致密砂岩性质与裂缝扩展的影响［J］. 新疆石油地质，2019（03）：312-318.

［23］王丽伟，蒙传幼，崔明月，等. 压裂液残渣及支撑剂嵌入对裂缝伤害的影响［D］.，2007.

［24］宋晓莉，刘英，雷宏. 压裂液伤害室内评价［J］. 辽宁化工，2016(4)：523-524.

［25］温庆志，张士诚，李林地. 低渗透油藏支撑裂缝长期导流能力实验研究［D］.，2006.

［26］Corapcioglu H，Miskimins J，Prasad M. Fracturing fluid effects on Young's modulus and embedment in the Niobrara Formation［C］//SPE Annual Technical Conference and Exhibition. Society of Petroleum Engineers，2014.

［27］Prabhu R，Hutchins R，Makarychev-Mikhailov S. Evaluating Damage to the Proppant Pack from Fracturing Fluids Prepared with Saline Water［C］//SPE International Conference and Exhibition on Formation Damage Control. Society of Petroleum Engineers，2016.

［28］Lai J，Guo J，Chen C，et al. The Effects of Initial Roughness and Mechanical Property of Fracture Surface on Acid Fracture Conductivity in Tight Dolomite Reservoir［C］//SPE Middle East Oil and Gas Show and Conference. Society of Petroleum Engineers，2019.

［29］Zhang l，Zhou F，Wang J，et al. An Experimental investigation of long-term acid propped fracturing conductivity in deep carbonate reservoirs［C］//52nd US Rock Mechanics/Geomechanics Symposium. American Rock Mechanics Association，2018.

第五章 温度效应

前面章节分别论述了压裂液进入地层后对储层造成伤害引起的导流能力下降；地层微粒在地层中流动引起的导流能力下降；支撑剂嵌入地层引起的导流能力下降。通过前面的章节分析，导流能力的损伤机理已经比较清晰，本章分析影响导流能力的另一个关键因素——温度效应。

地层温度对导流能力的影响是一个长时间的过程，一般会通过3个方面引起导流能力的降低：(1)影响支撑剂的性能，比如支撑剂强度降低、支撑剂水热降解等；(2)影响岩石的性能，比如岩石强度降低、岩石蠕变效应等；(3)温度、压力共同作用下引起的成岩作用，也是伤害导流能力的一个原因。本章所讨论的内容围绕这三部分展开，具体又分为理论分析、实验分析和数值模拟三大板块。其中，实验部分是本章的重点论述内容，具体的数值模拟情况会在第七章进行专门讨论。

第一节 温敏应力理论分析

"温敏"一词原本指的是有机体对外界温度变化的感受。随着石油工业的发展，温度敏感性逐渐应用在油气开发行业中。在石油工业里面由于储层岩石和流体的性质不匹配，导致储层往往存在多种敏感性，即速敏、水敏、酸敏、碱敏、盐敏、应力敏感性和温度敏感性七种敏感性。其中，储层的温度敏感性指的是由于外来流体进入地层引起温度变化从而导致地层渗透率发生变化的现象。

在压裂改造中，大量压裂液注入地层，使得储层温度发生变化。某些新型相变压裂液导致温度剧烈变化，从而导致温敏应力的产生，裂缝导流能力明显下降。

一、温敏应力下支撑剂的变性

支撑剂在地层中通常需要承受高温，同时还要保持裂缝的孔隙度和渗透率。在这种复杂情况下它们可能会溶解，从而影响导流能力[1]。支撑剂的水热降解会导致裂缝导流能力大幅度降低，是近年来研究的热点内容。以往的研究要么是进行的时间太短，要么用不切实际的温度来加速实验，虽然能揭示出水力压裂裂缝在生产过程中可能发生的地球化学反应，并为长期支撑剂失稳提供了证据，但是不够严谨准确。所以近些年来，很多学者在着力发展新的测试方法，以衡量导流能力在温敏应力下的损伤情况。

首次提出支撑剂会在新形成的裂缝中发生地球化学反应的是 Weaver 等人(2005)。他们通过对现场结果的观察，发现了支撑剂发生化学反应导致裂缝孔隙度、传导性和油气井长期产能的损失[2]。Raysoni 和 Weaver 等人(2013)经过继续研究，发现这种化学反应其实是支撑剂的水热降解和成岩反应。由于晶粒间接触处的高局部应力，再加上高温环境下矿物在水膜中的溶解速度比正常矿物溶解速度快。随着时间的推移，溶质通过水膜扩散进入孔隙空间，在那里流体呈过饱和状态，发生沉淀，或者与溶液中存在的其他离子发生反应形成新的矿物晶体；导致孔隙度和渗透性降低[3]。

图 5-1 简单地说明了支撑剂的水热降解。当支撑剂的机械载荷增加时，由于接触面积小，支撑剂在接触点处的有效应力变得极大。这使得砂的有效溶解度在接触点附近增加，大大高于正常砂的溶解度。并且随着时间的推移，多余的砂会扩散到没有机械载荷的孔隙中，变得过饱和并沉淀。如果其他微量离子（例如铝）存在，就会形成新的矿物晶体，支撑剂填充的孔隙度通常从大约 30% 逐渐减少到 8% 或更少。

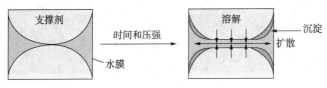

图 5-1　支撑剂溶解图

二、温敏应力下岩石的变性

1. 岩石力学性质改变

岩石在地层中不仅需要承受各种应力，还需要承受高温环境。研究发现，在干热岩石中进行热抽取和流体循环时，水力裂缝附近的岩石基质会因为注入冷水而冷却下来，从而使岩石的力学性质发生改变，这种热效应可能会进一步影响水力裂缝的导流能力[4]。所以近些年来，研究岩石微观力学性质的温度敏感性及其对裂缝导流能力的影响是一个热点。

温度对岩石力学性能的影响，大量的实验研究主要集中在加热和冷却处理后宏观力学性能的变化。有学者对页岩样品进行微纳压痕实验，实验结果表明，复合材料的宏观和微观力学性能存在显著差异。

Li Ning 等人[5]对页岩样品进行了不同热处理后的纳米压痕实验和裂缝导流实验，发现长期温度变化所产生的热效应对材料的力学性能和导热系数有很大的影响。当热处理温度低于 300℃ 时，微裂纹较少，断口表面的杨氏模量和硬度变化不大。在此基础上，升高温度形成的微裂纹网络，杨氏模量和硬度均显著降低。这种热软化效应进一步导致高围压下裂缝导流能力的降低。在相同围压条件下，随着热处理水平的提高，裂缝导流能力的损失程度增大。此外，在较高的热处理水平上，应力敏感性表现出较低的围压阈值，热软化效应达到显著水平，进一步导致了裂缝导流能力的下降。

图 5-2 显示了经过加热和快速水冷处理的花岗岩样品的表面特征。随着热处理水平的提高，显微组织发现明显的颜色变化和微裂纹的产生，在 500℃ 时，花岗岩样品的表面颜色变成淡黄色，黑色区域褪色。通过光学显微镜和扫描电镜观察发现，在 300℃ 以下的花岗岩样品表面热致微裂纹较少，而在 400℃ 和 500℃ 的热处理温度下，形成微裂纹网络。此外，扫描电镜图像表明，随着热处理水平的提高，微裂纹的密度和连通性增加。对研究的花岗岩有一个 300℃ 的阈值，只有当热处理水平高于此临界温度时，热损伤才显著。

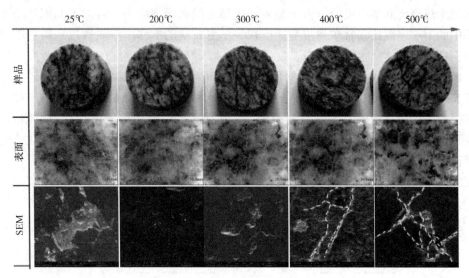

	25℃	200℃	300℃	400℃	500℃
样品					
表面					
SEM					

图 5-2　岩石表面特征

2. 岩石蠕变效应

地层岩石在高温下除了力学性质会发生改变，还容易导致蠕变效应的产生。岩石的蠕变变形是指岩石在地层温度和恒定载荷作用下，表现出连续变形的特征之一。如果能描述岩石蠕变的大小，则可以更好地理解岩石的黏弹性行为而导致的裂缝宽度和长度的损失等问题。

图 5-3 为 5000psi 恒定压力及 2 个温度水平 70℉和 140℉下，由锯切法获得的 Barnett 页岩样品的导流能力随时间的递减图。这两个实验研究了蠕变效应引起的导流能力下降。可以明显看出，大多数的下降在测试的前 5h 内就出现了，并且在高温下的递减斜率更大。

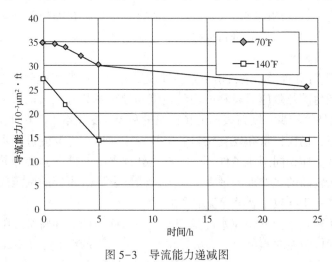

图 5-3　导流能力递减图

三、温敏应力下的成岩作用

成岩作用是在地层温度条件下，由支撑剂嵌入、支撑剂破碎、地层剥落、微粒运移、压裂液液伤害等多种综合因素下导致的复杂物理化学反应。随着成岩作用的逐渐发生，矿物溶解和再沉淀，储层岩石由高孔隙度逐渐变为低孔隙度。

地质学家对成岩作用发生时支撑剂转化为低孔隙度岩石的过程进行了深入研究。随着砂层埋藏的加深，温度和应力水平升高，促进矿物溶解和再沉淀，砂层由高孔隙度逐渐变为低孔隙度岩石。当支撑剂水热降解时，前文提出的溶解和压实机理可以用来解释这一过程。因为水热降解一般和成岩反应同时进行，或者说水热降解是成岩反应的前提步骤。

利用扫描电镜和能谱分析对俄亥俄州砂岩表面嵌入的支撑剂进行了仔细研究，通过比较硅铝比，发现非晶态材料的成分与形成物和支撑剂的成分有显著差异。除无定型材料表面形成细小微粒材外，支撑剂表面也发现有微粒生长，并鉴定为铝硅酸盐矿物，如图5-4所示。当受到高闭合应力时，即使在中等温度下，支撑剂和地层之间的化学反应也可以相当快的速度发生[6]。

图5-4　陶粒支撑剂表面生长的硅酸盐晶体

第二节　温度对导流能力影响实验分析

一、温度效应下的支撑剂实验

王丽伟等人（2007）用 ZCJ-200 型导流能力实验装置，用蒸馏水作为介质测试了两种支撑剂在不同闭合压力、不同温度下对导流能力的影响。实验结果显示温度与导流能力呈负相关，如表5-1所示。由表中数据可以看出，温度升高会导致导流能力下降，而大粒径似乎能减小这种伤害程度。所以低温下的导流能力值并不能真实地反映高温下的导流能力，因此实验应尽量在接近实际情况下测试[7]。

为了得到更详细的数据，Neelam Raysoni 和 Jim Weaver（2013）进行了长达半年的在无流动、无机械闭合应力条件下的支撑剂填充层渗透率和支撑剂抗压强度的实验。实验使用了四单元应力测试设备和烘烤箱，如图5-5、图5-6所示，对支撑剂在300℉和450℉水中放0、15d、45d、90d 和180d 后的性能评价，验证了支撑剂性能随时间不断降低的设想。

表 5-1　不同颗粒支撑剂在不同温度和压力下对导流能力的影响

粒径/mm	导流能力/μm² · cm					
	10MPa	20MPa	30MPa	40MPa	50MPa	60MPa
0.45~0.90(25℃)	183.88	157.60	133.27	104.56	88.12	74.18
0.45~0.90(80℃)	130.94	113.87	102.31	89.06	74.96	59.18
0.35~0.66(25℃)	64.82	57.28	53.30	49.80	46.72	43.18
0.35~0.66(90℃)	43.76	39.54	36.97	35.15	32.89	30.80

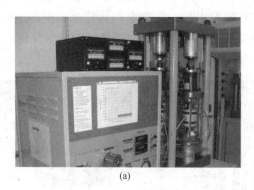

(a)　　　　　　　　　　　　　　　　(b)

图 5-5　四单元应力测试装置

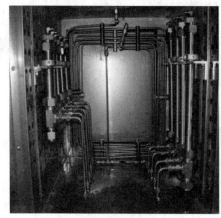

(a)烘箱内的流动装置　　　　　　　　(b)烘箱顶部的冷却交换器

图 5-6　烘箱装置

　　使用四单元实验和动态流动实验观察表明，选定的地层材料与各种支撑剂之间的反应有很大差异，因此开发了一种静态水热筛选实验方法。这种筛选方法可以快速确定实际地层岩芯样品、碎屑或钻屑与支撑剂的相容性。在一个简单的实验室中，将选定的支撑剂与经过粉碎的地层样品混合，在 pH 值=7 的条件下，用去离子水填充孔隙。在部分实验中，使用了实际的压裂液体系。一旦孔隙空间被填充并确定了最初的渗透性，密封该腔室并将其置于测试温度下的烘箱中，并加热较长的时间。测试时间从 15~180d、温度从 225~550℉不等，如表 5-2 所示。实验结束后，去除孔隙液体，并测定 pH 值和元素含量。测量了充填样品的最终渗透率之后，用 X 射线荧光光谱仪、扫描电镜和能谱仪分析支撑剂、地层和实验产生的细粉样品，图 5-7 显示了在静态实验结束时在支撑剂表面发现的部分铝硅酸盐晶体。

表 5-2 用静态单元实验法测定的历史实验温度分布

温度/℉	执行测试	温度/℉	执行测试
225	4	400	27
275	4	450	12
300	40	500	21
380	15	550	90

注：即使在较低的温度下，在大多数情况下也观察到地球化学反应产物、渗透率损失和支撑剂强度损失

图 5-7 SEM 照片显示静态实验中在支撑剂表面发现的一些铝硅酸盐晶体

Raysoni 和 Weaver 描述了支撑剂的静态单元评估方法，并提供了数据来验证该方法的可信度。通过这种方法进行的研究，可以确定长期水热暴露对支撑剂的影响。这种测试方法使用静态单元，但是没有考虑闭合应力的影响。缺乏闭合应力会人为地降低地球化学作用对支撑剂充填层的影响，所以在测试的每个时间间隔内，使用重复测试提高准确性。实验通过在单一的低渗透砂岩中使用高强度铝基支撑剂，并且测试了常用的涂层材料。这些测试分别进行了 15d、45d、90d 和 180d。将样品置于各温度下一段时间后，从烤箱中取出 2 个样品，测定其渗透率、地球化学反应的外观和支撑剂强度的变化。

当单独加热支撑剂到上述特定实验时间时，观察到随着实验时间的延长其渗透率和强度减小。此外，对于每个条件，获得了多组重复的数据，然后将支撑剂与颗粒和过筛混合。由表 5-3 可知，随着实验持续时间的增加，破碎强度和渗透性下降。

表 5-3　高强度铝基支撑剂在 300℉去离子水中水热老化对渗透率的影响

测试条件	测试单元数	持续时长/d	是否观察到成岩作用	最终pH 值	残留渗透率/%	残留强度/%
支撑剂	1	15	否	7	61	99
	2	15	否	7	48	107
	3	45	否	7	47	102
	4	45	否	7	47	104
	5	90	是	7	22	90
	6	90	是	7	18	95
	21	180	是	7	11	76
	22	180	是	7	18	68
支撑剂+地层颗粒	9	15	否	7	73	101
	10	15	否	7	79	102
	11	45	是	7	57	105
	12	45	是	6	52	104
	13	90	是	7	52	86
	14	90	是	7	46	90
	15	180	是	7	25	63
	16	180	是	7	26	63
支撑剂(A 涂层+地层颗粒)	23	45	否	6.5	91	105
	18	45	否	6.5	—	103
	27	45	是	7	223	103
	28	45	是	7	206	103
	26	60	是	9	—	103
	30	60	是	7	193	97
支撑剂+地层颗粒(A 涂层)	41	45	是	7.5	167	105
	42	45	是	7.5	153	107
	43	60	是	9	145	101
	45	60	是	9	153	102
支撑剂(A 涂层)+地层颗粒(A 涂层)	46	45	是	8	350	95
	49	45	是	8	328	97
	50	60	是	8	224	96
	52	60	是	8.5	167	101

此外他们使用相同的支撑剂材料,还附加测试了 SMA 材料对三种情况的影响:仅应用于支撑剂、仅应用于地层和同时应用于支撑剂和地层。表 5-3 显示 300℉下涂有 SMA 材料(产品 A)的实验结果。数据表明,在较低的实验温度下,即使在支撑剂暴露于高温 2 个月后,仍能保持大致相同的强度。表 5-4 是在 450℉下进行的相同实验系列。在较高温度下,

支撑剂的残留抗压强度在70%~80%之间，说明产品A有助于降低支撑剂化学反应对抗压强度的影响。另一个类似的测试系列使用高温SMA材料(产品B)。以去离子水作为热液体系，初始pH值为7，对一些SMA—涂层材料(产品A和B)进行水热老化实验。涂层材料可以显著减缓支撑剂的强度降低。支撑剂表面包覆疏水性SMA材料(产品A或产品B)，可以显著降低化学反应对支撑剂性能的影响，尚未有化学分析和扫描电镜证据。为了确定最佳的SMA材料，还应进行详细的室内实验。

表5-4　高强度铝基支撑剂在450℉去离子水中水热老化对渗透性的影响

测试条件	测试单元数	持续时长/d	是否观察到成岩作用	最终pH值	残留渗透率/%	残留强度/%
支撑剂(A涂层)+地层颗粒	31	60	是	10	158	87
	32	60	是	10	—	88
支撑剂+地层颗粒(A涂层)	53	60	是	9	95	59
	55	60	是	9	—	74
支撑剂(A涂层)+地层颗粒(A涂层)	56	60	是	10	122	90
	58	60	是	10	96	79
支撑剂(B涂层)+地层颗粒	33	60	是	7	495	97
	34	60	是	7	388	99
支撑剂+地层颗粒(B涂层)	36	60	是	7	137	97
	37	60	是	7	144	98
支撑剂(B涂层)+地层颗粒(B涂层)	40	60	是	7	373	91
	39	60	是	7	579	99

在图5-8中，给出了具有相应EDX值的高强度支撑剂颗粒的SEM照片(这仅用于参考值)。观察发现，支撑剂开始形成颗粒团簇，并且支撑剂单元易于发生成岩反应。此外，随着时间的推移，微粒的数量不断增加，其扫描电镜结果如图5-9和图5-10所示。不含地层材料的支撑剂组件，其成岩作用如图5-11所示。

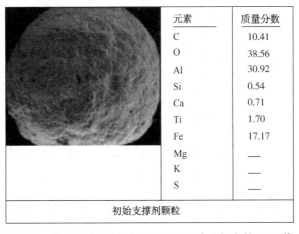

元素	质量分数
C	10.41
O	38.56
Al	30.92
Si	0.54
Ca	0.71
Ti	1.70
Fe	17.17
Mg	—
K	—
S	—

初始支撑剂颗粒

图5-8　高强度支撑剂颗粒的SEM照片及相应的EDX值

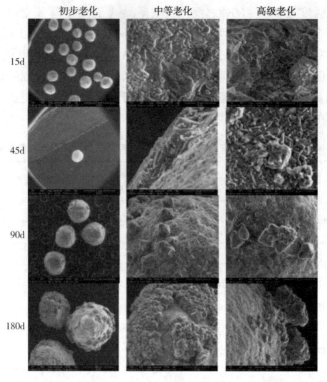

图 5-9　高强度铝基支撑剂在 300℉去离子水中水热老化后的扫描电镜分析

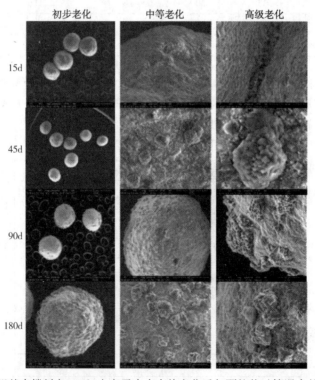

图 5-10　高强铝基支撑剂在 300℉去离子水中水热老化后与颗粒状过筛混合的扫描电镜分析

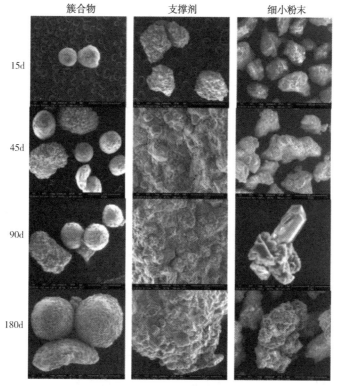

图 5-11　支撑剂、簇合物和生成的细小粉末的 SEM 随水热老化时间的延长而变化

图 5-12 表明支撑剂的抗压强度随实验时间的延长而大大降低。然而，对于 15d 和 45d 的实验持续时间，支撑剂的抗压强度似乎等于或略高于初始抗压强度，这可以归因于热处理的效果，它暂时提高了支撑剂的强度。

在图 5-13 中，高强度的铝基支撑剂在 300℉下实验了 180d。该图清楚地显示了渗透率随时间的急剧下降，如果用指数拟合法外推到 1 年后，则渗透率将低于初始的 10%，这可能会致使在压裂后支撑裂缝无法达到预期渗透率。

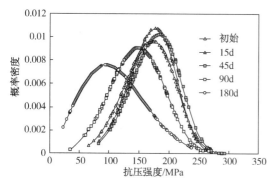

图 5-12　不同实验条件下
支撑剂颗粒抗压强度的分布函数

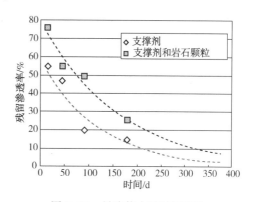

图 5-13　导流能力随时间变化

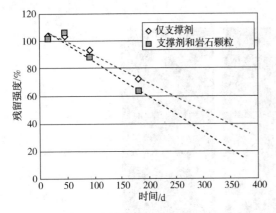

图 5-14　支撑剂颗粒抗压强度的影响图

支撑剂单颗粒抗压强度的变化如图 5-14 所示。该图清楚地显示了支撑剂强度随时间的显著下降。如果保持这种下降趋势，那么 1 年后支撑剂的抗压强度将小于预期的 40%。

在进行了许多的测试之后，发现强度不会立即下降，而是与温度和时间同时相关。250℉的测试需要 3 个月以上，而在 450℉时仅需不到 1 个月。最终结果表明支撑剂相容性损失 80%，支撑剂抗压强度损失 40%。在储层 pH 值和 300℉下暴露 180d 时，由扫描电子显微镜（SEM）和能量色散 X 射线（EDX）分析可以证实，动态分子重排发生在整个温度范围内。但随着温度的升高，分子重排速率加快，渗透率和支撑剂强度的重大损失发生"迅速"（不到 1 年）。

近年来随着技术的不断突破，很多实验室具备了高温测试支撑剂性能的条件，许多国内外学者对支撑剂的高温性质展开了研究。张峰（2019）的研究基于我国鸭西、青西油田下沟组储层。其埋深超过 4000m，闭合压力一般为 70~100MPa，有些储层甚至高达 110MPa，油藏温度大于 120℃。为了提高压裂改造效果并延长压后有效期，采用 API 导流仪从支撑裂缝导流能力方面对深井压裂支撑剂的选择进行了分析研究，主要评价了在高温下，不同强度、铺砂浓度下支撑剂长期导流能力和破胶液残渣对不同粒径支撑剂导流能力的损伤程度。

实验中模拟的地层闭合压力为 80MPa，温度为 80℃。选用 30/50 目 86MPa 和 103MPa 陶粒评价不同铺砂浓度下支撑剂导流能力。采用 86MPa 中高强度支撑剂和 103MPa 高强度支撑剂进行长期导流能力实验。在前 5d 两种支撑剂导流能力差距较明显，103MPa 高强度支撑剂导流能力大约是 86MPa 中高强度支撑剂导流能力的 2.5 倍左右。随着时间的增加，两种支撑剂导流能力都趋于稳定，且 103MPa 支撑剂稳定值要高于 86MPa 支撑剂稳定值。其原因主要为在高温、高闭合压力下，破碎的支撑剂开始充填支撑剂中的孔隙空间，并更均匀地分布导致支撑剂微孔隙堵塞，使支撑剂有效空间减少，导流能力降低。随着时间的推移，支撑剂孔隙空间逐渐趋于平稳，导流能力也趋于平稳。实验证明 103MPa 高强度陶粒要更符合鸭西区块压裂支撑剂的应用。

裂缝内铺砂浓度对裂缝导流能力的影响非常大，填砂裂缝的导流能力随铺砂浓度的增加而增大。如图 5-15 所示，当铺砂浓度减小一半时，导流能力下降的幅度远大于一半。铺砂浓度的会直接影响裂缝的宽度，铺砂浓度减小，裂缝有效闭合宽度减小，导流能力下降。但从所测数据分析，当铺砂浓度降低的时候不只是裂缝闭合宽度的减少，裂缝渗透率也有所降低。因此，提高支撑剂的铺置浓度可以使裂缝导流能力得以明显改善。

压裂液残渣对支撑裂缝导流能力也有伤害。目前国内外大量使用水基压裂液，其中的成胶剂多数是天然植物胶粉。天然植物胶中都有些残渣，这种残渣一是来自胶粉中水不溶物，二是破胶不完全所致。压裂施工过程中冻胶压裂液在裂缝壁上，由于滤失的作用而形

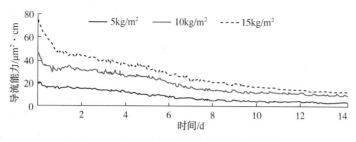

图 5-15　不同铺砂浓度下的长期导流能力

成滤饼，滤饼聚集了大量的残渣。黏稠的压裂液及残渣牢固地包裹支撑剂并堵塞裂缝，造成支撑裂缝孔隙渗透率降低，导致支撑裂缝导流能力受到不同程度的损失。通过选用鸭西区块压裂液体系，按比例加入 250×10^{-6} 过硫酸铵，在 80℃ 温度条件下水浴加热彻底破胶，得到实验用液体。

破胶液作为流体介质时测得的导流能力要远小于蒸馏水测得的导流能力，且随闭合压力的不断增大支撑剂导流能力下降幅度逐渐增大。破胶液条件下导流能力对闭合压力更为敏感，且在 10~30MPa 之间下降较快（60% 左右）。在闭合压力 30~100MPa 之间，20/40 目支撑剂导流能力的损失率在 61%~67%；30/50 目支撑剂导流能力损失率在58%~80%。

研究表明：（1）温度在 80℃、地层闭合压力在 80MPa 左右时，压裂施工优选 103MPa 高强度陶粒作为支撑剂，以保证施工后的长期导流能力。（2）在满足施工工艺要求的条件下，尽可能选择小目数支撑剂。（3）在地层高温下，破胶液残渣对支撑剂导流能力损害很严重，残渣浓度在 400mg/L 左右，对三种粒径支撑剂导流能力损失率在 60%~80%。

二、温度效应下的岩石力学性质实验

1. 岩石力学强度实验

Ola Akrad 等人（2011）对 Bakken、Barnett、Eagle Ford 和 Haynesville 等地层的页岩样品进行了各种实验室实验，利用纳米压痕技术测定压裂液在高温（300℉）和室温条件下压裂过程中杨氏模量随时间的变化。研究结果表明，在高温和碳酸盐含量较高的试样中，岩石的杨氏模量会出现大幅降低，导致裂缝的导流能力显著下降，说明高温对岩石强度降低起到了显著作用[8]。Li Ben 等人（2018）在研究支撑剂浓度对裂缝导流能力的影响时，同时进行了力学性能（杨氏模量和拉伸强度）的研究。用实际井下岩芯（20000ft，340℉）进行了室内实验，应用裂缝导流能力评价系统进行了分析，结果发现，在高温环境下支撑剂的嵌入率随岩石杨氏模量和抗拉强度的减少而增加，相应的裂缝导流能力也会被损害[9]。

Li Ning 等人（2019）制备了具有光滑断裂面的花岗岩岩芯样品，研究了不同温度条件下，复合材料力学性能的变化规律及其对导流能力的影响，首先将试样加热到一系列目标温度（分别为 200℉、300℉、400℉ 和 500℉），然后用流动水迅速冷却到室温。热处理后，通过纳米压痕实验和扫描电子显微镜（SEM）观察，揭示了水力裂缝表面力学参数（杨氏模量和硬度）的损伤程度。

纳米压痕实验和裂缝导流实验的结果表明，如图 5-16 所示，长期温度变化所产生的热

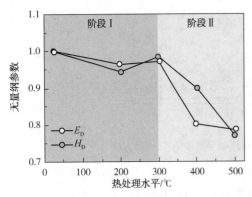

图 5-16 无量纲参数杨氏模量（ED）
和硬度（HD）随热处理水平的变化

效应对材料的力学性能和导热系数有很大的影响。当热处理温度低于 300℃ 时，微裂纹较少，断口表面的杨氏模量和硬度变化不大。在此基础上形成了微裂纹网络，杨氏模量和硬度均显著降低。这种热软化效应会进一步导致高围压下裂缝导流能力的降低。在相同围压条件下，随着温度波动范围变大，裂缝导流能力的损伤程度增大。

2. 岩石蠕变效应

开发致密储层的时候，导流能力递减得很快，很多超预期的早期产量下降仍然无法解释，岩石的蠕变变形可能是这种原因之一。蠕变变形是岩石在地层温度和恒定载荷作用下表现出连续变形的特征之一，它影响油藏的完井和水力压裂增产。如果能描述岩石蠕变的大小，则可以更好地理解岩石的黏弹性行为而导致的裂缝宽度和长度的损失等问题。但是目前关于蠕变效应的研究较少，而且大多都只是理论方面的研究，缺少现场真实案例分析。

Raul Hugo Morales 等人（2011）在不同的应力和温度条件下，利用清水对支撑和未支撑的裂缝进行了导流能力测试，评价了 Barnett 页岩样品的导流能力变化情况，重点研究了岩石与支撑剂的蠕变效应（图 5-17）对导流能力的影响。

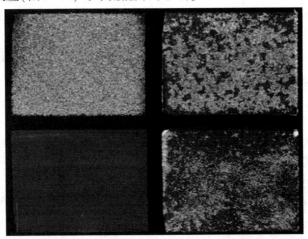

图 5-17 测试前（左）后（右）的蠕变图片

实验过程包括：首先是切割水平圆柱形试样（1½in）与圆柱轴线平行的层面，然后进行连续的 UCS 测量（通过划痕测试方法）和沿样品长度的布氏硬度值（BHN）测量，随后将样品分成 2 个或 3 个圆柱形的小块。

采用切割法在试样上生成断裂面。对于支撑型裂缝表面，支撑剂均匀地分布在裂隙表面，然后样品放置在一个橡胶套筒里。组件一起放置在测试容器内，并充满封闭流体，提高流体温度，达到实验平衡。

这一过程完成后，围压提高到 500psi，水在室温下缓慢流过支撑剂填充层（0.1mL/min），同时升高压力到实验压力水平。对于蠕变实验，压力逐渐提高到 5000psi，并维持在这一水平 24h。采用等效达西流连续测定裂缝导流能力。

待压力达到 5000psi 时，测量 2 个温度（70℉和 140℉）相应的裂缝导流能力变化（环境和现场）。支撑剂受到的 5000psi 压力略高于在 Barnett 页岩中观察到的典型闭合压力（约4000~4100psi）。黏弹性的蠕变如图 5-18 所示，其中应力在一段时间内保持不变。弹性响应是瞬时的，当施加压力时，立即产生应变，ε_0 是测量值。在蠕变过程中，当应变继续增加或稳定时，应力和应变之间存在延迟。当应力释放时，应变立即减小，并继续逐渐减小，直至形成残余或零应变。

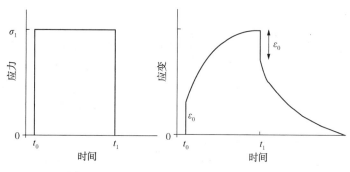

图 5-18 黏弹性蠕变行为：应力和应变图

测试 1（70℉）和测试 2（140℉）的两种蠕变实验的响应见图 5-19。在测试的最初 24h 内，测试 1 的导流能力（环境温度）在 35~25mD·ft 内变化。大多数下降出现在前 5h 内。随后，导流能力随时间变化曲线的斜率下降不明显。

测试 2 在 140℉ 的温度下进行，UCS 和 BHN 分别是 7% 和 14%，比在室温下测试的样品要大。尽管如此，导流能力在实验开始时降低了 22%，在实验结束时降低了 40%。导流能力从 24mD·ft 下降到 14mD·ft，大部分的下降发生在测试的前 5h。测试 2 后的结果如图5-20 所示。

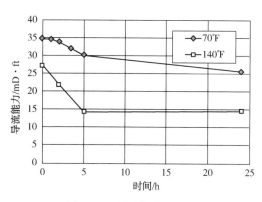

图 5-19 导流能力递减图

图 5-20 蠕变实验的数字图像显示支撑剂的破碎

实验后支撑剂显示了有限的破碎，两种蠕变实验的破碎率约为 10%。

蠕变实验的结果表明：（1）裂缝导流能力损失在实验的最初几个小时内发生，然后稳定并保持不变；（2）温度效应显著降低了裂缝的导流能力。

三、温度效应下成岩作用实验

成岩作用会导致支撑剂的表面发生化学变化，损伤裂缝导流能力。本节只提及相关实验的结论，具体实验过程将在第六章综合影响因素中进行专门论述。

Weaver 等人(2005)将支撑剂的成岩作用描述为一种可能导致支撑剂填充层宽度和支撑剂填充层孔隙度显著降低的机制。他们进行了静态测试，在陶粒支撑剂和石英支撑剂的表面都观察到晶体生长，在未硬化树脂涂层(覆膜)支撑剂样品上没有发现这种生长，如图5-21和图5-22所示。

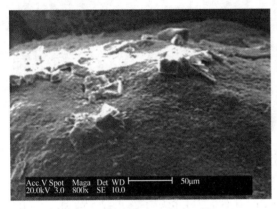

图 5-21　陶粒支撑剂表面的晶体生长

图 5-22　石英支撑剂表面的晶体生长

R. Duenckel 等人(2012)称成岩作用是"介质生成"，即一种溶解和再沉淀过程，在沉淀过程中可能会导致支撑剂充填层的孔隙度、渗透率和强度下降。他认为控制成岩作用发生程度的因素有闭合应力、储层温度、支撑剂类型和岩层矿物学。使用石英砂、覆膜砂(RCS)和陶粒3种主要的支撑剂类型进行成岩作用实验，结果表明，这些沉淀物会在所有测试的支撑剂类型(陶粒、天然砂和RCS)上形成，沉淀物的化学组成及其结构表明它们属于沸石类(成岩作用产物)。Kristie McLin 等人进行了水—岩—支撑剂相互作用的地球化学模拟和静态实验，利用PHREEQC测试了各种岩石—支撑剂在不同组成流体平衡下的化学稳定性。结果表明，在高温下支撑剂可以作为矿物沉淀的成核点。但是由于实验时间太短，并没有得到这些沉淀矿物的详细数据。

为了弄清楚这些成岩矿物的详细数据，Neelam Rayson 等人(2012)采用单颗粒抗压强度分析法和API导流能力分析法，分别对储层温度和高温下的实验室测试数据进行了重复分析，得出了沸石形成的条件以及对支撑剂强度降低的影响。这些数据为在给定的地层条件下合理选择支撑剂提供了更好的信息。研究表明：(1)沸石化速率是时间、温度、支撑剂组分、碱度和盐度以及孔隙水组成和流速的函数。沸石生长速率随温度的升高而增加。(2)即使在真实的储层温度下，也会发生成岩作用。在静态条件下，这些相互作用显著地影响支撑剂填充层的强度和渗透性[10]。

Fiorenza Deon 等人(2013)在 Groß Schönebeck 地热站中发现，铝基支撑剂(含有Al_2O_3)在地热储存条件(高温高盐)下的长期反应会导致其溶解，并且会有次生 Al-Si 矿物的沉淀生成，进而堵塞储层孔隙，严重降低储层渗透率。为此他们做了一个对比实验，把支撑剂分别放到地热站的盐水中和合成盐水的聚四氟乙烯反应器中，在150℃和25℃的温度条件下分别保存12d、28d、42d和80d。结果发现析出物的主要成分由Na和Ca组成，并且有少量的Si和Fe。溶液中Si含量高达153mg/L，偶尔含有Al（通常小于1mg/L），不含有Fe。他们认为SiO$_2$的释放表明支撑剂存在一定的化学不稳定性，并且当温度变化时这些Si会在储层的各个地方重新沉淀。因此对于将来在地热储层中长期使用的支撑剂，建议首先进行简单的化学实验和地球化学平衡计算检验其可能存在的风险，这样就可以在很大程度上避免成岩作用带来的危害[11]。

Sayantan Ghosh等人（2014）模拟地层条件测量了支撑剂组合长期渗透率的变化。通过12组不同时间的测试，观察了石英砂、陶粒和覆膜砂3种不同类型的支撑剂—岩石体系。实验结果表明，在支撑剂和页岩表面均可观察到不同类型的次生裂缝生长。大部分次生裂缝生长发生在石英支撑剂上，然后是陶粒支撑剂，几乎没有发现次生裂缝生长在覆膜支撑剂上。在石英支撑剂和陶粒支撑剂的测试中发现了导致渗透率降低的细小颗粒生成，而在覆膜支撑剂中几乎没有发现。这说明：（1）在支撑剂和页岩表面均可观察到铝和富硅矿物的生长，这可能表明次生裂缝生长所需的部分铝和硅来源于支撑剂本身；（2）几乎没有观察到覆膜支撑剂生长次生裂缝，说明树脂涂层可以阻止成岩反应进行；（3）而覆膜支撑剂没有表现出渗透率下降，可能因为树脂将微粒固定在适当的地方。因此在温度的影响下成岩作用对裂缝导流能力影响是显著的，并且会随着时间的推移愈发严重[12]。

第三节 温度对导流能力影响数值模拟

国内外大多数对导流能力的研究都是基于标准导流测试实验，缺乏用数值模拟方法来评价温度对导流能力影响的研究。

对于通常高温条件下的岩石裂缝，需要使用支撑剂来保持其导流能力。最常用的支撑剂包括石英砂、陶粒和烧结铝矾土，它们铺置在人工裂缝中以保持裂缝开口。在增强型地热系统（EGS）中，支撑剂将需要承受高温、酸化液、酸处理和清洗，同时保持裂缝的孔隙度和渗透率。所以，支撑剂颗粒可能作为成核点促进沉淀，或者发生溶解从而影响裂缝性能。

为此，Kristie McLin等人（2011）模拟了真实地层的环境，进行了水—岩石—支撑剂相互作用的地球化学模拟，结合静态实验，以实验观测外推到储层规模。用TOUGHREACT模拟这些流体在花岗岩储层中的一维流动，储层的裂缝中填充了石英砂或陶粒支撑剂。

首先使用PHREEQC的LLNL数据库模拟支撑剂与花岗岩之间的流体平衡。用Raft River well RRG-7井采出液和流体与花岗岩和支撑剂发生反应。对石英和刚玉支撑剂进行了模拟计算。平衡温度取100~250℃之间。计算了反应前和反应后的流体化学和矿物饱和指数。

然后利用非等温反应地球化学运算程序TOUGHREACT进行了流动模拟。矿物组合与流体之间的相互作用可以在局部平衡的动力学速率下发生。沉淀和溶解反应可以改变地层孔隙度和渗透率，改变岩石的非饱和流动特性。这个模拟器可以被应用于具有物理和化学非均质性的一维、二维和三维孔隙和裂缝性介质。

渗流模型预测了石英支撑剂充填裂缝在短时间内孔隙度和渗透率的下降。石英砂支撑剂是硅胶、方解石、少量石英、伊利石和蒙脱石的成核点。通过设置不同支撑裂缝的孔隙

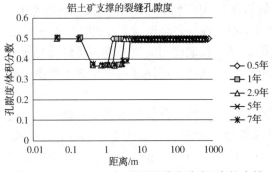

图 5-23　$t = 0.5 \sim 7$ 年时沿流道孔隙度(陶粒支撑裂缝)[整个流道的初始孔隙度($t = 0$ 时)为 50%]

度来进行模拟。在陶粒支撑剂的模拟中，当孔隙度为30%时，裂缝中没有沉淀或溶解物生成。花岗岩中矿物有轻微的溶解和沉淀作用。然而，当孔隙度增加到50%时，铝土矿支撑剂在流动通道前10m内溶解并再沉淀为水硬铝石，如图 5-23 所示。水硬铝石体积的增大导致孔隙度和渗透率的降低。此时，其他矿物也有少量溶解和沉淀，但这些反应似乎并不显著影响支撑裂缝的孔隙度和渗透率。

　　由模拟结果可知，支撑剂可能具有：化学稳定性、溶解和再沉淀、在不同的化学条件下作为支撑裂缝的成核点等特点。未来的 TOUGHREACT 模拟将研究石英和陶粒支撑剂在 pH 值变化条件下，不同的储存和注入温度，以及不同的注入流体化学性质时的化学稳定性。这些模拟以及未来的实验将有助于更好地预测地热储层中支撑剂的化学稳定性[13]。

　　目前关于温度效应相关数值模拟，最新的研究是 CO_2 无水压裂方面，这一部分数模做得比较多。2019 年，汤勇等人[14]以鄂尔多斯盆地神木气田致密砂岩气藏 SH52 井为例，对 CO_2 注入—压裂—返排的全过程进行模拟，研究了 CO_2 压裂全过程的流体相态变化特征，以及压裂工艺参数对注入期末井底压力、温度和流体高压物性的影响。其所建的模型实现了对 CO_2 压裂过程中流体相态变化特征的准确预测且拟合精度较高，研究成果为 CO_2 压裂施工设计的优化提供了技术支撑。其模型初始温度场如图 5-24 所示，井底压力温度拟合结果如图 5-25 所示。

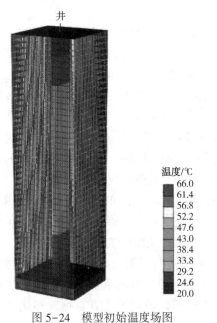

图 5-24　模型初始温度场图

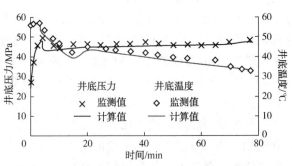

图 5-25　SH52 井井底压力和温度拟合结果图

第四节 实验和数值模拟总结

本章从影响导流能力的因素出发，主要论述了温度对导流能力的影响实验，通过对支撑剂水热效应、岩石蠕变效应、成岩作用等实验的分析，可以得出以下结论：

（1）成岩作用是一个多因素的函数，而且温度越高，成岩速率越高。即使在真实的储层温度下，也会发生成岩作用。在静态条件下，这些相互作用显著地影响支撑剂填充层的强度和渗透性。

（2）研究成岩作用及其对岩石裂缝面弹塑性行为和裂缝导流能力的影响，将为评价和开发地层、优化完井方案和增产措施提供有价值的参数。

（3）在不同温度的影响下，导致许多本来不重要的因素，都能对导流能力产生极大影响。例如温度会导致支撑剂水热降解，引起岩石蠕变变形、岩石强度下降，极大损害导流能力。

（4）使用高浓度、大颗粒尺寸的支撑剂，可能会抑制支撑剂的水热降解。

（5）对于给定的储层条件，为了保证质量，可以提前模拟高温环境下的地球化学相互作用测试，用于指导降低地层温度下的成岩作用。

（6）覆膜支撑剂能很好地避免成岩作用，有助于稳定裂缝导流能力的支撑剂包覆材料（SMA 等表面化学改性材料、高温多层覆膜支撑剂），确保支撑剂/流体系统稳定的组合，以及增加或保持油气井的生产寿命。

参 考 文 献

[1] 张峰. 高温高压条件下支撑剂导流能力评价研究[J]. 化工管理, 2019(19)：80-81.

[2] Weaver, J. D., Nguyen, P. D., Parker, M. A., & van Batenburg, D. W. (2005, January 1). Sustaining Fracture Conductivity. Society of Petroleum Engineers. doi：10. 2118/94666-MS.

[3] Raysoni N, Weaver J. Long-term hydrothermal proppant performance. SPE-150669-PA, 2013.

[4] 邹才能, 杨智, 张国生, 等. 非常规油气地质学建立及实践[J]. 地质学报, 2019, 93(01)：12-23.

[5] Ning, L., Shicheng, Z., Xinfang, M., Sihai, L., Zhaopeng, Z., & Yushi, Z. (2019, September3). Temperature – dependency of Mechanical Properties of Hydraulic Fracture Surface and its Influence on Conductivity：An Experimental Study for Development of Geothermal Energy. American Rock Mechanics Association.

[6] Duenckel R, Conway MW, Eldred B, et al. Proppant diagenesis-integrated analyses provide new insights into origin, occurrence, and implications for proppant performance. 2012.

[7] 王丽伟, 蒙传幼, 崔明月, 等. 压裂液残渣及支撑剂嵌入对裂缝伤害的影响[J]. 钻井液与完井液, 2007(05)：59-61+91-92.

[8] Akrad OM, Miskimins JL, Prasad M. The effects of fracturing fluids on shale rock mechanical properties and proppant embedment. SPE-146658-MS, 2011.

[9] Li, B., Zhou, F., Li, H., Tian, Y., Yang, X., Zhang, Y., & Feng, Y. (2018, August 21). Experimental Investigation on the Fracture Conductivity of Ultra-Deep Tight Gas Reservoirs：Especially Focus on the Unpropped Fractures. American Rock Mechanics Association.

［10］Rayson N, Weaver J. Improved understanding of proppant-formation interactions for sustaining fracture conductivity. SPE-160885-MS, 2012.

［11］Deon F, Regenspurg S, Zimmermann G. Geochemical interactions of al2o3-based proppants with highly saline geothermal brines at simulated in situ temperature conditions. Geothermics, 2013, 47(0): 53-60.

［12］Ghosh S, Rai CS, Sondergeld CH, et al. Experimental investigation of proppant diagenesis. SPE-171604-MS, 2014.

［13］McLin K, Brinton D, Moore J. Geochemical modeling of water-rock-proppant interactions. PROCEEDINGS, Thirty-Sixth Workshop on Geothermal Reservoir Engineering Stanford University, Stanford, California, 2011.

［14］汤勇, 胡世莱, 汪勇, 叶亮, 丁勇, 杨光宇, 李荷香, 苏印成. "注入—压裂—返排"全过程的 CO_2 相态特征——以鄂尔多斯盆地神木气田致密砂岩气藏 SH52 井为例［J］. 天然气工业, 2019, 39 (09): 58-64.

第六章 多因素综合影响分析

在前面章节，讨论了支撑剂嵌入、微粒运移、压裂液伤害和温度效应对导流能力的影响。导流能力的损伤往往不是由一个因素决定的，它是在多因素综合影响下，发生一系列复杂的物理化学反应，从而改变裂缝的孔隙结构和渗流特征。

目前导流能力的研究趋势是从简单到复杂，从实验现象到数学描述，从单因素分析到多因素分析。所以本章主要围绕这些复杂的综合影响因素所导致的多场耦合效应和物理化学反应开展研究。

第一节 多场耦合效应

一、多场耦合效应理论分析

通过对裂缝导流能力的研究，我们不难发现，裂缝导流能力的动态描述往往是一个从单因素分析到多因素分析的过程。通常会涉及渗流、力学、微粒运移、化学反应、传热以及扩散等，是一个多场多因素耦合的问题。目前的研究仅局限于某个物理场的单独描述，或者少数几个物理场的耦合描述，没有结合压裂施工和压后生产的全过程按顺序考虑多场的完全耦合问题；而且多场多因素之间的相互作用缺乏明确的对比分析，需要通过全面的理论分析、实验验证和数值模拟来论证，以明确不同类型储层在长期生产过程中，各因素所起作用的比重。

二、多场耦合效应实验分析

1. 力学场内部各因素耦合

油气藏水力压裂的目的是为油气进入井筒创造一个高速流动通道。通过在裂缝中放置支撑剂可以防止裂缝闭合，并在较长时间内保持较高的导流能力。目前，已经发现了一些能够降低裂缝导流能力的机制，包括支撑剂颗粒的破碎、地层细小颗粒的释放、支撑剂的嵌入、地层剥落、应力循环等。与在常规条件下测量的典型导流能力数据相比，多因素耦合效应可以将有效导流能力降低几个数量级，这远远超过了预期。

2009 年，Warpinski 等人[1]发现裂缝中的支撑剂处于复杂的应力条件下，支撑剂与岩层的相互作用对支撑剂充填层的渗透率影响很大。如果支撑剂粒度和强度参数选择不当，支撑剂可能破碎成小块，导致支撑剂填充层渗透率和裂缝孔径减小，从而降低油井产量。Reinicke 等人（2010）继续进行了研究，在新形成的裂缝面附近发现，支撑剂和储层岩石的机械力学相互作用会导致支撑剂和地层颗粒的破碎，从而使得裂缝宽度降低，严重影响导流能力。Reinicke 等人将这种损伤称为裂缝面表皮损伤(FFS)。为了研究这种 FFS 的产生原因,使用了两种不同的流动单元,对压力作用下的致密砂岩进行渗透率测量,以便定位和量化裂缝面的机械损伤[2]。

使用两个不同的流动单元研究随着储层岩石、FFS 和支撑裂缝应力增加所导致的渗透率变化。(1)声发射流动单元(AEFC),用于岩石—支撑剂界面在加载过程中破碎和损伤的分析和定位。(2)双向流动单元(BDFC),用于模拟支撑剂充填设计的裂缝,该裂缝能够量化岩石—支撑剂体系的渗透率降低。在实验室中进行了 5 次岩石—支撑剂相互作用(RPI)实验,实验装置如图 6-1 所示,其中 2 次采用 AEFC、3 次采用 BDFC。

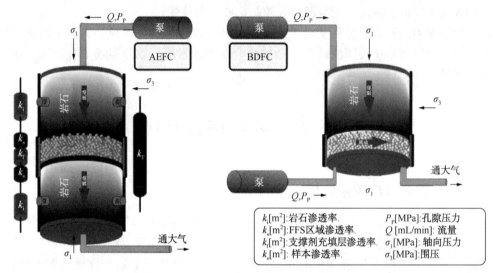

图 6-1 岩石—支撑剂相互作用(RPI)测试渗透率的实验装置

利用 BDFC 进行的测量表明,在较小的应力差下,由于支撑剂和岩石颗粒的破裂损伤,这两种支撑剂都会造成裂缝面渗透率明显降低,这导致裂缝面的渗透率比最初的岩石渗透率降低了 6 倍。支撑剂嵌入到岩石基质中,破坏了岩石颗粒,从而导致裂缝面 AE 活性(声波发射活性)的增加。所产生的细粒堵塞了裂缝面上的孔隙,导致岩石支撑剂体系的渗透率降低和机械诱导的 FFS。其中机械诱导的 FFS 是界面处颗粒破碎的结果。

在第一个加载阶段,界面的 AE 活性相对较低,而渗透率显著降低。相比之下,在第二加载阶段,AE 事件与渗透率降低之间有很好的相关性。因此,认为在第一次加载期间产生相对较少的细小颗粒,足以堵塞界面上的气孔。一旦生成的细小颗粒堵塞了孔隙喉道,进一步加载会形成一个更为复杂的裂缝网络,但对渗透率降低的影响很小,这与实验观察结果一致。

对于高强度支撑剂(HSP)和中等强度支撑剂(ISP)的裂缝渗透率,由于加载裂缝压力达到 50MPa,所以渗透率分别降低为原裂缝的 58% 和 25%。这种减少是三种因素综合作用的结果:生产过程中产生岩石颗粒、支撑剂破碎、支撑剂重组。在支撑剂充填层的渗透率测量中,支撑剂被放置在光滑的平板之间,而不是粗糙的岩石表面。

最终的室内实验表明,在 50MPa 应力作用下,该支撑剂体系的渗透率降至初始渗透率的 77%,导致裂缝面附近渗透率降低了 6 倍。当应力为 5MPa 左右时,就观察到岩石—支撑剂界面发生了相当大的机械损伤。显微结构分析表明，支撑剂颗粒破碎、微粒的产生和裂缝面孔隙减小导致了机械力学诱导的 FFS。而且在较高的应力条件下，陶粒支撑剂的破裂和嵌入进一步降低了裂缝的渗透率。这说明：（1）在高压差条件下，裂缝面的渗透率与初始岩石渗透率相比降低了 6 倍；（2）支撑剂破碎是从裂缝面低应力（5MPa）作用下开始的；（3）破碎的支撑剂会产生大量的细小粉末，无法再支撑裂缝，使得裂缝面的孔隙度变得更低。因此，即使在现场条件下预计的低应力，也可能对水力压裂作业的效果产生相当大的影响，特别是在非常规油气藏中。所以在岩石—支撑剂体系中，研究裂缝—支撑剂耦合效应十分重要。岩石—支撑剂体系的实验室研究，可以补充现场实际操作中的不足，有助于确定最合适的生产工艺。

Mittal，A. 等人（2018）对这种耦合效应进行了更加深入的研究，主要针对在油藏温度和压力条件下的支撑剂组分长期导流能力进行测定。研究了支撑剂破碎、细粒运移、嵌入和成岩作用等各种导流能力损害机制。还进行了支撑剂力学尺寸的研究，用一个能够同时测量压裂压实度和渗透率的 API 导流仪，比较金属板和页岩板在压缩过程中的支撑剂充填性能。支撑剂充填裂缝（浓度为 $0.75 \sim 3 lb_m/ft^2$）在轴向载荷（5000psi）作用下进行实验来模拟闭合应力，盐水（3%NaCl、0.5%KCl）在 250℉下以恒定速率（3cm³/min）流过充填层，且实验时间延长至 60d。在这项研究中，采用渥太华砂支撑剂在 Vaca Muerta 和 Eagle Ford 页岩板之间充填[3]。

以往的研究，在页岩板之间的测量往往忽略了一些因素，例如液体作用导致的支撑剂嵌入和闭合应力，这些因素对支撑剂填充体渗透性有很大影响。所以 Mittal 研究的重点是在尽可能多的现场实验条件下了解裂缝导流能力。该设备允许在储层温度和压力条件下测试页岩板块，更能反映地下环境。本研究采用动态测量方法，在盐水中进行了长时间（10~60d）的测量。该装置允许在长期测试中观察支撑剂充填层的厚度、温度、闭合应力和孔隙流体成分的变化。此外，该设备还可用于研究机械和化学降解对裂缝导流能力的影响。这被用来分别研究支撑剂破碎、微粒迁移和嵌入的影响。其实验流程如图 6-2 所示。

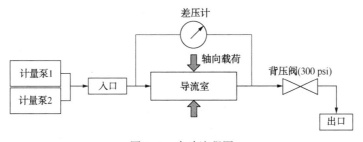

图 6-2　实验流程图

图 6-3 展示了所使用导流仪的截面图。支撑剂充填件位于导流仪的中心，这样盐水就可以流过支撑剂充填层，通过顶部和底部活塞施加轴向负荷，模拟支撑剂组件的闭合应力，如图 6-3（a）所示。其改进的导流仪的所有部件都由 Hastelloy C-276 制成，该合金含有 5% 的铁，提高了导流仪的耐点蚀和应力腐蚀性能。改进后的导流仪的另一个关键特性是能够测量压实过程中的变化。用于压实记录的 2 个线性差分变压器的分辨率为 0.0001in。

图 6-3(b)展示出了支撑剂充填层的扩展横截面。支撑剂层的长度为 2in，压板的顶部和底部都有聚四氟乙烯(PTFE)密封，以防止液体流失。导流仪可以容纳 2in 大小的岩板或金属板。支撑剂的浓度从 $0.75 \sim 3 lb_m/ft^2$ 不等。图 6-3(c)显示了周边带有 PTFE 套管的密封和岩石压板的顶视图。利用扫描电镜对支撑剂的破坏机理进行了验证，并寻找成岩作用的存在。通过实验后的粒度分析量化支撑剂的破碎。纳米压痕法可以量化岩石的杨氏模量和硬度。

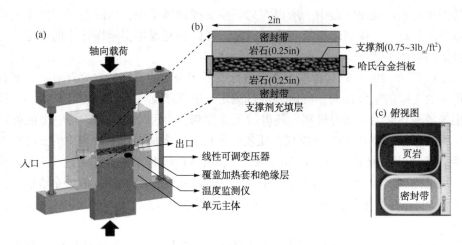

图 6-3　导流仪的组成

所有实验均在 5000psi 闭合压力和 250°F 温度下，支撑剂浓度为 $1.5 lb_m/ft^2$ 的条件下进行，并用去离子水与 3%NaCl 和 0.5%KCl 按质量混合的卤水驱替。

金属板之间的测试表明，20/40 目砂的渗透率在 12d 内降低了约 30%，40/70 目砂的渗透率降低了约 56%，60/100 目砂的渗透率仅 4d 内就降低了 99%。用 20/40 目的渥太华砂在页岩板间进行了测量，在 10d 的持续时间内，相比 Vaca Muerta 页岩板，Eagle Ford 支撑板充填层渗透率降低更为明显。Eagle Ford 页岩板的归一化压实比 Vaca Muerta 板块高 20%。粒度分析和扫描电子显微镜(SEM)图像证实支撑剂破碎、微粒迁移和嵌入是主要的机制。

结果表明，在最初的 5d 测试期间，渗透率出现了实质性的降低，随后渗透率似乎趋于稳定。支撑剂的粉碎和页岩表面颗粒都会产生细小微粒，在下游观察到较高浓度的细小微粒。图 6-4 为试验前后 40/70 目的扫描电镜图像。图 6-5 为 60/100 目的扫描电镜图，很明显可以观察到支撑剂的破碎。因此得出颗粒半径大的支撑剂在应对 FFS 损伤时，可能表现得更好。

国内关于力学场方面的多因素效应，2019 年刘建坤等人[4]进行了多尺度裂缝导流能力实验研究，采用单一粒径和组合粒径的铺置方式，研究了闭合压力、粒径组合方式、铺砂浓度及应力循环加载等因素对多尺度主裂缝及分支缝内支撑剂的导流能力变化的影响。结果表明，随着闭合压力增加，大粒径支撑剂与小粒径支撑剂的导流能力差距逐渐变小，主裂缝及分支缝内支撑剂导流能力逐渐降低，而且这种降低趋势存在明显的转折点。组合粒径铺置条件下，主裂缝及分支缝内支撑剂组合均存在最优的组合方式。主裂缝及分支缝内

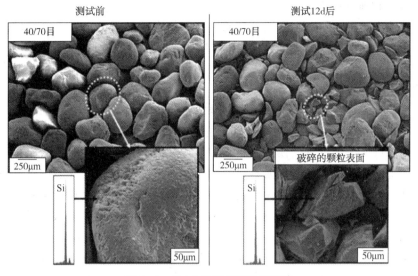

图 6-4　40/70 目的扫描电镜图像

图 6-5　60/100 目的扫描电镜图像

支撑剂铺置砂浓度越高，导流能力也越高；随着闭合压力增大，高浓度铺砂与低浓度铺砂条件下的导流能力差距逐渐变小。应力加载破坏对支撑剂导流能力的影响是不可逆的。

致密油储层具有储量大、渗透率低等特性，现场多运用水平井分段压裂技术提高采收率。而压裂后导流能力的确定，往往需要大量时间与实验论证。2019 年张静娴等人[5] 从概率统计分析角度出发，分析了多种导流能力影响因素，比较各自权重后发现：闭合压力、支撑剂粒径以及铺砂浓度对导流能力影响比较显著。进而优化实验方案，对导流能力显著影响因素进行研究，基于大量实验数据，应用多元线性回归分析理论，建立了支撑剂导流能力与其主要影响因素之间的相关关系，并拟合出相关公式。最后用多元线性回归公式与实验室实测结果对比，相关系数为 0.9946，基本满足工程应用的需求。可为非常规储层导流能力的确定以及支撑剂的优选提供参考。

2. 力学场与温度场耦合

在过去的几十年里，随着水平钻井和水力压裂技术的发展，页岩油气藏的开发取得了显著的增长。页岩储层的产能在很大程度上取决于水力压裂的设计。为了成功地开发页岩，必须对页岩的力学性质有很好的了解，并且要考虑多种因素的影响，其中与温度场的耦合效应就非常重要。

岩石的一些力学性质，如杨氏模量，在暴露于压裂液后会发生变化，从而导致岩石结构的弱化，并且在高温下会更为急剧。岩石的弱化有可能增加支撑剂嵌入裂缝面的程度，导致导流能力降低。由于页岩的渗透率极低，储层和井筒之间的导流能力至关重要。页岩气藏的开发伴随着经济风险，必须要有谨慎的工程实践，以及要更好地理解岩石的机械性能变化，这些对于降低经济风险至关重要。为了了解页岩在压裂液和地层温度作用下的力学性质变化，以及这些变化如何影响支撑剂的嵌入过程，必须对力学场和温度场的耦合效应进行研究。

为此王丽伟等人(2007)运用ZCJ-200型导流能力试验装置，测试了3种不同压裂液在相同支撑剂类型、铺置浓度、不同闭合压力下对支撑剂充填裂缝导流能力的伤害程度；用蒸馏水作为介质测试了2种支撑剂在不同闭合压力及不同温度下导流能力影响的差别[6]。其测试流程如图6-6所示。

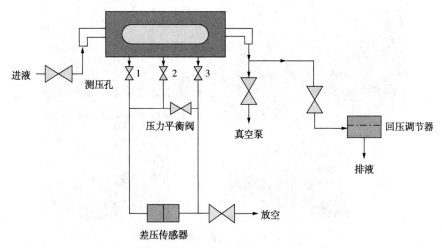

图6-6 导流能力试验装置流程图(单个导流室图解)

首先采用粒径为0.45~0.90mm的中密度陶粒，按常规施工砂比30%，铺置浓度为5kg/m²，准备32.26g陶粒。将陶粒加入定量的基液中，然后交联，并把混有陶粒的冻胶倒入导流仪，恒温80℃，破胶2h后将导流仪铺平，按SY/T 6302—1997标准试验，分别测试80℃、10~60MPa不同闭合压力下的导流能力与渗透率。将实验结果与同样条件下用蒸馏水取代压裂液的常规导流能力实验做比较，得出压裂液对导流能力的损伤程度。另外，为考察不同支撑剂粒径及温度对导流能力的影响，用蒸馏水作介质，将粒径为0.45~0.90mm的陶粒在25℃、80℃和粒径为0.35~0.66mm的树脂覆膜陶粒在25℃、90℃下铺置浓度为5kg/m²，进行导流能力测试。具体测试结果如表6-1所示。

表6-1　温度和颗粒大小对导流能力的影响

粒径/mm	导流能力/$\mu m^2 \cdot cm$					
	10MPa	20MPa	30MPa	40MPa	50MPa	60MPa
0.45~0.90(25℃)	183.88	157.60	133.27	104.56	88.12	74.18
0.45~0.90(80℃)	130.94	113.87	102.31	89.06	74.96	59.18
0.35~0.66(25℃)	64.82	57.28	53.30	49.80	46.72	43.18
0.35~0.66(90℃)	43.76	39.54	36.97	35.15	32.89	30.80

由表6-1可知，温度升高，导流能力均大幅度降低。粒径为0.45~0.90mm的陶粒，在40MPa、80℃时的导流能力仅是25℃时的85%；粒径为0.35~0.66mm的覆膜陶粒，在40MPa、90℃时的导流能力仅为25℃时的70.5%。温度升高会导致导流能力降低，低温下的导流能力值并不能真实地反应储层条件下的导流能力，因此实验应尽量在接近实际情况下进行测试。

随着新型技术的发展，Ola Akrad等人（2011）对Bakken、Barnett、Eagle Ford和Haynesville等地层的页岩样品进行了各种实验室试验，通过纳米压痕、扫描电子显微镜（QEMSCAN）和扫描声学显微镜（SAM）等一系列方法，对这种结构的弱化和嵌入进行了评价。测定了页岩在压裂液作用下高温（300℉）和室温条件中杨氏模量随时间的变化，还测定了不同样品的矿物、孔隙度和总有机质含量，以确定它们与机械性能的变化之间的关系[7]。具体步骤如下。

第一步是利用纳米压痕的深度传感压痕技术测定流体作用前后的杨氏模量（E）。纳米压痕是一种非破坏性的测量技术，可以通过记录力和位移来确定微小样本的杨氏模量。在接触液体之前，对每个页岩样本进行了一系列的25次压痕测量。这些测量值被转换成杨氏模量值并求其平均值，以提供一个给定页岩样本的特征值。分别在5d室温（2%KCl盐水）、15d室温（2%KCl盐水）、30d室温（2%KCl盐水）、2d 300℉（2%KCl盐水）、2d 300℉（淡水）条件下，对相同样品处理。

在进行纳米压痕测量之后，将样品用扫描电子显微镜（QEMSCAN）测试以识别矿物学和孔隙度。图6-7显示了使用的不同样品的QEMSCAN矿物学结果，包括Middle Bakken、Lower Bakken、Barnett、EagleFord和Haynesville。QEMSCAN测量完成后，所有样品使用热解方法测量总有机质含量（TOC），对样品中干酪根的类型、成熟度和岩石的烃潜力分类。

最后，将页岩沿层面平行切割，在页岩样品切割面之间放置支撑剂。在垂直于支撑剂支撑面的试样上施加较低的单轴应力，并用SAM观察嵌入物。SAM利用声音对物体的表面和内部特征研究和成像，可以研究千分英尺尺度的样品，以及内部的任何不均匀性。对嵌入物集中于裂缝面的样品可进行CT扫描。

为了研究杨氏模量降低引起的附加嵌入导致的导流能力损失，计算了支撑剂嵌入系数。该因素的计算基于Stim-lab支撑剂联盟，结果记录在表6-2中。杨氏模量的降低可以导致裂缝失去多达38%的有效渗透率，正如在Eagle Ford样品中观察到的那样。表6-2显示，在Eagle Ford和Middle Bakken中产生了最大的杨氏模量下降（70%和52%），2个样品具有相似的矿物组成，2个样品的方解石含量都很高（77%），Eagle Ford和Middle Bakken的伊利石—蒙脱石黏土含量则很低，分别为4%和8%。

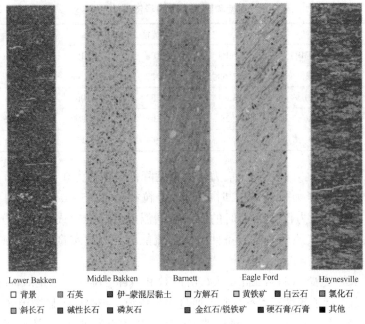

Lower Bakken　　　Middle Bakken　　　Barnett　　　Eagle Ford　　　Haynesville

□ 背景　　■ 石英　　■ 伊-蒙混层黏土　　■ 方解石　　□ 黄铁矿　　■ 白云石　　■ 氯化石

■ 斜长石　　■ 碱性长石　　■ 磷灰石　　　　■ 金红石/锐铁矿　　■ 硬石膏/石膏　　■ 其他

图 6-7　Qemscan 生成的彩色矿物学图像

由表 6-2 可知，杨氏模量降低与矿物组成之间存在相关性。页岩样品中方解石含量越高，样品与压裂液的反应越强烈。富含方解石的地层，杨氏模量下降的因素之一是碳酸盐溶于地层水。所以在高温和碳酸盐含量较高的试样中，杨氏模量出现较大幅度降低，这种模量的降低会导致有效裂缝导流能力显著降低。

表 6-2　压裂液加热至 300°F 48h 后所有页岩样品的结果摘要

进行的测试	属性	Lower Bakken	Middle Bakken	Barnett	Eagle Ford	Haynesville
纳米压痕	杨氏模量/%	22	52	32	70	6
	导流损失率/%	5	14	8	39	1
TOC	TOC/%	17.18	0.45	4.40	4.99	3.53
	TOC 类型	II Oil Prone	IV Inert	III Gas Prone	III Gas Prone	II Oil Prone
	TOC 成熟度	成熟	未成熟	成熟	成熟	成熟
QEMSCAN	孔隙度/%	16.0	0.8	5.4	4.8	9.7
	伊利石-蒙脱石/%	47	4	21	8	57
	石英/%	21	11	59	3	28
	方解石/%	0	77	12	77	2
	黄铁矿/%	13	1	2	6	5
	白云石/%	10	4	1	2	0

3. 力学场与化学场的耦合

通常页岩表现出非常低的渗透性，在 $0.01 \sim 1 \mu m^2$ 范围内，其经济生产主要归功于水力压裂技术。支撑剂在水力压裂过程中泵入，它们与页岩基质和周围液体的相互作用很关键，决定了裂缝的稳定导流能力。长期以来，支撑剂破碎、嵌入和微粒运移等机制单独对导流能力的影响研究比较多，而这些机制与化学场在水力压裂中的耦合影响尚不清楚。近些年来许多学者逐渐开始关注这一复杂的耦合效应。本节只讨论这一复杂的耦合效应过程，至于具体的物理化学作用将在第二节中专门讨论。

Ghosh 等人（2014）测量了温度、围压、孔隙压力和流体矿化度等井下条件下支撑剂组合中长期渗透率的变化。用实验方法研究了地层条件下支撑剂岩化、支撑剂破碎嵌入和微粒运移对导流能力的影响[8]。

测试使用 1in 的 Barnett 页岩岩芯试样。试样用金刚石锯片垂直于层面切割。每次测试都使用新的试样，也就是说，用于一次测试的试样不用于另一次测试。页岩—支撑剂—页岩三明治模型的制备及其尺寸如图 6-8 所示。在三明治模型的两端加 100目筛网，以保证支撑剂在试验期间不会流出。筛网放置到位后，试件缠绕聚四氟乙烯胶带，以防止支撑剂从侧面掉落。整体置于岩芯夹持器。通过背压阀，盐水在孔隙压力 1000psi 下流过三明治模型。环绕支

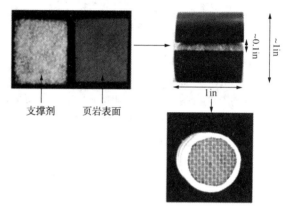

图 6-8　页岩—支撑剂—页岩三明治和筛选

撑剂—页岩三明治模型的氟橡胶胶筒加 5000psi 围压。进出口之间装差压表。夹持器外装保温套，控温热电偶置于夹持器中部。

进行了 12 次不同时间的测试。首先在试验开始时，施加 5000psi 的围压，加热约 4h，以达到所需要的围压温度。然后通过背压阀维持盐水在 1000psi 的孔隙压力下流动。试验结束，泵入空气，直到所有剩余的盐水排出。整个过程大约需要 30min。这样做的目的是对样品做扫描电子显微镜（SEM）检查时，残留的盐晶体不会覆盖支撑剂/页岩的表面。使次生生长和其他相关结构在扫描电镜下更加清晰可见。之后，用光学轮廓仪对页岩表面检测，以确定页岩表面支撑剂压痕的数量。

图 6-9（a）显示测试后压碎的支撑剂分布情况，可以看到许多破裂的大裂纹。目视检查发现，与页岩表面接触的支撑剂约有 30% 已经变成粉末大小的颗粒（小于 20μm）。剩下的是完整的和部分破碎的支撑剂混合物。这些破碎的颗粒可以自由地进入支撑剂之间的孔隙空间，从而降低支撑剂层的渗透性。用渥太华砂进行的所有试验都发现了类似的破碎现象。图 6-9（b）显示陶粒支撑剂只有少量破碎，且没有那么多的细粉。陶粒碎块粒径范围在0.03~0.2mm 之间。

进行这些实验的目的是测量支撑剂充填层渗透率随时间的变化。在准备样品（页岩—支撑剂—页岩三明治）时，所有的测试都采用了同样的步骤。试验 1~8 在 0.12mL/min 的低流速下进行，在此期间没有观察到渗透率下降，可能是因为差压表不够灵敏，在低流速下不能捕获压力下降。把流量增加到 3mL/min，有助于测量渗透率随时间的变化。

图 6-10 是 40/70 目渥太华砂（试验编号 9 和 10）、树脂覆膜砂（试验编号 11）和陶粒（试

验编号 12)在流速为 3mL/min 时的渗透率变化。曲线表明,渥太华砂的渗透率下降幅度最大。第一次试验 2d 内渗透率下降约 95%,而第二次试验渗透率在保持一段时间后,6d 后出现急剧下降。

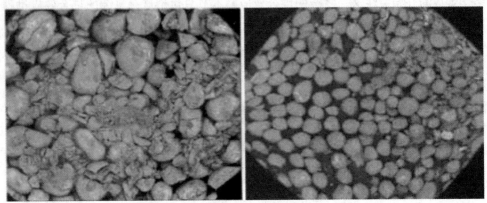

(a)试验后受损的渥太华砂支撑剂填充层的扫描电镜图像　　　(b)测试后12种陶粒支撑剂的扫描电镜图像

图 6-9　测试后压碎的支撑剂分布情况

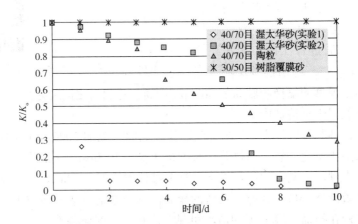

图 6-10　不同支撑剂和页岩在 3mL/min 流速下的渗透率变化

　　树脂覆膜砂破裂的方式类似于砂,但细粒被树脂涂层包覆。游离的细粒无法释放,它们不能占据孔隙空间,这可能是树脂涂层支撑剂测试为什么没有观察到渗透率显著减少的原因。对于陶粒支撑剂,10d 后其渗透率下降了 70% 左右。但是,陶粒支撑剂在同一压力下不会像砂子那样碎裂,能保持相当大的导流能力,因为它们沿着劈裂分裂成更规则的碎块。

　　最终在支撑剂和页岩表面均可观察到不同类型的支撑剂嵌入。在低流速下,没有观察到显著的渗透率变化。对于石英砂支撑剂,观察到相当数量的支撑剂破裂和压痕。在石英支撑剂和陶粒支撑剂的测试中发现了导致渗透率降低的细小颗粒生成,而在覆膜支撑剂中没有发现。压痕深度与支撑剂的种类和分布有关。

　　最近几年随着非常规储层的逐渐开发,各种技术不断成熟。Jessica Iriarte 等人(2018)对化学场的耦合效应进行了更加深入的研究,用 X 射线衍射(XRD)、X 射线荧光光谱仪

（XRF）和螺旋 CT 扫描对 Niobrara 岩芯进行了表征，实验在三轴应力测试装置上进行，以监测储层条件下地层、支撑剂和流体的化学和力学变化[9]。

实验样品代表了 Niobrara 页岩天然裂缝系统，含有一层厚的方解石充填裂缝，如图 6-11 所示。根据标准 X 射线衍射（XRD）显示，Niobrara 页岩主要由方解石、石英、云母/伊利石和白云石组成。

通过监测地质力学和地球化学的变化，以研究储层条件下裂缝的形成、支撑剂和流体的相互作用。Iriarte 等人使用了耦合三轴应力测试装置获得了流体化学成分、动态模量和导流能力数据。选择不同的流体循环，同时用超声波测速，实现了高地应力和孔隙压力下裂缝导流能力的连续测量。该装置由几个部件

图 6-11　Niobrara 段露头岩芯样品
（塞中含有一层厚的充填方解石的裂缝）

组成：（1）三轴压缩室；（2）流体注入系统；（3）背压系统；（4）轴向和围压系统；（5）真空系统；（6）温度控制系统。三轴压力室是一个由不锈钢制成的高压容器，允许同时施加轴向应力（模拟上覆应力）和围压（代表各向同性水平应力条件）。利用注射泵产生的液压，压力可以增加到 10000psi（受当前泵容量的限制）。其中整个组装放置在 40℃下，并保持 0.1℃的精确度。

把橡胶套筒覆盖在充满支撑剂的裂缝上，放置在三轴室和饱和蒸馏水中。在这个过程中，系统的压力增加，同时保持 100psi 的恒定有效应力，以防止岩石变形；总饱和时间为 15d。在充分饱和后，对裂缝导流能力监测，定期采集流体样品。同时不断提高系统中的压力，直到达到最大压力。一旦达到特定的应力状态，把样品在导流室中放置 72h，同时以 0.03mL/min 的速度将液体从进气筒流向出气筒。出口气缸充满氮气，以保持背压而不稀释生产的流体。此外，调节气压和背压，以防止任何气体流入样本。流体样品每 24h 采样，用电感耦合等离子体原子发射光谱仪（ICP-AES）分析。在每个应力状态阶段结束时，假设流动仅通过裂缝，忽略流经岩芯的流动，计算裂缝的导流能力。结果如图 6-12 所示。

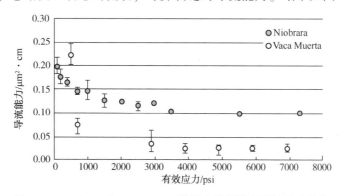

图 6-12　Niobrara 和 VacaMuerta 样品支撑剂填充裂缝导流能力

该试验的目的是评价流体通过充填支撑剂的裂缝时发生的化学反应。在初始状态和流动试验期间收集流体样本，以监测这种相互作用。对流体样品进行分析，以确定流体中存

在的化学元素及其浓度随时间的变化。采用电感耦合等离子体原子发射光谱仪（ICP-AES）对样品分析。该设备可在 $1×10^{-9}$ 水平的浓度下，对单个流体样本中的多种元素精确、快速地进行微量检测。

图 6-13 记载了电感耦合等离子体原子发射光谱法（ICP-AES）分析三轴室流动试验日常流体样品的结果。流体样品结果表明，大多数元素的物理化学溶解发生在流体与岩芯接触的早期。在相同的应力状态下，当达到平衡时，元素的溶解度随时间不断减小，直到有效应力再次增加时，化学元素的溶解度再次增加。钙是流出液体中浓度变化和持续的溶解量最大的。这种现象与裂缝面的矿物组成有关。即使液体的 pH 值大于 8，也会发生高溶解度，并且随着时间和压力的增加而增加。三轴导流设备废液 pH 值变化如图 6-14 所示。

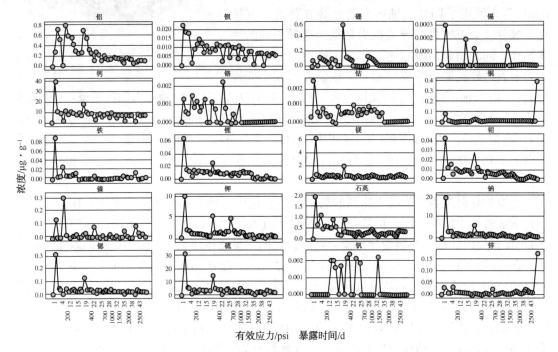

图 6-13　三轴流动试验中流体样品各元素的浓度随暴露时间及有效应力变化

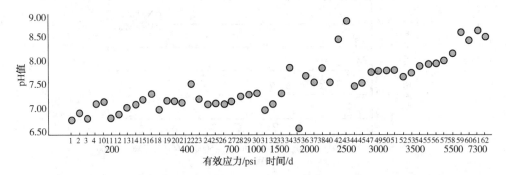

图 6-14　三轴导流设备废液的 pH 值随接触量时间和有效应力变化

除了黏土如伊利石和高岭石已被证明会引起流体敏感性问题，任何不稳定的矿物也都会引起类似的问题。除了方解石之外，其他溶解度较高的元素有硫、钠、钾、镁和硅。这一反应似乎与裂缝壁面中存在的矿物有关。如预期的那样，在三轴试验中观测到的浓度低于从破碎岩石中得到的浓度，因为破碎岩石的表面积较大，允许较高程度的流体相互作用。

这项研究的结果表明，裂缝长期导流能力在实验的早期出现了最明显的下降。伴生流体样品分析表明，大部分元素的最高物理化学溶解发生在流体与岩石接触的早期，且随着系统压力的增加而增强。通过与 Vaca Muerta 样品导流能力的测量结果比较，发现了类似的现象，但是比在 Niobrara 样品中观察到的初始变化更大。2 个样品之间的结果差异与地层的矿物学以及在 Vaca Muerta 样品中观察到的高支撑剂嵌入有关。虽然 Niobrara 试样的软化程度较高，但 Vaca Muerta 试样的嵌入程度较大。这一实验观察表明，导流能力的损伤不仅与地层的矿物含量有关，而且与沿裂缝面的矿物分布有关。

当采用高 pH 值的流体时，裂隙岩石中会发生钙的溶解。流体与岩石接触初期物理化学溶蚀作用最强，且随着系统压力的增加，溶蚀作用逐渐增强。一般来说，矿物溶解度随着暴露时间的延长而减少，当达到平衡时达到稳定。通过实验测量饱和岩石的超声波速度表明，纵波和横波速度都受到流体、压力和流体—岩石相互作用的影响。今后应研究压裂液、支撑剂和储层岩石之间的水化学—力学相互作用对导流能力的影响，即成岩作用，这将在本章第二节进行详细论述。

三、多场耦合效应数值模拟

耦合效应的深入研究离不开数值模拟，尤其是近年来非常规油气的不断发展，导致各种技术手段和参数获取方法都逐渐成熟。地层资料获取的更加准确，数学模型建立的越来越符合实际。本节只简单介绍一下多场耦合效应数值模拟，后续第七章会详细论述各种情况下的数值模拟。

Ding Zhu(2012)针对致密气储层，用实验模拟了实际压裂过程支撑剂层导流能力的变化，考虑了泵注，返排，压裂液残留，温度，压裂液脱水，支撑剂破碎对导流能力的影响。通过建立简单的支撑剂层模型，用 Fluent 软件研究了支撑剂内流体流动，考虑了不同流体和支撑剂粒径，并结合油气藏数值模拟软件研究了这些因素对致密气储层长期产气量的影响[10]。

Shouchun Deng 等人（2014）用离散元的方法研究了页岩中支撑剂和储层岩石的相互作用，而且更进一步的考虑了温度效应[11]，如图 6-15 所示。Glover 等用有限元的方法研究了裂缝表面的黏弹性和蠕变现象，岩石模量的计算考虑了温度和变形，岩石的力学参数考虑了时间效应，并提出了一套相应的算法计算裂缝的导流能力[12]，如图 6-16 所示。

另外在长期多裂缝导流能力数值模拟方面，Kristie McLin 等人（2011）通过实验和数值模拟方法研究了在高温热采系统（Enhanced geothermal system）中水—岩石—支撑剂相互作用，地球化学方法的分析结果表明在某些情况下支撑剂会逐渐溶解或者作为沉淀团的核心[13]。王艳春和王永岩（2014）建立了温度—应力—化学三场共同作用下页岩试样蠕变模型，并探讨了其作用机制。研究表明，页岩在复杂环境下蠕变特性的温度效应和 pH 值化学效应明显，在同一应力水平下温度越高或者化学酸碱性越强，页岩的瞬时应变、蠕变应变及蠕变速率越大，达到稳态蠕变阶段的时间也明显延长。pH 值对蠕变特性影响程度比温度的影响更明显。

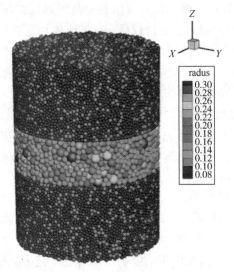

图 6-15　人工裂缝离散元计算模型

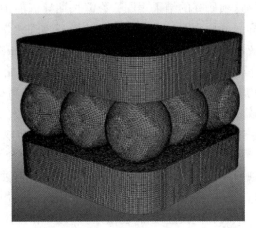

图 6-16　人工裂缝有限元计算模型

第二节　物理化学效应

一、支撑剂表面化学变化分析

前面提到综合影响因素的时候，只提到了一些比较宏观的因素，比如支撑剂颗粒的机械、地层微粒的释放、支撑剂的嵌入、地层剥落、压裂液的伤害、应力循环、沥青质沉积、支撑剂溶解等。此外，还有一种比较重要的影响因素——支撑剂层岩化作用（Diagenesis）。在压裂液和地层流体的作用下，支撑剂表面的化学性质发生变化，影响支撑剂的表面润湿性等表面特性，进而影响裂缝的渗透率和相对渗透率，以及力学特性。

这种机制称为"介质生成"，指的是溶解和再沉淀过程，在沉淀过程中可能会降低支撑剂充填层的孔隙度、渗透率和强度。通过研究发现控制成岩作用发生程度的因素有闭合应力、储层温度、支撑剂类型和岩层矿物学。尽管业界对这一现象进行了大量的评估工作，但这一机制的普遍性和对其发生的预测仍存在不确定性。与地质沉积成岩作用类似，支撑剂层岩化作用指在地层的温度压力作用下，在地层流体和岩石存在的条件下，产生晶体沉淀物的现象，该现象会降低裂缝渗透率和支撑剂的强度，如图 6-17 所示。

二、物理化学效应对导流能力影响实验分析

1. 成岩作用

第一节中提到的 Diagenesis 作用是本节讨论的重点内容。Diagenesis 作用又叫成岩作用，在地质学中被广泛使用。从传统的地质角度来看，成岩作用是指沉积物在初始沉降、岩化过程中和岩化后所发生的任何化学、物理或生物变化，不包括表面蚀变（风化）和变质作用。这些变化发生在相对较低的温度和压力下，导致岩石原有的矿物学和结构发生变化。

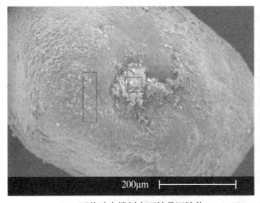 

(a) 石英砂支撑剂表面结晶沉淀物　　　　　　　(b) 覆膜砂支撑剂表面结晶沉淀物

图 6-17　支撑剂岩化作用

支撑剂在储层中受到温度压力和地层流体的化学作用，成岩作用也适用于支撑剂，以描述在一定的温度和应力条件下支撑剂在储层岩石中发生结晶沉淀的现象。

Weaver 等人（2005）将支撑剂的物理化学作用描述为一种因为溶解、压力以及压实作用导致支撑剂充填层宽度和孔隙度显著降低的机制。随着储层温度和压力的增加，这种影响加剧。相比之下树脂覆膜砂表现出更好的流动性能，并认为可能抑制成岩反应[14]。

对石英砂和陶粒支撑剂进行静态测试，用 2%KCl 流过俄亥俄岩芯测试这些支撑剂，保持 250℉和 10000psi 闭合应力。两种支撑剂都观察到晶体生长，如图 6-18 和图 6-19 所示。但有硬化树脂涂层的支撑剂样品上没有发现这种生长。

图 6-18　陶粒支撑剂在 250℉和 10000psi 应力下 140h 后在 2%KCl 中对俄亥俄砂岩形成的晶体生长

虽然该实验能表明支撑剂在特定条件下会受到损害，但仍需进一步研究以更好地描述成岩变化的机制和意义。

2. 成岩产物分析

针对这些复杂的晶体，虽然独特的晶体结构有助于识别，但产生的大多数晶体结晶性差，不能通过形貌识别。以下把这些成岩物质统称为"沸石"。Duenckel 等人（2012）发现要成为沸石，（Si+Al）/O 的含量比值必须接近于 50%，而且这些沸石材料的结构通常有大的孔隙空间，这些空间相互连接，形成大小不同的长而宽的通道。

图 6-19　俄亥俄州砂岩芯中石英砂颗粒表面晶体生长

（Si+Al）/O 比变化很大，在过去 200 多年中已经鉴定出 46 种以上的天然沸石，人工合成的沸石超过 150 种。容易发生自然反应的温度在 27~55℃之间，pH 值在 9~10 之间，通常需要 50~50000 年才能产生极少的纯沸石。一般来说，沸石很容易受到短期成岩作用的影响，第一次形成的沸石会迅速改变成另一种沸石。

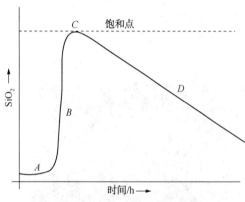

图 6-20　Rhyolite Glass 在
2-M 碱碳酸盐溶液中溶解与时间的关系

沸石形成的关键条件之一是活性结晶过程中的诱导期以及硅酸盐的持续来源。图 6-20 说明了用天然基岩合成沸石的一般过程。在实验室合成中，碱度是快速合成的关键驱动力，典型的反应混合物的 pH 值为 11~13。根据反应介质温度和组成，诱导期可以从几小时到几天不等。高碱度显著降低了第一次晶体生长的诱导时间。

在支撑剂充填层中沸石形成的模拟大多局限于静态培养实验。此实验需要提取铝离子、硅离子，且必须在碱性环境下才能导致沸石的形成。所以液体必须是饱和的二氧化硅，溶液中主要的二氧化硅离子强烈地依赖于反应介质的组成和碱度。此外，反应混合物还必须含有铝。Duenckel 等人仔细设计了实验室实验方案，以证明沸石在流动导流单元中的成岩作用。

为此他们进行了 72 次静态试验，覆盖了一系列支撑剂类型、储层岩石和地层水。试验采用长 29cm、内径 4.6cm、内容积 450mL 的不锈钢单元。在每次实验中，单元里面装载大约 400mL 的支撑剂，然后加入大约 125mL 水以浸入支撑剂或支撑剂/岩石混合物之间的孔隙。这些单元被密封并放置在一个静止的加热容器中 7~154d 不等。试验后分析包括支撑剂扫描电镜检查以确定可能形成的沉淀物（成岩物质），成岩物质能量色散谱化学分析（EDS），分析支撑剂的 ISO 破碎和单颗粒破碎强度，以及支撑剂的体积密度。每个样本用 40 粒小球进行威布尔分析。由于 40/80 目和 40/70 目的颗粒尺寸极小，不能可靠地进行 SPC 测试。除了沉积在颗粒上导致体积松散，从而导致体积密度测量较低的情况外，在测试前和测试后的支撑剂之间没有发现体积密度的显著变化。

所用支撑剂性能列于下表。测试的陶粒支撑剂包括 20/40 目高强度陶粒(HSC)、20/40 目轻质陶粒(LWC)、20/40 目白色压裂砂(Sand)、20/40 目和 40/70 目的覆膜砂(RCS)。

表 6-3 列出了每种材料的体积密度(BD)、相对密度(SG)、SPC 强度和 ISO 破碎强度。表 6-4 提供了三种被测试的陶粒支撑剂的化学成分。高强度陶粒的氧化铝含量约为 78%,轻质陶粒的氧化铝含量约为 50%。

表 6-3　支撑剂的特性

支撑剂	BD/(g/cm³)	SG	SPC/ksi	ISO 破碎	
				破碎率/%	强度/ksi
20/40 目 HSC	2.06	3.62	37.4	4.0	15
20/40 目 LWC	1.58	2.72	24.0	3.3	7.5
40/80 目 LWC	1.48	2.58	—	3.1	7.5
20/40 目 Sand	1.56	2.66	13.0	2.3	5
40/70 目 RCS	1.52	2.59	—	1.2	5
20/40 目 RCS	1.59	2.59	—	0.7	5

表 6-4　陶粒支撑剂化学成分

支撑剂	BD/(g/cm³)	SG	SPC/ksi	ISO 破碎	
				破碎率/%	强度/ksi
20/40 目 HSC	2.06	3.62	37.4	4.0	15
20/40 目 LWC	1.58	2.72	24.0	3.3	7.5
40/80 目 LWC	1.48	2.58	—	3.1	7.5
20/40 目 Sand	1.56	2.66	13.0	2.3	5
40/70 目 RCS	1.52	2.59	—	1.2	5
20/40 目 RCS	1.59	2.59	—	0.7	5

取自四口井的页岩岩芯用作储层样品,加入导流能力实验中。其中 2 个样本来自北路易斯安那州 Haynesville/Bossier 的两口油井,一个来自 Pinedale 背斜,另一个来自 Steamboat Mountain 油田。Pinedale 和 Steamboat Mountain 的油田通常认为不是页岩区块,但仍可选择进行研究,因为有学者认为页岩可能在成岩沉淀中比相对清洁的砂岩剖面更具活性。4 个合成岩芯样本的化学成分及矿物质含量分别列于表 6-5 和表 6-6。矿物组合以伊利石和石英为主。Haynesville/Bossier 岩芯含有大量的方解石组分。

表 6-5　核心化学成分

页岩	化学成分质量分数/%				
	SiO₂	Al₂O₃	Fe₂O₃	K₂O+Na₂O	CaO+MgO
Pinedale	66.2	20.0	3.2	5.3	3.8
Steamboat	77.0	13.9	2.1	3.0	3.1
Hnysvl/Bssr 1	57.5	20.3	4.9	5.9	10.2
Hnysvl/Bssr 2	61.4	15.5	4.6	5.1	12.7

表 6-6 矿物岩芯成分

页岩	矿物质质量分数/%				
	伊利石	石英	高岭石	方解石	白云母
Pinedale	48.6	34.9	11.0	—	—
Steamboat	26.1	56.5	9.3	—	—
Hnysvl/Bssr 1	34.2	25.2	1.5	16.6	17.4
Hnysvl/Bssr 2	29.1	33.4	4.9	14.0	14.9

研究表明，在储层物质的作用下，多种支撑剂表面会发生成岩沉淀作用，经过长时间作用，支撑剂应力强度降低。通过实验证明，所有支撑剂类型的表面都可以形成结晶沉淀，包括陶粒、石英砂、树脂涂层砂，甚至惰性钢球或玻璃棒。这些沉淀物的性质表明它们可以被归类为沸石。这些沉淀的测试结果表明，沸石的形成不需要含铝支撑剂，而且在很大程度上取决于地层材料和流体的特性；沸石在碱性条件下形成，如果储层的酸性太强，则无法沉积；在储层泥岩岩芯高温高应力条件下的扩展导流能力测试没有形成沸石。在这些条件下，相较陶粒支撑剂，覆膜砂（RCS）表现出较高的导流能力损失[15]。

3. 成岩作用的危害性

为了弄清楚这些成岩矿物的危害，Neelam Rayson 等人（2013）采用单颗粒抗压强度分析和 API 导流能力分析，分别对储层温度和高温下的测试数据进行了重复分析，得出了沸石（成岩作用产物）形成的条件以及对支撑剂强度降低的影响。这些数据为给定的地层条件下合理选择支撑剂提供了更好的信息[16]。

支撑剂的单颗粒破碎强度分析是一种可以定量评价地球化学和成岩反应对支撑剂影响的方法，因为它可以应用于任何支撑剂类型，以确定支撑剂的机械性能的变化率。静态单元试验方法提供了足够的材料，除了单颗粒破碎分析之外，如果需要，还可以进行标准破碎和导流能力试验。对于给定的支撑剂的尺寸分布，从尺寸分布的中间范围选择一个支撑剂进行试验（例如，对于 20/40 目的尺寸，可以选择 30 或 35 目的尺寸）。支撑剂通过预定的筛孔过筛，选择至少 30 个尺寸和形状均匀的支撑剂颗粒，如图 6-21 所示，并对其进行微观粒度分析，去掉不符合球形规格的支撑剂颗粒。上述工作通过使用图像分析工具来确定，同时提供每个要破碎的颗粒直径。每个颗粒所需的最大破碎压力，用于进行韦伯分布分析。

图 6-21 30 个支撑剂的显微照片

图 6-22 显示了同一支撑剂的 4 个独立测试，其特性强度如图 6-23 所示。静态单元试验通常一式两组或三组进行。重复项内的差异一般小于 25%，这是通过 172 次以上的测试确定的。

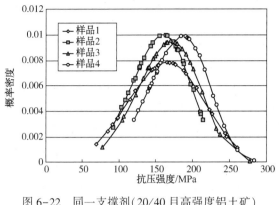

图 6-22 同一支撑剂(20/40 目高强度铝土矿)
共混 4 次进行粉碎分析.

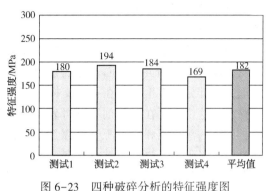

图 6-23 四种破碎分析的特征强度图

最初认为,单颗粒破碎强度数据是不可靠的,因为它的结果具有不一致性。然而,在进行了 170 多次测试后,平均数据是一致的,前提是在选择颗粒时,需要保持一致性,同时也要考虑粉碎的方法。

这种方法的一个主要优点,它能通过测试筛选出有缺陷的支撑剂颗粒(缺口支撑剂)。此外,也有助于估计支撑剂在给定条件下中能够承受的最小和最大抗压强度。由于大多数时间是在支撑剂和地层的混合物上进行成岩试验,因此单颗粒破碎强度数据易于应用。API RP 19C(2008)可以用来确定支撑剂的抗压强度,尤其是当支撑剂与形成物之间存在分离问题时,单颗粒抗压强度是非常有用的。

使用的另一个方法为静态单元支撑剂评价方法。在整个测试系列中,这些材料的固定质量比是相同的。在水热吞吐完成后,从混合物中筛选出较大的形成物,可以很容易地从支撑剂中除去形成物。将这些加热到所需的测试时间后,将液体从填充层中抽出进行元素分析。再次测量导流能力。在正常条件下,如果堆积体发生成岩作用,则堆积体的渗透率会随着成岩作用的程度而降低。

在 2012 年实验中(参阅第五章温度效应),着重于实现快速测试,并使用不切实际的高温/闭合压力值来加速地球化学反应,以便测试缩短到一个月内完成。在 450℉ 的高温下,用铝基支撑剂和单—低渗透砂岩地层进行了类似的试验,填充材料没有施加任何闭合应力,持续 60d。这些试验选择了不同的试验条件。在正常情况下,在给定的测试时间内,在加热填充层包裹时,包装材料完全被测试液填满。通过改变流体介质的数量评价其对充填物中成岩作用程度的影响[17]。

在整个试验过程中,随着热液的不断作用,在原位形成了细小颗粒。XRD 元素分析清楚地表明,由于有利的条件,随着试验时间的增加,沸石的百分比增加。通过起始支撑剂和形成材料的元素分析,在火山区附近形成的低渗透地层,地层物质中含有少量沸石矿物。最终的研究表明:(1)沸石化速率是时间、温度、支撑剂组分、碱度和盐度以及孔隙水组成和流速的函数。沸石生长速率随温度的升高而增加(即温度越高,成岩速率越高)。(2)即使在真实的储层温度下,也会发生成岩作用。在静态条件下,这些相互作用显著地影响支撑剂填充层的强度和渗透性。

Sayantan Ghosh 等人(2014)做了关于成岩危害的研究，他们测量了温度、围压、孔隙压力和流体矿化度等井下条件下支撑剂组合中长期渗透率的变化。测试了三种不同类型的支撑剂—岩石体系：石英、陶粒和覆膜砂，以衡量成岩作用的损害程度[18]。

测试过程在本章第一节力学、化学场耦合中已经说过，具体过程不再阐述。实验结果表明，在支撑剂和页岩表面均可观察到不同类型的次生生长。在盐水流速较低的页岩边缘附近，大部分次生生长是在石英支撑剂上进行的，然后是陶粒支撑剂，几乎没有发现覆膜支撑剂。这说明了在支撑剂和页岩表面均可观察到铝和富硅矿物的生长，这可能表明次生生长所需的部分铝和硅来源于支撑剂本身；对于覆膜支撑剂几乎没有观察到生长，说明树脂涂层可以阻止成岩反应进行；在高流速实验观察到的渗透率下降，支撑剂的破裂和随后的孔隙堵塞起了极大的作用；而覆膜支撑剂没有表现出渗透率下降，可能因为树脂将微粒固定在适当的地方。因此成岩作用对裂缝导流能力影响是显著的，可能一开始的时候还不明显，这些结构可能太小，不会导致任何主要的渗透率下降。然而，随着时间的推移，它们可能会增长(大小和数量)，或者裂缝宽度可能会逐渐减少，最后造成相当大的导流能力下降。

三、物理化学效应对导流能力影响数值模拟

本节只简单介绍综合影响因素下，支撑剂化学效应的数值模拟，后续第七章部分会详细论述各种情况下的数值模拟。

Deon 等人(2011)用扫描电子显微镜和 X 射线能谱法化学定量分析了在地层水作用下常规支撑剂和覆膜支撑剂表面的化学变化[19]。Yeonjeong Oh 等人(2018)继续研究，通过扫描电子显微镜、能量色散 X 射线光谱仪和感应耦合电浆质谱分析仪，分析了地层颗粒破碎和矿物二次溶解沉淀对裂缝表面的影响。利用 COMSOL 多层物理软件进行了简单的数值模拟，对比分析了有限条件下的压裂实验结果。结果表明地层颗粒与支撑剂的破碎和化学相互作用，对裂缝导流能力影响严重[20]。

Samuel A. Fraser(2018)模拟储层条件，对 2 个不同热成熟度的深部煤芯样品进行了支撑剂导流能力测试。在 250°F 下对不同浓度和目数的轻质陶粒(LWP)和石英砂进行了测试。所有的测试考虑闭合压力的影响，参考具有代表性的水力压裂现场数据。结果表明，由于力学性质的变化，两种煤的导热系数存在显著差异。不同的支撑剂浓度试验表明，在较高的应力下，有效导流能力存在一种平衡，一方面支撑剂浓度不够，导致重大的导流能力损失，另一方面在支撑剂浓度较高时，导致过高的非线性导流能力[21]。

为了了解这些研究的影响，在一个完全三维裂缝模拟器中将深煤层水力压裂处理的结果与压力历史相匹配。利用偶极声波测井资料推导了该模型的岩石动态力学性质，并利用裂缝注入诊断试井(DFIT)资料对该井段标定的一维(1D)应力剖面进行了"最佳拟合"。观察表面和计算井底压力进行历史，如图 6-24 所示，以确定裂缝半长(X_f)和平均支撑剂浓度(最低 0.5lb_m/ft^2 支撑剂浓度)，如图 6-25 所示。

整合这些研究的结果到一个水力压裂和储层产能模拟软件中，如图 6-26 所示，以便比较观测结果与实验室数据。数值模拟的结果显示可以根据观察到的压裂后流速进行增产设计。

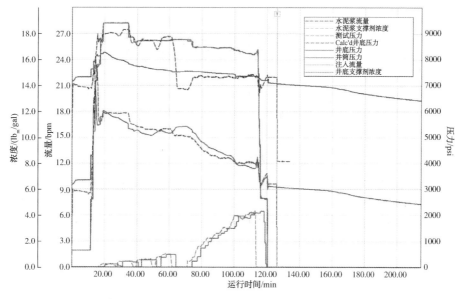

图 6-24　根据 DFIT 校准的一维应力剖面历史拟合匹配的"深部煤层"压力

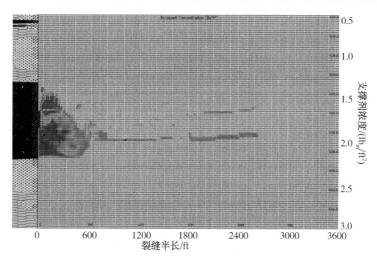

图 6-25　根据断裂力学参数估计裂缝尺寸用 DFIT 校准的一维应力剖面历史拟合"深部煤层"

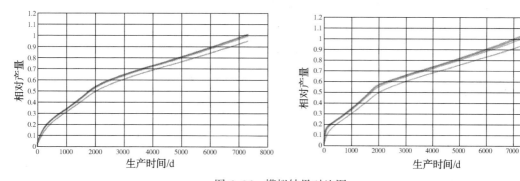

图 6-26　模拟结果对比图

第三节　多因素综合影响总结

本章对前述独立研究进行了汇总，对第二章支撑剂嵌入、第三章微粒运移、第四章压裂液伤害、第五章温度效应进行了总结。主要通过多场耦合效应和物理化学效应展开讨论，具体结论如下：

（1）在高压差条件下，裂缝面的渗透率与初始岩石渗透率相比大幅降低；支撑剂的破碎从裂缝面低压差（5MPa）就开始了；破碎的支撑剂会产生大量的细小粉末，无法再支撑裂缝，使得裂缝面的孔隙度变的更低。

（2）渗透率一般在最初的5天内会出现实质性的降低，随后似乎会趋于稳定；颗粒半径大的支撑剂在应对FFS损伤时，可能表现得更好。

（3）温度升高会导致导流能力降低，低温下的导流能力值并不能真实地反映高温下的导流能力，因此实验应尽量在接近实际情况下进行测试。

（4）杨氏模量降低与矿物组成之间存在相关性。页岩样品中方解石含量越高，样品与压裂液的反应越强烈。黏土含量越高，导流能力损失越小。富含方解石是地层中杨氏模量下降的因素之一，主要是由于碳酸盐溶于水导致的。所以在高温和碳酸盐含量较高的试样中，杨氏模量出现最大降低，这种模量的降低会导致有效裂缝导流能力显著降低。

（5）在支撑剂和页岩表面均可观察到不同类型的次生矿物生长。在盐水流速较低的页岩边缘附近，其次是陶粒支撑剂，而覆膜支撑剂几乎没有次生生长。

（6）大部分元素的最高物理化学溶解发生在流体与岩石接触的早期，随着系统压力的增加而增强；导流能力的损害不仅与地层的矿物含量有关，而且与沿裂缝面的矿物分布有关。

（7）随着储层温度和压力的增加，成岩反应会加剧；树脂覆膜砂表现出更好的流动性能，所以其可能会抑制成岩反应。

（8）所有支撑剂类型的表面都可以形成结晶沉淀，包括陶粒、石英砂、树脂覆膜砂，甚至惰性钢球或玻璃棒。这些沉淀物的性质分析表明，它们可以被归类为沸石。这些沉淀的测试结果表明，沸石的形成不需要含铝支撑剂，而且在很大程度上取决于地层材料和流体的特性；沸石在碱性条件下容易形成。

（9）沸石化速率是时间、温度、支撑剂组分、碱度和盐度以及孔隙水组成和流速的函数，沸石生长速率随温度的升高而增加；即使在真实的储层温度下，也会发生成岩作用。在静态条件下，这些相互作用显著地影响支撑剂填充层的强度和渗透性。

参 考 文 献

[1] Warpinski, N. R., 2009. Stress amplification and arch dimension in proppant beds deposited by waterfracs. SPE 119350.

[2] Reinicke A, Rybacki E, Stanchits S, et al. Hydraulic fracturing stimulation techniques and formation damage mechanisms implications from laboratory testing of tight sandstone proppant systems. Chemie der Erde - Geochemistry, 2010, 70(3): 107-117.

[3] Mittal, A., Rai, C. S., & Sondergeld, C. H. (2018, August 1). Proppant-Conductivity Testing Under

Simulated Reservoir Conditions：Impact of Crushing, Embedment, and Diagenesis on Long-Term Production in Shales. Society of Petroleum Engineers. doi：10. 2118/191124-PA.

［4］刘建坤, 谢勃勃, 吴春方, 蒋廷学, 眭世元, 沈子齐. 多尺度体积压裂支撑剂导流能力实验研究及应用［J］. 钻井液与完井液, 2019, 36(05)：646-653.

［5］修乃岭, 严玉忠, 胥云, 王欣, 管保山, 王臻, 梁天成, 付海峰, 田国荣, 蒙传幼. 基于非达西流动的自支撑剪切裂缝导流能力实验研究［J］. 岩土力学, 2019, 40(S1)：135-142.

［6］王丽伟, 蒙传幼, 崔明月, 等. 压裂液残渣及支撑剂嵌入对裂缝伤害的影响［J］. 钻井液与完井液, 2007(05)：59-61+91-92.

［7］Akrad OM, Miskimins JL, Prasad M. The effects of fracturing fluids on shale rock mechanical properties and proppant embedment. SPE-146658-MS, 2011.

［8］Ghosh S, Rai CS, Sondergeld CH, et al. Experimental investigation of proppant diagenesis. SPE-171604-MS, 2014.

［9］Iriarte, J., Katsuki, D., & Tutuncu, A. N. (2018, January 23). Fracture Conductivity, Geochemical, and Geomechanical Monitoring of the Niobrara Formation under Triaxial Stress State. Society of Petroleum Engineers. doi：10. 2118/189839-MS.

［10］Zhu, D., 2012. ADVANCED HYDRAULIC FRACTURING TECHNOLOGY FOR UNCONVENTIONAL TIGHT GAS RESERVOIRS. Final Report to RPSEA.

［11］Deng, S., Li, H., Ma, G., Huang, H. and Li, X., 2014. Simulation of shale‐proppant interaction in hydraulic fracturing by the discrete element method. International Journal of Rock Mechanics and Mining Sciences, 70：219-228.

［12］Glover, K., Naser, G. and Mohammadi, H., 2015. Creep deformation of fracture surfaces analysis in a hydraulically fractured reservoir using the finite element method. Journal of Petroleum and Gas Engineering, 6 (6)：12.

［13］McLin, K., Brinton, D. and Moore, J., 2011. GEOCHEMICAL MODELING OF WATER‐ROCK‐PROPPANT INTERACTIONS. PROCEEDINGS, Thirty‐Sixth Workshop on Geothermal Reservoir Engineering Stanford University, Stanford, California.

［14］Weaver, J. D., Nguyen, P. D., Parker, M. A., & van Batenburg, D. W. (2005, January 1). Sustaining Fracture Conductivity. Society of Petroleum Engineers. doi：10. 2118/94666-MS.

［15］Duenckel R, Conway MW, Eldred B, et al. Proppant diagenesis‐integrated analyses provide new insights into origin, occurrence, and implications for proppant performance. 2012.

［16］Raysoni N, Weaver J. Long-term hydrothermal proppant performance. SPE-150669-PA, 2013.

［17］Rayson N, Weaver J. Improved understanding of proppant‐formation interactions for sustaining fracture conductivity. SPE-160885-MS, 2012.

［18］Deon F, Regenspurg S, Zimmermann G. Geochemical interactions of al2o3‐based proppants with highly saline geothermal brines at simulated in situ temperature conditions. Geothermics, 2013, 47(0)：53-60.

［19］Oh, Y., Choi, J., Choe, K., Moon, J., Ki, S., & Lee, D. S. (2018, January 1). Evaluation of Fracture Conductivity in Gaseous Stimulation of Fracturing in Tight Carbonate Reservoirs. International Society for Rock Mechanics and Rock Engineering.

［20］Fraser, S. A., & Johnson Jr., R. L. (2018, October 19). Impact of Laboratory Testing Variability in Fracture Conductivity for Stimulation Effectiveness in Permian Deep Coal Source Rocks, Cooper Basin, South Australia. Society of Petroleum Engineers.

第七章　数值模拟

在前面章节，讨论了支撑剂嵌入、微粒运移、压裂液伤害和温度效应对支撑剂导流能力的影响，并分析了综合影响因素对导流能力的影响。目前，支撑剂导流能力的研究趋势也逐渐从物理模拟实验转变到计算机仿真计算，并且在计算过程中引入了相关函数以及经验公式等，增强了模型的可靠性。

此外，在水力压裂过程中遇到的工程问题，很多情况下无法进行现场实验或获取数据的难度较大。此时，着重采用数值模拟方法，例如通过构建孔隙网络模型进行人工裂缝渗流模拟，研究优化各种压裂液体的应用效果。本章主要围绕导流能力的数值模拟研究展开论述。

第一节　数值模拟渗流研究

传统地层渗流试验需要消耗大量的人力和物力，其设备复杂并且对不同流体的适用性较差。基于支撑剂的排列分析和孔隙网络原理，通过建立相关的渗流模型，以实测渗透率作为参照，通过调整模型参数使模型预测结果与实测数据相符，以达到较好的预测效果。

一、孔隙网络模型模拟人工裂缝渗流研究

张景臣提出用孔隙网络模型模拟人工裂缝的思想，并建立了孔隙网络模型，以实测支撑剂渗透率作为指导，通过调整模型参数使预测结果与实测数据相符。对支撑剂的渗透率进行预测，效果较好，并利用调整好的模型研究了非牛顿流体在人工裂缝中的流动特征[1]。

1. 人工裂缝模拟的基本原理

支撑剂充填层中的几何结构有立方体排列和平行六面体排列。当携砂液携带支撑剂进入地层后支撑剂初始为立方体排列，随着裂缝闭合应力变化，砂体将向更稳定的平行六面体结构过渡。地层压裂充填改造时，缝内支撑剂颗粒更容易形成结构相对稳定的平行六面体排列，平行六面体排列要比立方体排列更紧密。针对平行六面体排列支撑剂进行研究，发现支撑剂充填层的导流能力在不同压力下的变化，根本上是由于在压力作用下支撑剂之间的孔隙空间变化所致。因此，该模型研究以平行六面体几何排列为参考基准。

根据图像重建法建立数字岩芯，通过软件对不同压力下的支撑剂图像处理，可以获得对应压力下的孔隙结构分布数据。通过大量模型对比调整，对一系列经验系数进行微调，从而获得孔隙结构分布数据，以达到模型预测与实际相符合。裂缝中支撑剂平行六面体排列的几何分析可以作为建立孔隙结构的另一个准则。

2. 宏观参数设置

驱替动力为入口毛管压力，毛管压力高的先发生驱替时，给定储层初始含水饱和度和毛管压力。

1）含水饱和度计算

某一时刻模型中的含水饱和度 S_w 为含有水的孔隙、喉道中的水体积与整个网络中孔隙、喉道体积之比：

$$S_w = \frac{\sum\limits_{i=1}^{N} V_{iw}}{\sum\limits_{i=1}^{N} V_i} \tag{1}$$

2）渗透率计算

每个孔隙处的压力可通过对各个节点建立流量守恒方程得到，求出某相在压差 ΔP 下的总流量 Q，即可求出绝对渗透率。计算得到网络模型中任意截面的压力，就可以计算出总流量 Q 和 p 相流量 Q_p。

$$K = \frac{\mu_p Q L}{A \Delta P} \tag{2}$$

$$k_{rp} = \frac{Q_p}{Q} \tag{3}$$

通过以上说明可以看出：圆度较好、粒径均匀规则、排列紧密有序的支撑剂充填层较适合孔隙网络模型。

3. 孔隙网络模型验证

将模型参数与实际数据拟合并反复调整，使模型的渗透率与实测数据基本一致。用该模型对不同压力条件下的支撑剂渗透率进行预测，发现预测结果与实测值高度一致，证明该模型可靠。图7-1是模型对 20/40 目、40/80 目支撑剂的预测数据与实测数据对比。

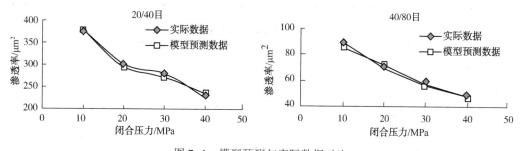

图7-1 模型预测与实际数据对比

4. 分析与讨论

（1）该模型证明了孔隙网络模型模拟人工裂缝渗流的可行性。根据孔隙网络模型的特点，结合支撑剂颗粒参数，即可模拟支撑裂缝的渗流特点。相对于传统支撑剂导流能力试验，该方法经济高效，并且针对不同的流体有更广泛的适用性。

（2）基于支撑剂排列分析和孔隙网络模型的基本原理，建立的人工裂缝渗流模型，与实测数据相拟合证明模型可靠，可对支撑剂的渗透率进行有效预测。

（3）针对压裂液和稠油等非牛顿流体，利用调整好的模型可研究非牛顿流体在裂缝模型中的流动特征，较好地模拟非牛顿流体在支撑剂中的流动，并且流动特性的模拟结果符合流体性质。

二、自支撑裂缝渗流机理模拟研究

可以通过数值模拟评估自支撑裂缝的流动，并揭示其流动特性。在考虑塑性特征的基础上，建立自支撑裂缝的弹塑性变形模型。然后分析裂缝面的接触状态，计算裂缝的变形和应力，建立了不同闭合应力下的裂缝流动通道模型。最后采用三维不可压缩 Navier-Stokes 方程描述流动，计算裂缝导流能力，并分析流动特性。与传统的弹性模型相比，该模型在高闭合应力条件下具有更精确的裂缝接触面积。研究结果为深部泥岩储层自支撑裂缝导流能力的研究提供了新的方法[2]。

1. 模型构建

获取初始模型的数据分为 3 个步骤：首先在页岩板块上切割形成剪切错位断裂；然后利用剖面仪对断口扫描，获取断口的初始形貌；最后对典型断口的初始形态进行计算和分析。试验选用了四川盆地南部龙马溪组龙一段的页岩露头为参照，设计了 4 个自支撑裂缝样本，模拟自支撑裂缝的变形和导流能力。具体的岩石力学和矿物组成如表 7-1、表 7-2 所示。

表 7-1　岩芯岩石力学参数

样本	泊松比	弹性模量/MPa	峰值应力/MPa
1	0.226	22303.9	152.9
2	0.298	14439	106.0
3	0.430	17693.8	116.2
4	0.214	20609.1	145.3

表 7-2　核心矿物成分参数

样本	黏土矿物/%	石英/%	斜长石/%	方解石/%	白云石/%	黄铁矿/%
1	31.44	22.92	4.85	12.17	24.57	3.21
2	35.20	21.14	5.99	23.36	12.39	1.92
3	36.37	20.12	5.99	23.59	11.65	2.27
4	32.86	18.02	3.4	24.59	19.89	1.24

为了达到足够的精度为建模做准备，扫描图像需要消除图像误差和加密插值点。获得的裂缝表面数字形态如图 7-2 所示。

采用传统的弹性变形模型和弹塑性变形模型，如图 7-3 所示，由于考虑了断裂面的塑性变形，该模型精度较高，误差 5%~10%。特别是当闭合应力高于 10MPa 时，计算更加精确。

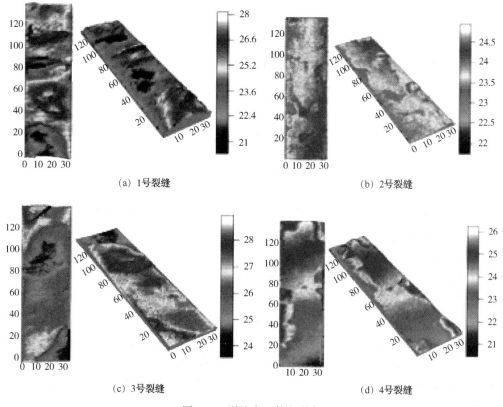

（a）1号裂缝 （b）2号裂缝

（c）3号裂缝 （d）4号裂缝

图 7-2 裂缝表面数字形态

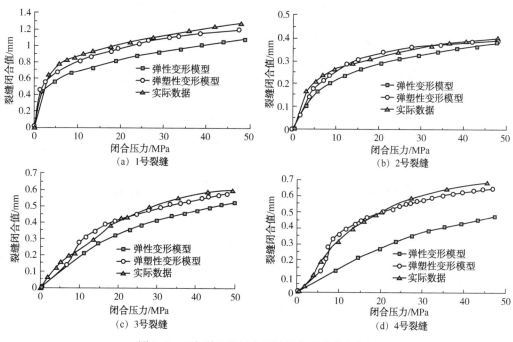

（a）1号裂缝 （b）2号裂缝

（c）3号裂缝 （d）4号裂缝

图 7-3 4 个裂缝的闭合量随闭合应力的变化图

连续性方程：

$$\frac{\partial u}{\partial x}+\frac{\partial v}{\partial y}+\frac{\partial w}{\partial z}=0 \tag{4}$$

动量方程选用三维不可压定常 Navier-stokes 方程：

$$\begin{cases} -\dfrac{1}{\rho}\dfrac{\partial P}{\partial x}+\dfrac{\mu}{\rho}\nabla^2 u_x=\dfrac{\mathrm{d}u_x}{\mathrm{d}t} \\[2mm] -\dfrac{1}{\rho}\dfrac{\partial P}{\partial y}+\dfrac{\mu}{\rho}\nabla^2 u_y=\dfrac{\mathrm{d}u_y}{\mathrm{d}t} \\[2mm] -\dfrac{1}{\rho}\dfrac{\partial P}{\partial z}+\dfrac{\mu}{\rho}\nabla^2 u_z=\dfrac{\mathrm{d}u_z}{\mathrm{d}t} \end{cases} \tag{5}$$

进口边界和出口边界均采用压力边界，出口压力为零。断裂面和接触面的边界为固体表面，流体的法向速度和切向速度为零（无滑移边界条件）。

2. 模拟结果

研究考虑了页岩在闭合应力作用下的塑性变形，建立了裂缝的弹塑性变形模型。根据断口接触状态与变形、受力之间的关系，建立了模型的求解方法，实现了不同闭合应力下断口形貌的重建。与传统的弹性变形模型相比，该模型计算结果更为可靠。

由图7-4可以看出，闭合应力的增大不仅使裂缝宽度减小，而且使裂缝的接触面积增大，使流道变窄，流体的流动路径更加弯曲，增加了流动阻力。随着闭合应力的增加，导流模型的计算精度降低。由于断裂面上的支撑剂在高应力条件下破碎，产生的岩屑堵塞了部分流道，降低了导流能力。

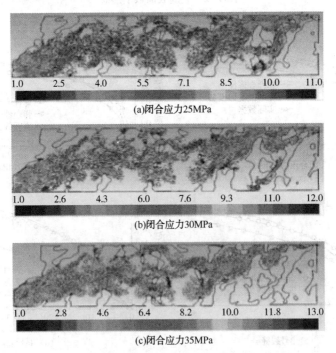

(a)闭合应力25MPa

(b)闭合应力30MPa

(c)闭合应力35MPa

图7-4　3号裂缝在不同闭合应力下的速度场

第二节 支撑剂嵌入数值模拟分析

在水力压裂过程中，由于闭合压力的作用，支撑剂会发生嵌入裂缝壁面的现象。裂缝中的支撑剂在处于复杂的应力条件下，支撑剂与岩层的相互作用对支撑剂的渗透率影响很大。如果支撑剂粒度和强度参数选择不当，支撑剂可能被嵌入岩石中或破碎成小块，导致支撑剂填充层的渗透率和孔隙孔径减小。因此，研究支撑剂的嵌入对于保障压裂效果具有重大意义。本节从支撑剂与储层相互作用、裂隙面的蠕变变形和嵌入导致的导流能力变化3个方面，介绍数值模拟在支撑剂嵌入方面的应用。

一、支撑剂嵌入量与裂缝导流能力的离散元计算模型

该模型使用离散单元(DEM)和计算流体力学(CFD)模拟支撑剂嵌入。首先采用 PFC3D (Itasca Consulting 公司 2010)中的黏结颗粒模型，使用摩擦颗粒组合模拟了直径为 0.15～0.83mm 的支撑剂，并将页岩地层模拟为黏结颗粒组合。然后将离散元法(DEM)和计算流体力学(CFD)相结合，模拟支撑剂填充层中的流体流动，评价裂缝闭合后的裂缝导流能力。最后与实验数据拟合，证明模型的可靠性[3]。

1. 理论基础

将多孔介质简化为由离散粒子或颗粒组成的，并假设颗粒是刚性的，且颗粒之间的接触存在一定的塑性变形，其宏观力学性能来源于颗粒之间的相互作用。通过颗粒在接触处的微观尺度特性(包括刚度和强度参数等)，对模型的基础参数进行定义。通过两种不同材料的离散元分析，模拟了水力压裂裂缝闭合过程中，泥页岩与支撑剂填充层之间的力学相互作用。在离散元分析中，通过将模拟的宏观尺度特性与所提供材料的宏观尺度特性相拟合，对模型中的宏观尺度特性重新标定。根据给定的微尺度特性，典型的室内强度试验(如三轴试验、单轴压缩试验、巴西断裂试验和直剪试验)可以直接建模。然后将模拟的宏观尺度特性与实验测量的结果比较，对模拟样品的微观尺度特性进行细化和标定。

为了模拟裂缝闭合后的裂缝导流能力，采用粗网格 CFD 格式与 DEM 相结合的方法，模拟了支撑剂填充层内的流体流动。并使得流动的驱动力施加于每个流体分子中的所有粒子。同样的力被加到流体方程中，用来改变动量。修正的 N-S 方程为：

$$\rho_f \frac{\partial(\epsilon \bar{v})}{\partial t}+\rho_f \bar{v} \cdot \nabla(\epsilon \bar{v})$$

$$= -\nabla(\epsilon p)+\eta \nabla^2(\epsilon \bar{v})+\bar{f}_b \qquad (6)$$

图 7-5 显示了由两块页岩板组成的裂缝模型透视图。上下外层颗粒组合代表页岩层，中间夹层的颗粒组合代表支撑剂填充层。模型中

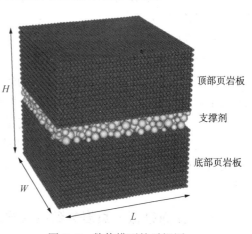

图 7-5 数值模型的透视图

的支撑剂填充层由给定支撑剂大小范围的球体随机组成。

2. 模拟结果

裂缝导流能力随支撑剂的浓度或粒径的增大而增大，随着裂缝闭合应力或泥页岩水化程度的增大而减小。泥页岩水化效应是导致支撑剂大量嵌入的主要原因。该模型建立的工作流程可为现场支撑剂参数优化提供一种高效、经济的评价方法。

该模型采用的粗网格计算方法无法模拟孔隙尺度上的流体流动，所以可能会造成模拟的裂缝导流能力与实际值之间的差异。而且在此模型中假设支撑剂颗粒是不可破碎的，因此支撑剂破碎对裂缝导流能力的影响无法模拟。通过模拟结果与实验结果的对比，发现天然裂缝的分布和方向都会影响裂缝的导流能力。

二、连续介质力学、DEM 和 LBM 耦合的支撑剂嵌入模型

该模型基于 FLAC3D 构建，采用弹性结构单元模拟岩石基体。研究了两种岩石类型，即杨氏模量较大的砂岩和杨氏模量较小的软页岩。支撑剂颗粒直接内置在模块中，通过数值模型计算支撑剂的嵌入量，并模拟支撑剂在机械载荷下的压实和重排过程。然后采用自行开发的数值计算程序对支撑剂填充层的孔隙结构进行离散元分析，得到支撑剂充填层渗透率的数据。最后利用这一数值模拟，研究支撑剂嵌入和压实引起的导流能力变化情况[4]。

1. 数值模拟计算

在模型构建过程中，用离散元法（DEM）描述刚性球形颗粒的运动和相互作用，假设球形粒子是单独存在的，并且只在接触点或界面上发生相互作用。模型的计算周期采用时间步进算法，其中每个质点的位置和速度由牛顿第二运动定律确定，并利用力—位移关系更新每个接触点的接触力。在模拟过程中，可以同时创建和分离触点，且力—位移关系适用于每个接触点。当颗粒接触时产生接触力，接触力的大小取决于颗粒之间的相对位移和刚度。

为了获得支撑剂的流动特性，采用 LB 模拟方法对支撑剂的三维孔隙结构进行离散和提取，将模型中的支撑剂填充层转化为一个离散的三维网格结构。用 PFC 程序模拟支撑剂颗粒的压缩、运动和重排过程。将支撑剂填充层的孔隙结构在 0.01mm/像素分辨率下进行全方位离散化，然后作为内部和边界条件导入到 GELBS 程序中，模拟支撑剂层在水平（$x-y$）方向的渗透性。

2. 模拟结果

该模型计算了支撑剂颗粒在载荷作用下的嵌入量，在模拟过程中忽略了岩石基体的变形。压缩试验研究了支撑剂的尺寸不均匀性对裂缝宽度、渗透率和导流能力的影响。最终证明了裂缝导流能力随有效应力增加而增加的函数关系。

在模拟计算过程中，选用的支撑剂是相同的。并且支撑剂嵌入量随岩石刚度的减小而增大，所以裂缝导流能力的损失通常归因于支撑剂嵌入导致的裂缝孔径减小。因此，在储层衰竭过程中，岩石基质强度较高、支撑剂粒径分布均匀的裂缝，支撑剂裂缝具有较高的导流能力。

三、支撑剂嵌入页岩导致裂缝导流能力降低的数值模型

该模型在相应的数学理论基础上，以流体力学为基础对支撑剂嵌入进行了相关的研究，

以量化支撑剂嵌入导致的储层导流能力损失。建立的支撑剂填充层孔隙尺度物理模型，可以计算不同支撑剂嵌入深度下的裂缝导流能力损失。

首先通过建立数值模型对支撑剂嵌入情况进行分析，可以尽可能还原储层真实的地下条件。然后通过引用相关参数，对支撑剂嵌入所导致的导流能力损失进行量化分析，且对相关条件的控制更为精确。最后经过与实验数据相比较，增强了模拟结果的可靠性[5]。

1. 模型构建

近年来，计算流体力学中的孔隙尺度模型，在多孔介质研究中得到了广泛的应用。研究人员将一系列的实际问题通过数值模拟运算，研究了支撑剂嵌入导致的导流能力降低。采用 CFD、FLUENT 软件结合流体力学方法分析了支撑剂嵌入造成的影响。

FLUENT 模型采用有限元体积法求解三维 N–S 方程，假设流体流动状态稳定，温度低于 70℉，稳态流动的连续性方程和动量平衡方程如下所示。

1）连续性方程：

$$\frac{\partial u}{\partial x}+\frac{\partial v}{\partial y}+\frac{\partial w}{\partial z}=0 \tag{7}$$

2）动量平衡方程：

$$\rho\left(u\frac{\partial u}{\partial x}+v\frac{\partial u}{\partial y}+w\frac{\partial u}{\partial z}\right)=\frac{\partial P}{\partial x}+\mu\left(\frac{\partial^2 u}{\partial x^2}+\frac{\partial^2 u}{\partial y^2}+\frac{\partial^2 u}{\partial z^2}\right)$$

$$\rho\left(u\frac{\partial v}{\partial x}+v\frac{\partial v}{\partial y}+w\frac{\partial v}{\partial z}\right)=\frac{\partial P}{\partial y}+\mu\left(\frac{\partial^2 v}{\partial x^2}+\frac{\partial^2 v}{\partial y^2}+\frac{\partial^2 v}{\partial z^2}\right)$$

$$\rho\left(u\frac{\partial w}{\partial x}+v\frac{\partial w}{\partial y}+w\frac{\partial w}{\partial z}\right)=\frac{\partial P}{\partial z}+\mu\left(\frac{\partial^2 w}{\partial x^2}+\frac{\partial^2 w}{\partial y^2}+\frac{\partial^2 w}{\partial z^2}\right) \tag{8}$$

模拟计算考虑了流体流入和流出对计算结果的影响，假设支撑剂颗粒按体心立方图案排列，如图 7-6 所示，它们共同形成均匀的多孔介质。为了研究支撑剂的不同粒度对裂缝导流能力的影响，采用了 4 种不同的支撑剂粒度（20 目、40 目、70 目、100 目）。

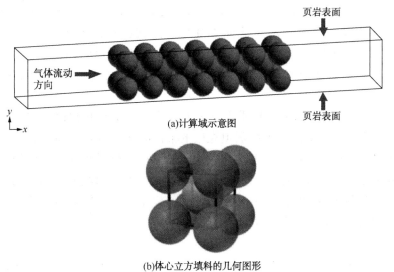

(a)计算域示意图

(b)体心立方填料的几何图形

图 7-6

为了研究流动孔隙体积损失对裂缝总导流能力的影响，分别建立了一层、二层和三层支撑剂的多种模型。在模拟最大嵌入量发生的情况下，支撑剂颗粒体积损失达到40%，导流能力大幅下降。所以支撑剂嵌入页岩是随着有效闭合应力的增加而发生的，并且水对裂隙面的软化作用使支撑剂的嵌入情况更加严重。

此外，数值模拟计算中网格分布的不同，对于计算结果有着重要的影响，网格大小也会对数值模拟的精度造成一定影响。在模拟过程中进行了一系列不同网格尺寸的计算，以检验模拟计算的稳定性和准确性。为了在精度和效率之间保持平衡，在所有的计算案例中都选择了 x、y 和 z 方向 0.02mm 的网格大小。

数值模拟假定流场为三维、单相的层流流动。空间分辨率梯度是基于格林—高斯单元。为了耦合压力和速度，采用了压力方程半隐式算法。进口处施加恒定速度作为边界条件，流体出口处保持静压为0。

2. 结果与分析

模型对多种裂缝条件进行了研究。其中，支撑剂颗粒直径为 149~840μm（20/100目），支撑剂颗粒嵌入体积分数为 0~0.4，并且分别计算了一层支撑剂、二层支撑剂和三层支撑剂支撑裂缝的导流能力。模拟结果表明，支撑剂的尺寸、包埋体积比和支撑剂铺置浓度等因素都对裂缝的导流能力造成影响，模型中对相应参数进行调整，可以对其所造成的影响进行分析。

模拟计算过程中，相较于传统的物理模拟实验，模型在多因素影响分析、计算效率以及操作简便程度等几个方面有着明显的优势。并且通过流体力学等相关的理论基础，可以引入相关函数或者修改变量等方法，从而使得模型的应用范围更加广泛。

第三节　支撑剂堆积数值模拟分析

在水力压裂的生产过程中，由于地层矿物剥落以及支撑剂颗粒破碎等原因，会产生微粒运移、沉降现象，造成储层导流能力降低。前文已经研究了微粒运移受到的诸多因素影响，其伤害机理以及影响因素已在第三章阐述。本节结合相关文献资料从支撑剂的力学性质、水力裂缝中支撑剂的迁移两方面，讨论数值模拟计算在微粒运移方面的应用。

2012年，Kulkarni 和 Ochoa 对轻质支撑剂进行了相关实验和数值模拟研究，采用的模型使用显式动态有限元方法，对支撑剂填充层的准静态压缩进行了研究，并且对硬颗粒和软颗粒在多种混合条件下的形状、大小和颗粒间的摩擦进行了研究。颗粒间的相互作用表明，孔隙空间随压力、混合物组成和摩擦而发生变化。支撑剂填充层的压力—位移响应反映了对混合物成分和初始颗粒结构的高度依赖性。模型计算结果显示，软颗粒和硬颗粒的混合物可以抑制回流，但是会降低填充层的渗透性[6]。

1. 模型构建

该模型共包括 400 个粒子、113688 个元素和 247686 个节点。主要研究了两种不同类型的颗粒混合物，a 型由球形坚果壳和陶粒颗粒组成，b 型由 99% 纯铝和球形陶粒颗粒组成。

采用弹塑性材料处理较软的坚果壳和铝颗粒，其中坚果壳的力学性质数据是通过对坚果壳样品的单颗粒压缩试验获得的。将陶粒材料定义为准脆性材料，并用固态塑性模型模拟。模拟结果表明，在拉伸应力达到其弯曲强度（180MPa）之前，其可以保持线弹性。为了研究混合物组成和压缩载荷对孔隙度的影响，观察了四种不同比例的 a 型混合物。每种混合物的软度为 25%，其分布如图 7-7 所示。

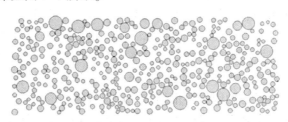

(a)随机生成的多分散颗粒

(b)自由下落末端的颗粒

图 7-7　a 型混合物

2. 模拟结果

（1）软颗粒质量分数的影响：数据中给出了 4 种 a 型混合物的压力—位移响应，其中颗粒材料的非线性响应具有初始颗粒重排、致密化和颗粒变形 3 个特征，并且在相同的压力下，硬颗粒表现出较大的孔隙度。

（2）材料类型和形状对软颗粒的影响：铝合金与纯铝相比，硬度较高，孔隙度有显著增加。但与坚果壳—陶粒混合物（b）相比，铝颗粒的孔隙度要高得多，这是由于铝和坚果壳相比有较高的刚度。

（3）颗粒间摩擦的影响：在含有 25% 软颗粒的 b 型和 a 型混合物中，当摩擦阻力降低时，颗粒重新排列和变形的机会更大。例如在含有 54MPa 软颗粒的 a 型混合物中，孔隙率随着摩擦系数从 0.3 下降至 0.03；在 b 型混合物中，摩擦系数从 0.069 下降至 0.043。通过比较在相同温度下 $\mu=0.3$、$\mu=0.03$ 的 b 型混合物的应力等值线图，发现当摩擦力较小时，颗粒受到的应力更加均匀，而当摩擦力较大时，颗粒受到的应力集中较大。

此外，支撑剂的粒间摩擦对压裂液回流和岩石压缩性均有显著影响。裂缝中的充填体，摩擦力越高，软颗粒的比例越低，渗透性越好。另一方面，为使充填体稳定，一般要求充填体中含有较高比例的软质颗粒和摩擦系数较大的弹塑性岩石。因为这些参数不是互补的，需要调整支撑剂混合物的比例以适应特定的现场条件。

研究支撑剂力学性质的数值模型有助于了解支撑剂堆积过程，指导支撑剂优选和加砂程序设计。粒子间相互作用的影响效果模拟有助于改进实验室测试方法。模拟结果可以为油藏生产的动态数据监测提供参考，为开发新产品提供新思路。

第四节　数值模拟总结

　　数值模拟在油藏开发方面应用前景极为广阔，可以有效降低室内试验成本，为研究多因素耦合效应提供了极大便利，是研究操作参数和开发方式变化对油田开采效果影响的有效手段。

　　目前，已有大量的分散的数值模拟研究，未来数值模拟和实验研究将会相互促进；已采用有限元、离散元、边界元等计算方法，未来将会看到更多先进的计算方法；从计算量上来讲，模型逐渐变大，考虑的因素逐渐增加，耦合程度不断加深，高性能的计算需求将会不断加剧；从研究对象上来讲，将逐步从单一独立的支撑剂或岩石，过渡到综合计算"岩石—支撑剂—岩石"这一整体体系的力学、渗流、化学等特征；时间上从某一阶段发展到考虑"压前—压裂过程—压后生产"这一按逻辑顺序的完整过程。

参 考 文 献

[1] 张景臣，卞晓冰，张士诚，王雷. 孔隙网络模型模拟人工裂缝渗流研究[J]. 中国科学：技术科学，2013，43(3)：320-325.

[2] LU Chu, huang C H, Chen, C, et al. Study on the Flow Mechanism Simulation of Deep Shale Propped Fractures in Sichuan Basin. [C]. ARMA-2019-266, 2019.

[3] Glover K, Naser G, Mohammadi H. Creep deformation of fracture surfaces analysis in a hydraulically fractured reservoir using the finite element method. Journal of Petroleum and Gas Engineering, 2015, 6(6)：12.

[4] Zhang J, Ouyang L, Zhu D, et al. Experimental and numerical studies of reduced fracture conductivity due to proppant embedment in the shale reservoir. Journal of Petroleum Science and Engineering, 2015, 130(0)：37-45.

[5] kulkarni Mc. Mechanics of light weight proppants：A discrete approach. PhD dissertation Texas A&M University, 2012.

[6] Wang, J., Elsworth, D., & Denison, M. K. (2019, August 28). Proppant Transport in a Propagating Hydraulic Fracture and the Evolution of Transport Properties. American Rock Mechanics Association.

[7] Rahmanian, M., Aguilera, R., & Kantzas, A. (2012, December 28). A New Unified Diffusion—Viscous-Flow Model Based on Pore-Level Studies of Tight Gas Formations. Society of Petroleum Engineers. doi：10.2118/149223-PA.

第八章　石英砂代替陶粒新进展

本书在第一章支撑剂现场新进展中，简单提及了石英砂代替陶粒这一工程新进展。本章将对此进行详细论述，从石英砂替代陶粒的理论分析、玛湖地区工程实例、玛湖地区应用效果三部分展开。

第一节　石英砂替代陶粒的理论分析

近年来，油气价格的持续低迷，降本增效已成为油气开发的主旋律。在储层压裂改造的费用构成中，支撑剂的成本是水力压裂中的重头。降低压裂材料成本，是降本减费的关键。采用石英砂代替传统陶粒支撑剂能有效降低压裂开发成本，目前已成为国内外许多油气藏开发改造的共识[1]。

因为水平井体积压裂规模大、成本高，受限于国际低油价局面，实现效益开发难度大。同时，通过不断增加水平段长度、缩短缝间距、加大改造规模以增加单井产量和采收率成为非常规油藏开发发展趋势。但不断增加压裂规模，必然导致成本压力增加。如何降低压裂成本、实现效益开发成为工程技术发展急需解决的问题。水平井体积压裂中压裂材料占压裂总成本的40%以上，单井支撑剂费用差约400万~600万元，存在较大降本空间，开展石英砂替代陶粒攻关研究对致密油等非常规储层的开发具有重大意义。

一、国内应用实例分析

国内各油气田考虑压裂成本与经济效果，逐渐使用石英砂代替陶粒支撑剂作为主要压裂材料。为实现降本减费，通过调研北美页岩气储层石英砂应用情况，结合本地油田特征和大量室内实验结果，在保障储层改造效果基础上，国内许多油田采用石英砂与陶粒混配现场试验（参见第一章第一节）。

二、国外应用实例分析

美国因页岩油气革命，一举从原油进口国变为原油出口国。降低页岩油气开发成本研究，除了钻完井提速增效外，开始使用石英砂替代陶粒。美国页岩储层压裂石英砂用量占比平均超过71%，部分地区支撑剂已全部采用石英砂，完井成本可降低近20%。减少陶粒用量，增加石英砂在压裂施工中所占比例，甚至不用陶粒，大幅降低了压裂材料的费用，实现了低油气价下的页岩气效益开发。

国外的研究结果表明，在渗透率大于0.5mD的储层中，裂缝导流能力对产能（BFPD）

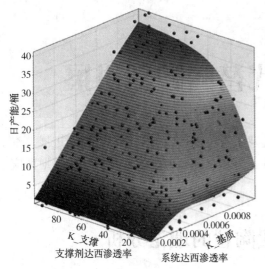

图 8-1 导流能力对产能影响

影响较大，如图 8-1 所示。对于地层渗透率较高的常规油藏，可以通过提高裂缝渗透率和缝宽来优化裂缝导流能力。然而，对于以 μD 甚至 nD 来衡量的大多数非常规资源，限制因素是储层流体流入裂缝，而不是裂缝导流能力。裂缝导流能力存在一个阈值要求，大大超过这一阈值并不能提高经济价值，压裂增产不但要考虑支撑剂的绝对导流能力更要充分顾及压裂支撑剂的经济性。重新定义裂缝最低导流能力需求，决定了成本更低的天然砂替代陶粒的可行性。

北美地区在 2000 年以后随着水平井的快速发展，水平井压裂大规模推广应用，支撑剂的用量也迅速增加；统计自 2008~2017 年十年间美国支撑剂用量与构成变化，如图 8-2 所示。支撑剂使用总量持续上升，在 2017 年迅猛上升超过 79%，达到 8300 万吨，石英砂占比从 76.7% 上升至 96.4%，陶粒与树脂砂趋近于零。根据 2013~2017 年巴肯致密油使用的压裂支撑剂种类的井数统计，有如下发展趋势：

（1）全部使用石英砂的井数占总井数的比例从 42%上升至 75%；

（2）全部使用陶粒的井数占总井数的比例从 14%下降到 5%；

（3）全部使用石英砂+陶粒组合的井数占总井数的比例从 31%下降到 11%。

石英砂在 20 世纪 60~70 年代时就是主流的压裂支撑剂，压裂技术在经过 50 年的发展之后，石英砂在非常规压裂领域又重新登上主流支撑剂的位置。这不仅是压裂技术的进步，更是经济层面的需要。

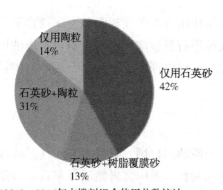

(a)2013—2014年支撑剂组合使用井数统计

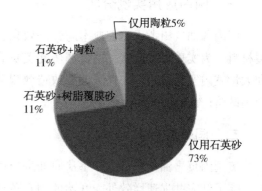

(b)2015—2017年支撑剂组合使用井数统计

图 8-2 北美压裂支撑剂变化趋势

第二节 玛湖地区工程实例分析

国外成功经验和理论研究为开展玛湖支撑剂降本攻关提供了研究思路，玛湖地区支撑剂替代面临两个难点：

（1）玛湖地区储层埋藏深，未见同等深度下的石英砂替代试验。石英砂较陶粒抗压等级低，需要论证在高闭合应力下满足油藏生产需求的裂缝导流能力。

（2）玛湖砾岩粒径变化大（2~35mm），与常规砂岩、页岩不同，砾岩储层的人工裂缝启裂及扩展规律复杂，裂缝粗糙壁面对铺置效果影响明显。同时基质渗透率低，采用瓜儿胶压裂液对储层伤害大，采用滑溜水携砂性能变差，需要优化加砂工艺，在降低储层伤害与提升支撑缝长中取得平衡。

根据所面临问题，石英砂替代陶粒可行性论证从石英砂性能及导流能力评价、运移铺置规律及配套工艺、技术应用情况及效果分析4个方面进行研究，形成玛湖砾岩储层石英砂支撑工艺体系，突破石英砂应用界限，实现世界最深砾岩油藏低成本支撑剂推广应用。

一、石英砂替代可行性论证

1.裂缝导流能力需求

对于玛湖地区支撑剂导流能力的需求分析，提出了以阶段累计采油量或采出程度为目标函数来匹配地层导流能力的方法，其流程如图8-3所示。

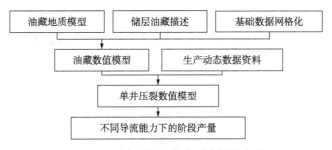

图8-3 致密油导流能力需求评价流程

首先建立油藏数值模拟模型，网格参数直接从粗化后的地质模型中提取。除了常规数值模拟所需要的网格深度、孔隙度、渗透率、净毛比、饱和度、孔隙压力等参数外，还提取了地应力模拟所必需的岩石物理及地应力参数，主要包含最大水平主应力、最小水平主应力、垂向应力、杨氏模量、泊松比等参数。

利用生产资料进行产量、压力等方面的拟合计算，在模拟计算时，油井定油量生产与实际值基本上一致，同时保证计算出的井口压力与实际值一致，确保所模拟结果的可靠性，如图8-4所示。

考虑玛湖地区两向应力差10~22MPa，天然裂缝不发育，形成复杂缝网难度较大，对于局部可能形成的复杂缝网，根据"缝控油藏"理念，缩短了从基质到裂缝渗流距离，降低了对单条裂缝导流能力要求。同时次级缝由于支撑剂铺置浓度低，随油藏生产会逐渐闭合。

因此结合微地震监测，认为双翼缝压裂数值模型与实际更为符合。同时考虑支撑剂运移距离，设定从缝口至远端裂缝导流能力逐渐变小，数值模型如图8-5所示。

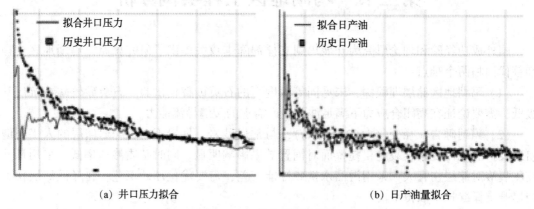

(a) 井口压力拟合 (b) 日产油量拟合

图8-4　生产动态资料拟合

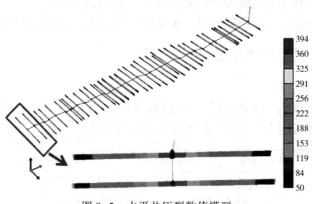

图8-5　水平井压裂数值模型

　　利用油藏数值模拟的结果对开采不同时间段在不同导流能力下采出程度预测分析，结果如图8-6所示。随导流能力的增加，采出程度的增加，但增加幅度逐渐减小。选取不同的导流能力，模拟不同时间下的采出程度。如图8-7所示，导流能力达到 $20\sim30\mu m^2\cdot cm$ 时基本上处于临界点，继续增加导流能力对采出程度贡献不大。

2. 有效应力预测

1）实际工况下支撑剂受力情况

在油藏实际生产中，由于人工裂缝内流体存在，流体与支撑剂共同承担闭合应力，加载于支撑剂上的有效应力远小于油藏闭合应力。建立支撑剂在实际工况下的受力分析模型：

$$\sigma_e=\sigma_c+\frac{v}{1-v}\left[P_{now}(t)-P_0\right]-P_{now}(t) \tag{1}$$

式中　P_0——原始孔隙压力，MPa；

　　　v——泊松比，无因次；

　　$\sigma_e(t)$——t 时刻作用在支撑剂上的有效应力，MPa；

　　$P_{now}(t)$——生产到 t 时刻对应的缝内某点压力，MPa。

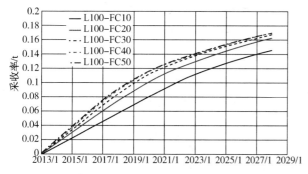

图 8-6 不同时间段在不同导流能力下采出程度预测

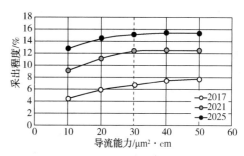

图 8-7 不同导流能力下的
储层采出程度的对比

结合各区块闭合应力值，计算自喷期内各区块有效闭合应力，有效应力预测如表 8-1 所示。对于油藏埋深 3500m 以浅区块，自喷期内作用于支撑剂上的有效应力基本处于石英砂抗压等级 28MPa 范围内。结合不同目数的导流能力测试结果，在抽油期有效闭合应力条件下（40~50MPa），不同粒径石英砂导流能力仍有 20~60μm²·cm，可以确保满足油藏正常生产需求。

表 8-1 玛湖各区块有效应力测算

区块	艾湖 2	风南 4	玛 131	玛 2
地层压力系数	1.26	1.07	1.11~1.18	1.49
油藏中深/m	3360	2665	2568~3260	3465
平均闭合应力/MPa	50.0	39.7	47.5	63.0
自喷阶段有效应力（井口压力 0.5MPa 计算）/MPa	26.5	20.6	24.8~30.6	32.4
抽油阶段有效应力（动液面 2000m 计算）/MPa	43.7	37.8	42.0~47.8	49.6

2）已压裂井地应力场动态变化规律

已压裂井的地应力场的动态变化规律研究与常规数值模拟不同，除了常规的产量、压力、饱和度模拟外，该模型必须能够模拟三维地应力场随着生产过程中的应力变化。由于压裂井的裂缝级数多，压裂规模大，模型还必须能够处理人工裂缝的复杂形态。

一般而言，水力压裂人工裂缝的宽度往往在几个毫米左右，甚至更小，如果采用常规数值模拟中的差分网格表征人工裂缝，网格尺度会非常小，这样处理的结果是极易造成模拟计算的不收敛，如图 8-8 所示。或即使收敛，其计算速度很低。虽然可以采用等效渗流阻力法或者等连通系数法进行处理，但误差较大，同时差分网格描述的人工裂缝无法描述人工裂缝的复杂形态，只能采用简单的矩形形态表示，这无疑会带来较大的计算误差。

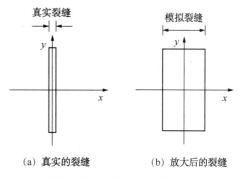

(a) 真实的裂缝　　　(b) 放大后的裂缝

图 8-8 矩形裂缝处理示意图

本次数模模型采用有限元网格描述人工裂缝，如图8-9所示。有限元网格是由内部为三角网格、外部为长方形网格的网格单元构成的，裂缝由2D平面和定义在该平面上缝宽近似表示。有限元网格的最大优势是在解决了人工裂缝差分网格收敛性的同时保证了计算精度和效率，同时还可表征比较复杂的裂缝形态。

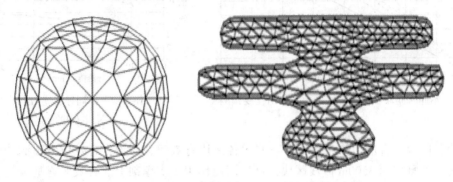

图8-9 有限元表征简单、复杂人工裂缝形态示意图

模型目标区域为 MaHW1320 ~ MaHW1325 区域，模型包含 Ma132H、MaHW1320、MaHW1321、MaHW1322、MaHW1323、MaHW1324、MaHW1325 共计 7 口井。该井组为玛湖地区投产时间最早井组，具有代表性。根据 7 口井的实际注入液量参数，通过软件计算出裂缝的长度、高度、宽度以及裂缝的导流能力，并把相应的裂缝参数输入数值模拟软件中，形成有限元网格的裂缝模型，如图8-10所示。

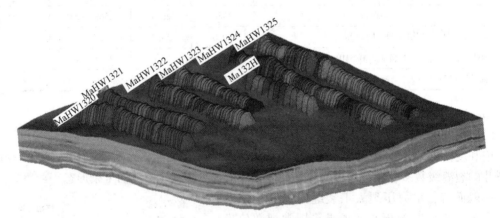

图8-10 加载 7 口井裂缝参数的数值模型

生产历史拟合是油气藏模拟中的一项极其重要的工作。因为一个油藏模型建立起来以后，它是否完全反映油气藏实际，并未经过检验。只有利用将生产和注入的历史数据输入模型并运行模拟器，再将计算的结果与油气藏的实际动态相比，才能确定模型中采用的油气藏描述是否是有效的。若计算获得的动态数据与油藏实际动态数据差别甚远，就必须不断地调整输入模型的基本数据，直到由模拟器计算的动态与油藏生产的实际动态达到满意的拟合为止。由于历史拟合调整参数的目的是为了尽可能精确描述真实油藏，所以，它是油藏模拟中不能缺少的重要步骤。

历史拟合的复杂性决定了必须应用先进的科学方法，同时制定明确的目标进行拟合。明确的拟合目标和详细的指标可以提高历史拟合的精度。针对水平井多级压裂衰竭式开发的特点，本次拟合以单井注入量、单井井口压力及日产油量作为拟合指标。

（1）确定参数可调范围。

在历史拟合过程中，由于参数较多，可调自由度较大，为了避免参数修改的随意性，需要进行参数敏感性分析；通过对可调参数的修改计算，确定油藏模型地质参数的可调范围，使模型参数的修改在合理的范围之内。

孔隙度的调整：根据油藏单井的解释成果，玛131井区百口泉油藏储层孔隙度一般在5%~15%之间，在纵向上和平面上变化较大，拟合过程中，可以在个别区域做合理的、幅度较小的调整。

渗透率的调整：由于测井解释和岩芯分析结果与实际情况有一定的差别，而且各井之间渗透率也相差较大，因此油藏各层的渗透率在平面上和纵向上的变化较大，在拟合的过程中，可对渗透率的值做较大范围的调整。

有效厚度的调整：由于油藏各层的有效厚度已经过多次复算，准确度较高，所以在拟合的过程中，可作为确定的参数来处理，由于模拟时网格插值带来的误差，也可以做一些较小的调整。

岩石和流体压缩系数的调整：这些系数的变化范围一般较小，可以作为确定的参数来处理。由于受岩石内的饱和压力，以及油藏中压力、温度、溶解气的影响，在拟合过程中，允许对岩石和流体的压缩系数做一些必要的调整。

相对渗透率曲线的调整：由于油藏中存在着较强的非均质性，测定的相对渗透率曲线只反映有限区域的情况。因此，可将相对渗透率曲线作为不确定参数处理。赋以合适的初值，根据油藏实际动态情况做较大的调整。

油、气、水的PVT性质：在拟合的过程中，可做适当、较小的调整。

（2）单井生产动态历史拟合。

与常规数值模拟不同，本地区压裂裂缝级数多，注入压裂液量大，对原始饱和度场和压力场产生非常大的影响。压裂完后井周围网格压力可达到60~70MPa，甚至更高。而近井地带的含水饱和度在压裂后会变高，在生产过程中会形成一段初期高含水，随后含水快速下降的过程。如不进行注入量的拟合，则在生产过程中会造成模型地层压力比实际地层压力低很多，模型含水比实际含水低。模型的精确度不够，预测结果将出现较大误差。因此，为了保证模型的初始压力场和饱和度场与实际相符，模型计算时，生产之前按压裂液入井总液量注入模型。MaHW1320累积入井总液量22311m³、MaHW1321累积入井总液量19781m³、MaHW1322累积入井总液量23598m³、MaHW1323累积入井总液量25932m³、MaHW1324累积入井总液量20195m³、MaHW1325累积入井总液量23020m³，各单井注入量拟合曲线如图8-11所示。

在生产过程模拟中，模型采用定液量计算，拟合日产油和井口压力。由历史拟合结果看，模型计算数据与实际数据吻合较好，如图8-12所示。

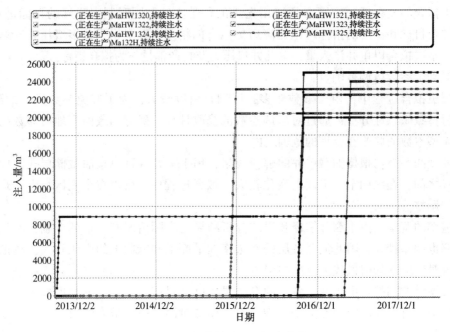

图 8-11　各单井注入量拟合曲线

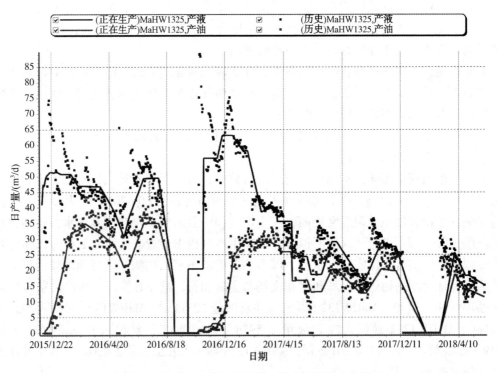

图 8-12　玛 132 井日产液量、日产油量拟合曲线

（3）地应力场动态变化规律。

MaHW1320～MaHW1325 井区域原始最小主应力在 44.4～70.3MPa 之间，平均 52.0MPa，截至 2018 年 6 月 11 日，平均最小主应力下降至 49.0MPa。其中，Ma132H、

MaHW1323、MaHW1324、MaHW1325 井周边最小水平主应力下降明显，由原始最小水平主应力 52.0MPa，下降至 47.0MPa，减小约 5.0MPa，如图 8-13 所示。

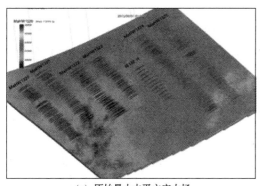

(a) 原始最小水平主应力场　　　　　　　(b) 目前最小水平主应力场

图 8-13　应力场动态变化情况

地应力的变化与井的生产情况相符合。Ma132H、MaHW1324、MaHW1325 井区最小主应力变化较大，主要是由于该区域累积采出量远大于累积注入量，Ma132H 井注入采出差值已达 28837m^3，MaHW1323 井部分储量已被 Ma132H 井动用。而 MaHW1320、MaHW1321、MaHW1321 井附近最小主应力变化不大，主要原因是由于初期的压裂液注入造成地应力增加，而在开采过程中，地应力逐步恢复至原始地应力附近。

（4）有效应力随地应力变化情况。

通过数值模拟计算了水平井整个生产过程中所在网格的最小主应力的变化、孔隙压力变化、井底流压变化情况，如图 8-14 所示。随着油藏生产，井底流压下降，地应力缓慢下降，作用在支撑剂上的有效应力增加缓慢，预计在生产 7 年后作用于支撑剂上的有效应力达到 28MPa（石英砂抗压等级）。

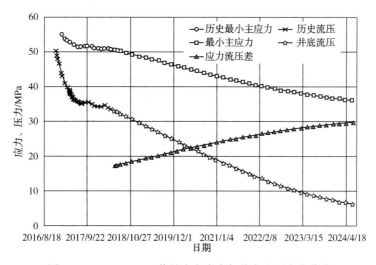

图 8-14　MaHW1320 井最小主应力与井底流压变化曲线

通过玛湖致密油藏生产所需裂缝导流能力，结合油井实际工况下支撑剂受力分析，采用石英砂替代陶粒理论可行。

二、石英砂性能测试及导流能力评价

1. 石英砂基本性能评价

现场选取 20/40 目、30/50 目、40/70 目石英砂，测试粒径分布、酸溶解度、浊度等基本指标，如图 8-15 所示。考虑水平井大规模体积压裂，对应力加载速率、铺砂浓度、样品干湿情况等因素对破碎率的影响进行评价，为替代方案提供实验数据支撑。

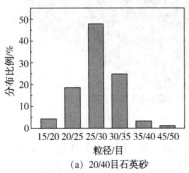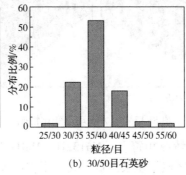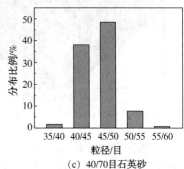

图 8-15　石英砂粒径分布

1）粒径分布测试

称取样品倒入配备好且已称重的组筛中的顶筛，经振筛机振筛 10min 后称取每个筛子和底盘内的支撑剂质量。计算每个筛子和底盘中支撑剂质量分数，测试结果如表 8-2 所示。95% 以上石英砂粒径符合 SY/T 5108—2014《水力压裂和砾石充填作业用支撑剂性能测试方法》中要求的指标。

表 8-2　石英砂酸溶解度测试结果表

支撑剂类型	20/40 目石英砂	30/50 目石英砂	40/70 目石英砂
酸溶解度/%	4.2	3.6	3.4

2）酸溶解度

酸溶解度测量目的是评估支撑剂表面碳酸盐与黏土矿物等的含量。碳酸盐与黏土是油气藏的有害杂质，其含量过高时，容易形成胶结物堵塞油层通道。

酸溶解度测试使用盐酸与氢氟酸为 4∶1 的混合溶液，支撑剂被酸溶解度后，经过真空抽滤，烘干后测试质量变化，测试结果如表 8-2 所示。石英砂支撑剂酸溶解度低，符合使用标准，黄色石英砂酸溶后变为灰白色。

2. 破碎率测试

1）加载速率影响

按照标准对取到的石英砂样品进行评价，考虑标准的石英砂破碎率测试的加载速率快，而对于水平井体积压裂，由于大液量的注入，地层压力下降缓慢。因此，真正加载到支撑剂上的有效闭合应力以及加载速率都与破碎率测试程序获得结果差异较大，为此，系统的测试了不同加载速率下石英砂的破碎率变化特征，以认识闭合应力和加载速率对破碎率的影响。

目前国内标准的加载时间为1min，而国外的加载时间为3min。针对水平井体积压裂，分别测试了1min、3min、10min、30min、60min、180min加载到设定闭合应力下的破碎率变化情况，如表8-3所示。测试的支撑剂铺置浓度为19.6g/cm²，实验闭合压力为28MPa。当闭合应力加载到设定的测试点后，保持压力2min。其中快速加载主要模拟直井的生产特征，而慢速加载则更多的是模拟水平井的生产特征。

表8-3 石英砂不同加载速率下的破碎率

序号	加载时间/min	闭合压力/MPa	破碎率/%
1	1	28	9.4
2	3	28	8.9
3	10	28	9.2
4	30	28	8.9
5	60	28	9.9
6	180	28	9.3

从测试结果看，按照行业标准仅仅调整闭合应力的加载时间对整个支撑剂的破碎率影响较小，破碎率在8.9%~9.9%之间。考虑到测试误差等因素，可以认为加载速率对破碎率影响不大。同时加载时间更长，支撑剂的破碎概率更大。支撑剂的破碎率除了与闭合应力大小相关外，还与闭合应力的作用时间相关。快速加载虽然加载速率快，但其加载后作用的时间较短，而加载速率慢使得应力作用在支撑剂上的时间大幅度增加，特别是在较高的闭合应力下长时间作用也可能导致支撑剂的破碎率增加。从破碎率来看，在28MPa的闭合应力下，20/40目的石英砂的破碎率基本满足标准小于9%的要求。

从筛析的结果看，原始样品的粒径主要分布在30/40目之间，所占比例高达94.4%，其中30目粒径的比例最高达到54.38%。经过1min加载到28MPa后支撑剂粒径发生了较大的变化。30/40目的比例降低到85.43%，而35目的比例从54.38%降低到了44.73%，而小粒径的比例有所增加，但粒径小于70目的支撑剂比例仅有2.42%。

对于3min加载到28MPa的情况，粒径30/40目的比例为86%，而35目支撑剂比例从54.38%降低到44.36%。小粒径的比例有所增加，但粒径小于70目的支撑剂比例仅有1.91%。10min加载粒径30/40目的比例为85.43%，而35目支撑剂比例从54.38%降低到了39.94%；但小粒径的比例从29.84%增加大32.31%，同时粒径小于70目的支撑剂比例仅有2.13%。

由表8-4筛析结果可知30min加载到28MPa的石英砂破碎率测试后的粒径分布，粒径30/40目的比例为85.86%，而35目支撑剂比例从54.38%降低到40.9%，小粒径的比例有所增加，但粒径小于70目的支撑剂比例仅有2.15%。加载时间60min粒径30/40目的比例为84.64%，而35目支撑剂比例从54.38%降低到39.06%，而小粒径的比例有所增加，但粒径小于70目的支撑剂比例仅有2.41%。加载时间180min，粒径30/40目的比例为85.33%，而35目支撑剂比例从54.38%降低到39.6%，而小粒径的比例有所增加，但粒径小于70目的支撑剂比例仅有2.22%。从破碎率实验的整体情况来看，即使发生了破碎但支撑剂粒径大多数依然分布在30~70目之间。

表 8-4　30min 和 60min、180min 加载时间破碎后粒径分布

30min			60min			180min		
目数	落在筛上的质量/g	质量分数/%	目数	落在筛上的质量/g	质量分数/%	目数	落在筛上的质量/g	质量分数/%
16	0.000	0.00	16	0.000	0.00	16	0.000	0.00
20	0.000	0.00	20	0.000	0.00	20	0.000	0.00
25	4.232	4.73	25	4.697	5.25	25	4.643	5.19
30	30.154	33.72	30	29.016	32.44	30	29.618	33.12
35	36.575	40.90	35	34.932	39.06	35	35.415	39.60
40	10.057	11.24	40	11.750	13.14	40	11.279	12.61
45	2.808	3.14	45	2.896	3.23	45	2.810	3.14
50	1.665	1.86	50	1.950	2.18	50	1.765	1.97
60	0.873	0.97	60	1.018	1.13	60	1.004	1.12
70	0.631	0.70	70	0.745	0.83	70	0.698	0.78
100	0.657	0.73	100	0.766	0.85	100	0.689	0.77
底盘	1.273	1.42	底盘	1.395	1.56	底盘	1.299	1.45

2）铺砂浓度影响

标准要求支撑剂破碎率测试是在高的铺砂浓度下进行，达到 $20kg/m^2$，但对于实际储层达不到此种铺置浓度，因此，测试了不同铺砂浓度下的破碎率情况，如表 8-5 所示。

表 8-5　不同铺砂浓度下的破碎率

序号	铺置浓度/(kg/m²)	20/40 目破碎率/%	
		测试 3min	测试 30min
1	2.5	21.8	21.5
2	5	18	18
3	7.5	15.7	15.5
4	10	13	13.4
5	15	9.8	10.3
6	20	8.4	8.9

从测试情况看，加载时间对石英砂破碎率的影响远远小于铺砂浓度对支撑剂的破碎率影响。可以看到，当铺砂浓度从 $20kg/m^2$ 降低到 $2.5kg/m^2$ 时，石英砂支撑剂的破碎率从 8.4% 增加到 21.8%，因此，增加支撑剂的铺置厚度对于降低石英砂支撑剂的破碎率，提高支撑裂缝的宽度都有重要的影响，因此，对于采用石英砂代替陶粒，通过增加石英砂的铺置浓度，"以量换质"，确保效果。现阶段国外在页岩气和致密油大量使用石英砂代替陶粒支撑剂的前提就是提高了石英砂的用量，这样取得了较好的效果。单纯的破碎率测试很难充分反映出裂缝导流能力的变化规律和特征。

3. 导流能力测试

1）短期导流能力测试

在破碎率测试的基础上，对石英砂的导流能力进行了测试，考虑到从裂缝尖端到裂缝

缝口，支撑剂铺置浓度在逐渐增加，裂缝导流能力也相应地增加。为研究裂缝导流能力的变化趋势，需要开展不同铺置浓度裂缝导流能力测试。分别测试了 20/40 目石英砂 $2.5kg/m^2$、$5kg/m^2$、$10kg/m^2$ 三种铺砂浓度下的导流能力。整个实验过程参考 SY/T 6302—2009《压裂支撑剂充填层短期导流能力评价推荐方法》，每个数据点测试 15min。

从图 8-17 导流能力的测试结果看，随着闭合应力的增加导流能力快速降低，当闭合应力达到 50MPa 时，$2.5kg/m^2$、$5kg/m^2$、$10kg/m^2$ 铺砂浓度下石英砂导流能力分别为 $13.0\mu m^2 \cdot cm$、$21.6\mu m^2 \cdot cm$、$40.2\mu m^2 \cdot cm$。考虑支撑剂需长期有效支撑裂缝，需要测试石英砂的长期导流能力。

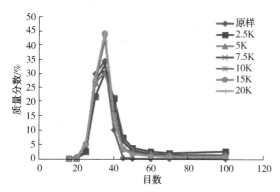

图 8-16 不同铺砂浓度下破碎支撑剂粒径分布

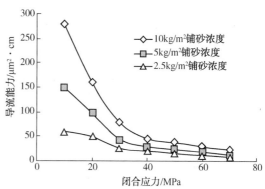

图 8-17 不同铺砂浓度 20/40 目
石英砂短期导流能力测试

2）长期导流能力测试

A. 实验步骤

（1）根据实验设计的要求，称取设计量的石英砂。

（2）准备导流室，将一片平整的金属板置于底部活塞的上面；将已称好的石英砂样品倒入导流室内，用水平尺将实验用的支撑剂充填层刮平；再将另一片金属板放在刮平的支撑剂充填层材料上面；最后将带有方形密封圈的上活塞放入导流室内，用少量油润滑密封圈环，用手慢推下直到接触金属板。

（3）将已安装好的导流室置于液压框架的两平行板之间。

（4）打开电脑控制系统，输入测试参数；待参数输入完毕后开始测试。

（5）在压力为 40kN 条件下，用实验用蒸馏水循环 30min；此期间需数次抽真空操作，排出测试系统中所有的气体；检查是否有泄漏。

（6）若无泄漏慢慢打开出口阀循环。将压力升至实验所需的 10MPa、20MPa、30MPa、40MPa、50MPa、60MPa，若需应力循环加载操作相同。

（7）记录每个压力值下的电流值和流量值，并利用游标卡尺测定导流室左右宽度。

（8）根据公式计算每个压力值下的导流能力、渗透率、支撑剂充填层宽度。

B. 实验条件

铺砂浓度 $4.5\sim12.5kg/m^2$，测试压力由 10MPa 开始，增压设定为 10MPa，每组压力点恒压 10h，实验流体为蒸馏水，温度为 25℃。

C. 实验结果

20/40 目、30/50 目、40/70 目石英砂实验结果见表 8-6、表 8-7 和表 8-8。通过实验可得，石英砂导流能力随闭合应力增加而变小，同时在高闭合应力条件下，不同粒径石英砂导流能力差异变小，如图8-18、图8-19所示。

表8-6　20/40目石英砂长期导流能力(10kg/m²)

闭合压力/MPa	10	20	30	40	50	60
液体黏度/mPa·s	0.93	0.93	0.93	0.93	0.93	0.93
流量/(mL/min)	5	5	5	5	5	5
裂缝宽度/mm	5.75	5.48	5.22	4.96	4.81	4.72
差压/kPa	0.17	0.24	0.39	0.62	0.71	0.902
渗透率/μm²	263.98	196.44	126.76	84.00	75.64	60.67
导流能力/μm²·cm	151.95	107.63	66.23	41.66	36.38	28.64

表8-7　30/50目石英砂长期导流能力(10kg/m²)

闭合压力/MPa	10	20	30	40	50
液体黏度/mPa·s	0.89	0.89	0.89	0.89	0.89
流量/(mL/min)	5	5	5	5	5
裂缝宽度/mm	5.71	5.52	5.31	5.16	4.98
差压/kPa	0.228	0.36	0.631	0.77	1.05
渗透率/μm²	188.36	125.33	74.98	64.72	48.95
导流能力/μm²·cm	108.42	68.67	39.18	32.10	23.54

表8-8　40/70目石英砂长期导流能力(10kg/m²)

闭合压力/MPa	10	20	30	40	50
液体黏度/mPa·s	0.89	0.89	0.89	0.89	0.89
流量/(mL/min)	5	5	5	5	5
裂缝宽度/mm	5.98	5.8	5.61	5.42	5.21
差压/kPa	0.622	0.728	0.957	1.12	1.54
渗透率/μm²	66.46	58.54	46.04	40.72	30.81
导流能力/μm²·cm	39.74	33.96	25.83	22.07	16.05

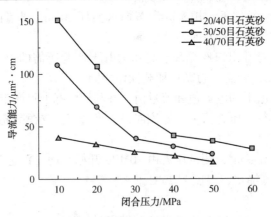

图8-18　不同粒径石英砂长期导流能力测试结果(8kg/m²)

— 170 —

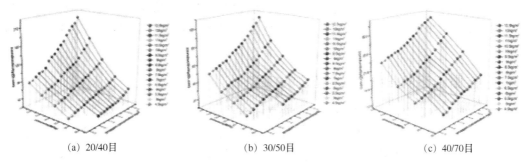

(a) 20/40目　　　　　　　(b) 30/50目　　　　　　　(c) 40/70目

图8-19　不同铺砂浓度下石英砂导流能力图版

3）粗糙壁面对石英砂导流能力影响

钢片实验主要用于评价支撑剂的性能，对真实储层裂缝导流能力的认识指导意义不大。为了更为准确地了解实际地层裂缝导流能力的变化，需要使用实际的岩芯开展导流能力实验评价。同时在实际生产过程中，油井可能经常开关井，使支撑剂上产生应力循环载荷。支撑剂和地层物质因交变应力的作用产生疲劳破坏，这将导致通道坍塌，支撑剂嵌入岩石，从而导致缝宽和支撑剂渗透率减小，使得支撑裂缝导流能力下降，并且应力循环的次数越多，导流能力下降越多。在应力循环加载条件下，任何一种支撑剂都会受到破坏，使得支撑剂层中的细小微粒增多，且使其压实，导致支撑裂缝导流能力下降。使用天然岩板，同时进行长时间循环应力加载。

采用电镜扫描对实验后岩板分析，石英砂在砾石颗粒的区域嵌入程度较低，而在砾石颗粒之间的交界区域嵌入程度很高，将玛湖凹陷砂砾岩储层根据砾石含量的差异分为颗粒支撑剂砂砾岩以及杂基支撑砂砾岩，如图8-20所示。对于颗粒支撑砂砾岩储层，支撑剂的破碎是影响裂缝导流能力的主要因素，而对于杂基支撑砂砾岩储层支撑剂的嵌入是影响导流能力的关键。为减少由于应力集中造成的支撑剂破碎及支撑剂嵌入，石英砂替代陶粒应增加铺置浓度及铺置层数。

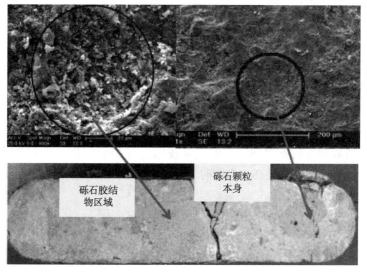

图8-20　岩板实验+电镜扫描支撑剂嵌入特征

对于一定的缝宽，石英砂粒径越小，其铺置层数越多，应力集中效应越弱。因此，在考虑粗糙壁面影响下，相同承压等级的小粒径石英砂抗破碎能力较 20/40 目石英砂更强。

三、铺置运移规律研究及配套加砂工艺

对于致密油藏，滑溜水因黏度低，对裂缝导流伤害低、易形成较瓜儿胶更复杂的裂缝形态，加之成本低廉而成为致密油藏压裂液主要潮流。但同时也存在携砂性能差的缺点。由于玛湖砾岩裂缝壁面粗糙，对支撑剂的运移铺置影响严重，因此需要配套加砂工艺，在优化滑溜水应用比例降低岩芯伤害的同时，提升支撑剂的运移距离。

1. 砾岩粗糙壁面下支撑剂运移规律

1）支撑剂动态沉降公式完善

在静止的牛顿流体中，颗粒在其中发生沉降时，受到重力、浮力和沉降阻力。当这三种力达到平衡时，颗粒将会在液体中匀速沉降。

$$F = mg - \rho g\, v_s - F_f \tag{2}$$

若颗粒为圆球形，那么在沉降时的阻力可以表示为：

$$F_f = C_d\, \frac{\pi d^2}{4}\, \frac{\rho u_p^2}{2} \tag{3}$$

式中　$\dfrac{\pi d^2}{4}$——球形物质的截面积；

　　　u_p——球形物质的沉降速度；

　　　C_d——阻力系数。

在静态流体中，物质的沉降是一个不断加速的过程。随着物质的沉降速度越来越大，其受到的流体阻力也会越来越大。当重力与浮力和流体阻力三力达到平衡时，沉降速度将不会再发生变化。在颗粒沉降过程中，当颗粒的雷诺数小于 2 时，为斯托克斯沉降，在一个静态，无边界的流体中可以表示为：

$$v_s = \frac{(\rho_p - \rho_f)\, g d^2}{18\mu} \tag{4}$$

式中　v_s——单颗粒的沉降速度，cm/s；

　　　ρ_p——颗粒密度，g/cm³；

　　　ρ_f——液体的密度，g/cm³；

　　　μ——流体黏度，mPa·s。

对于颗粒雷诺数较大的支撑剂，它的沉降速度会受到湍流扰动。有许多关系式可以解释这种速度上的改变，但是当 2<Re<500 时，最常用的是下式计算支撑剂沉降速度（Happel，1965）。

$$v_{Re} = \frac{20.34(\rho_p - \rho_f)^{0.71} d^{1.14}}{\rho_f^{0.29} \mu^{0.43}} \tag{5}$$

以斯托克斯公式为基础，考虑三方面影响因素条件下对公式进行修正，包括流体中的惯性阻力、支撑剂浓度和裂缝壁面与支撑剂颗粒的比值影响。

A. 温度影响

石英砂颗粒在地层中由于上述力的原因会发生沉降。而由于地层地温梯度的影响，在不同深度的地层，注入滑溜水温度有所不同。由于温度的影响，滑溜水的黏度也会受到影响。为了更加精确地反映地层条件下的物理环境，选择采用水浴加热循环装置，做不同温度下滑溜水沉降实验。

实验数据表明，随着石英砂粒径的增大，单颗粒支撑剂在滑溜水中的沉降速度不断增大，这符合常识。由于粒径增大，其直径增大（这里只考虑圆球度较高的支撑剂颗粒），因此沉降速度增大。其中石英砂颗粒在浓度为0.07%的聚丙烯酰胺溶液中的沉降速度相对误差为8.15%、10.75%和9.21%，在温度较高时，误差较大。这是由于在温度较高时，溶液中会产生气泡，对沉降的支撑剂颗粒产生托举效果。60℃石英砂的整体沉降速度高于40℃和20℃石英砂的。如图8-21、图8-22和图8-23所示。随着地层温度的增加，滑溜水的温度会进一步提高，黏度下降，因此颗粒的沉降速度会增大。

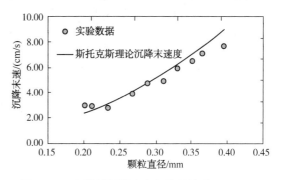

图 8-21 支撑剂沉降速度与粒径关系（20℃）

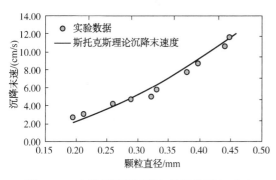

图 8-22 支撑剂沉降速度与粒径关系（40℃）

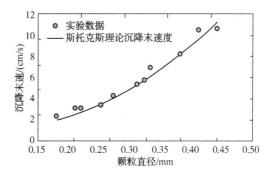

图 8-23 支撑剂沉降速度与粒径关系（60℃）

B. 粗糙度影响

由于砾岩油藏壁面粗糙，所以存在壁面效应对支撑剂颗粒沉降的影响。当存在壁面时，会对支撑剂沉降产生附加阻力，从而降低支撑剂的沉降速度。

为了模拟地层被压开的真实裂缝，探究粗糙裂缝对支撑剂沉降速度的影响，采用热固性树脂拓印出真实裂缝壁面。最终制作的粗糙裂缝壁面如图8-24所示。

图 8-24 闭合裂缝壁面

图 8-25　沉降支撑剂所使用的模板

使用图 8-24 和图 8-25 制作的粗糙裂缝壁面，在两块粗糙裂缝壁面完全闭合时，我们认为裂缝宽度为 0。其中一块模板固定，另一块模板可以自由移动，用于调节缝宽。用游标卡尺测宽度。选取支撑剂颗粒的直径在 200~500μm。

用上述裂缝模型实验验证石英砂支撑剂的沉降，考察不同缝宽条件下，支撑剂的沉降速度受到的影响。通过验证，缝宽在 4mm 左右，沉降速度受缝宽的影响明显变小；在 6mm 之后，缝宽作用基本消失，如图 8-26 所示。回归壁面对支撑剂沉降规律影响的经验公式：

$$V_\phi = V_s \left[1 - 1.563 \left(\frac{d}{w_f} \right) + 0.563 \left(\frac{d}{w_f} \right)^2 \right] \tag{6}$$

式中　d——支撑剂直径；

　　　w_f——裂缝宽度。

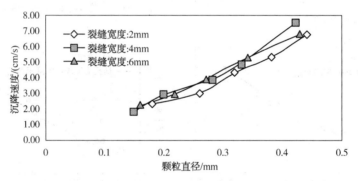

图 8-26　粗糙裂缝不同缝宽下沉降速度分布

C. 砂浓度影响

支撑剂在裂缝中的沉降是多颗粒沉降，因此研究颗粒浓度的影响，可以探究支撑剂颗粒之间的碰撞对支撑剂沉降速度的影响，如图 8-27 所示。首先，总结前人研究成果，比较颗粒浓度的关联式，最后得出一个经验公式。分析颗粒浓度的影响，在浓度最大值处得到沉降速度接近于零的极限值。

$$V_\phi = V_S (1 - 4.8\phi + 8.8\phi^2 - 5.9\phi^3) \tag{7}$$

式中，V_ϕ 是指颗粒在此浓度 ϕ 下的沉降速度。通过实验数据分析，壁面效应对支撑剂的沉

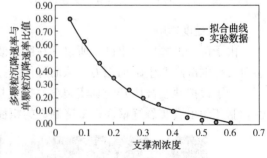

图 8-27　支撑剂沉降速度
随浓度变化拟合曲线图

降速度影响非常显著。随着粒径和缝宽之比的增大，其沉降速度越来越小。当比值在 0.8~1 之间时，其沉降速度降为 0。

D. 经验公式总结

基于以上实验和公式的综合探究，结合影响支撑剂沉降的主要因素，修正后的支撑剂沉降速度可以用以下公式表示：

$$V_{settling} = V_{stokes}(1-4.8\phi+8.8\phi^2-5.9\phi^3)\left[1-1.563\left(\frac{d}{w_f}\right)+0.563\left(\frac{d}{w_f}\right)^2\right] \qquad (8)$$

其中，$V_{stokes} = \dfrac{d^2(\rho_p-\rho_f)g}{18\mu}$。

上述公式是实验结果修正之后的支撑剂沉降速度公式。

通过公式可知：多颗粒间相互影响可以降低沉降速度，提升运移距离；小粒径石英砂沉降速度更慢，有利于改善铺置效果。

2) 具有粗糙度的物模可视化实验系统

在实际的生产过程中，支撑剂颗粒是随压裂液一起泵入到地层中，并不是以单颗粒的形式发生沉降运移。因此有必要从单颗粒的沉降推广到支撑剂多颗粒运移与沉降形式，来更加真实地反映施工现场支撑剂运移与沉降情况。因为此时的运移与沉降受到的影响因素很多，支撑剂颗粒在裂缝中的运移与沉降十分复杂。

A. 实验设备及材料

支撑剂运移铺砂装置：由混砂罐、搅拌器、螺杆泵、可视化铺砂装置和管线组成，如图 8-28 所示。

图 8-28　铺砂装置实物模型

压裂液：滑溜水。

支撑剂：石英砂。

实验装置示意图如图 8-29 所示。

设定泵注排量、砂比、支撑剂粒径、支撑剂种类，压裂液黏度和缝宽进行铺砂实验，在每一个变量下，其余参数保持不变。

B. 实验结果分析

滑溜水携砂采用连续注入的方式。由于滑溜水携砂能力差，20/40 目石英砂进入裂缝后会迅速沉降形成砂堤，如图 8-30 所示，往裂缝深部推进距离有限，主要在近井筒区域堆积。此种注入方式由于支撑剂在近井筒区域的不断堆积可能导致近井筒区域流动通道变小，流动阻力增加。

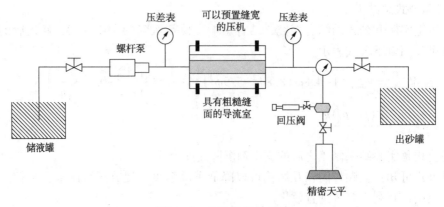

图 8-29　实验装置示意图

图 8-30　滑溜水连续加砂情况下支撑剂在缝内形成的砂堤形态实验图

改变滑溜水携砂液注入方式为段塞式注入，相同注入排量下，虽然每次携砂液进入裂缝后支撑剂也会快速沉降形成砂堤，但后一段塞形成的砂堤会将前一次段塞形成的砂堤向前逐级推进，如图 8-31 所示。与连续加砂注入方式形成的短—高砂堤有着明显的差异，形成锯齿状的砂堤。

图 8-31　滑溜水段塞加砂情况下支撑剂在缝内形成的砂堤形态实验图

由此可见，滑溜水段塞式加砂注入，能够抑制近井筒区域砂堤的堆积，降低砂堵概率。同时可以使支撑剂的铺置更加均匀，运移距离更长。

2. 配套加砂工艺

1）滑溜水段塞式加砂

滑溜水段塞式加砂是交替注入前置液和低浓度砂段塞，使近井裂缝易于进砂。复合常规压裂，采用阶梯式提高砂浓度方式连续加砂。最后尾追高砂比支撑剂提高裂缝口铺砂浓度，保证缝口支撑裂缝高导流，如图 8-32 所示。

具体加砂压裂施工程序为：

（1）使用井筒容积 1.2 倍的冻胶起缝。

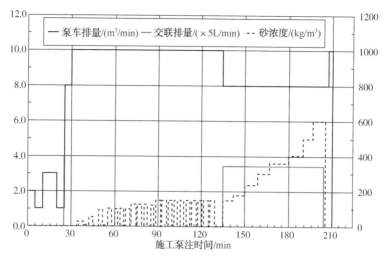

图 8-32　滑溜水多级段塞加砂+瓜儿胶携砂的注入工艺示意图

（2）滑溜水前置段塞，3~5 个段塞（砂浓度 30kg/m³、60kg/m³、90kg/m³），每个段塞后加一个井筒容积扫塞，密切观察砂塞入地层时的压力变化。

（3）按照 100kg/m³、120kg/m³、150kg/m³、180kg/m³、200kg/m³ 五种砂浓度段塞式加砂。每个段塞砂量在 1~3m³，每个砂塞后用 15~20m³ 滑溜水扫砂。密切观察压力变化，及时调整各段塞砂量、扫液量等参数。滑溜水段塞加砂量占单段加砂量的 25%~30%。

（4）冻胶携砂阶段，提高砂比，保证缝口高铺砂浓度。

2）小粒径石英砂+全程滑溜水段塞携砂

小粒径石英砂粒径更小，加砂阶段难度更低，提高滑溜水携砂浓度至 210kg/m³、增加单个段塞砂量至 5m³，同时减少滑溜水扫砂液量至 10m³。

四、技术应用情况及效果分析

1. 推广应用情况

截至 2019 年 10 月，玛湖 3500m 以浅 4 个区块共推广应用石英砂替代陶粒 77 井次，共计应用石英砂 13.34×10⁴m³，节约产能建设投资 3.5 亿元，平均单井节约支撑剂费用约 450 万元。

2. 应用效果分析

1）风南 4 井区

该区油藏中部深度 2665m，地层压力系数 1.07，闭合应力平均 20.6MPa。该区 2017 年规模试验石英砂替代陶粒 6 口井。统计该区块生产 1 年累产油情况，采用陶粒的水平井 1 年每米累产油 5.55t，采用石英砂的水平井 1 年每米累产油 5.53t（-0.36%），无明显差异，如图 8-33 所示。

对具备对比条件的石英砂替代井 FNHW4041 井，与邻井 FNHW4040 井对比，如表 8-9 所示，两井自喷期时间相当（FNHW4040 井 634 天，FNHW4041 井 640 天），目前 FNHW4041 井累产液、累产油略大于 FNHW4040 井，如图 8-34 所示。

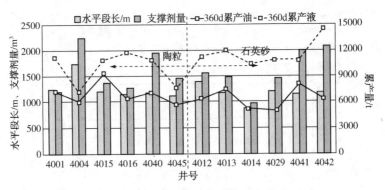

图 8-33　风南 4 井区石英砂试验井与陶粒井效果

表 8-9　FNHW4041/4040 井地质工程参数对比

井号 （FNHW）	支撑剂	有效水平段长/m	段数/簇数	油层				总砂量/m³	总液量/m³	加砂强度/（m³/m）	自喷期累产油/m³
				厚度/m	Ⅰ类/m	Ⅱ类/m	Ⅲ类/m				
4040	陶粒	1190	20/39	1093.6	942.5	141.8	9.3	1960.0	27146.3	1.65	13719
4041	石英砂	1173	17/33	1107.3	759.0	307.4	40.9	2000.0	29582.8	1.71	15755

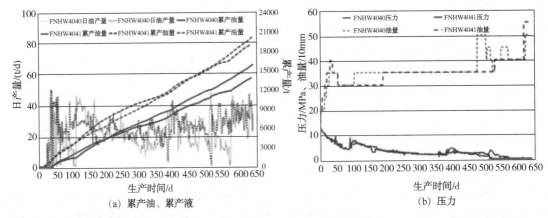

(a) 累产油、累产液　　　　　　　　　　(b) 压力

图 8-34　FNHW4040/4041 井生产情况对比

2) 玛 131 井区

该区块油藏中部深度 2568~3260m，地层压力系数 1.11~1.18。该区 2017~2018 年石英砂试验井 15 口，统计 270d 累产油情况，采用石英砂的水平井平均 5024t，采用陶粒的水平井 5429.4t，降低 7.46%，在可接受范围内，如图 8-35 所示。

投产时间最长的试验井，玛 131 井区 T1b3 层储层埋深 3103~3209m。采用石英砂的试验井 MaHW1216 作业水平段长 1612m，油层钻遇率 91.7%，孔隙度 7.52%~13.76%（平均 10.08%），渗透率 0.12~50.0mD（平均 1.85mD），含油饱和度 45.0%~71.45%（平均 54.81%）；邻井 MaHW1217 作业水平段长 1692m，油层钻遇率 85.7%，孔隙度 7.52%~14.90%（平均 9.86%），渗透率 0.06~50.0mD（平均 1.489mD），含油饱和度 40.0%~73.91%（平均 53.85%），两井地质物性条件基本相当。MaHW1216 井压 21 段 41 簇，压裂

液量 25785m³，石英砂 1814m³，MaHW1217 井压 22 段 42 簇，压裂液量 24578m³，陶粒 1597m³。两井除加砂强度差异之外，其余压裂参数基本相同。MaHW1216 井较 MaHW1217 井晚 1 个月投产，目前生产 590d，在受其他井压裂干扰之前，MaHW1216 与 MaHW1217 两井累产油量、压力基本相当，未表现出明显差异，如图 8-36 所示。

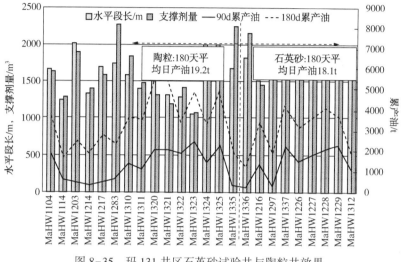

图 8-35 玛 131 井区石英砂试验井与陶粒井效果

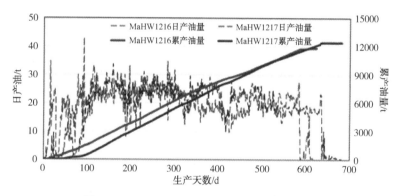

图 8-36 MaHW1216、MaHW1217 累产油对比

3）艾湖 2 井区

艾湖 2 井区油藏中部深度 3360m，地层压力系数为 1.26。2019 年艾湖 2 井区投产 AHHW2026、AHHW2027、AHHW2028、AHHW2029 四口小粒径组合石英砂试验井（30/50 目：40/70 目：70/140 目 = 2：5：3），水平段长 1460~1960m，单井砂量 1505~2075m³。目前产量均超过 30t/d，实现了Ⅲ类油藏的高效开发，如图 8-37 所示。

4）玛 2 井区

玛 2 井区油藏中部深度 3465m，地层压力系数 1.49。在玛 2 井区试验 2 口 70/140 目石英砂压裂井，加入 70/140 目石英砂 1600m³、1700m³。Ma20003_H 井与对比井 MaHW2002 井油层厚度相近，砂量低 5%、液量低 22%，累产量同比提高 19.4%；Ma20005_H 井油层厚度较 MaHW2002 井少 200m，产量基本持平，如表 8-10 和图 8-38 所示。

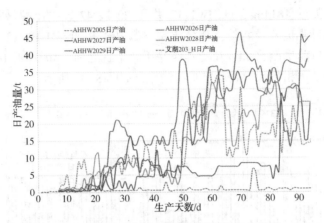

图 8-37　艾湖 2 井区小粒径石英砂井生产情况

表 8-10　玛 2 井区水平井施工参数对比

井号	MaHW2001	MaHW2002	Ma20003_H	Ma20005_H
措施段长/m	1192	1551	1432	1290
油层长度/m	1184	1343	1377	1141
簇间距/m	30.2	24.3	29.3	29.2
压裂段/簇数	23/45	29/57	18/49	17/44
支撑剂类型	20/40 目石英砂		70/140 目石英砂	
砂量/m³	1210	1700	1600	1700
加砂强度/(m³/m)	1.0	1.1	1.1	1.3
压裂液量/m³	24351	36847	27184	29893
滑溜水比例/%	67.3	68.2	71.1	72.8

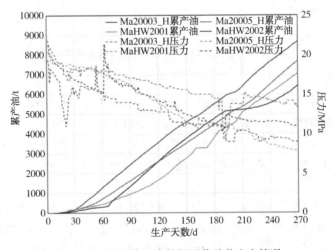

图 8-38　玛 2 井区小粒径石英砂井生产情况

第三节 玛湖地区结论总结

一、研究成果与创新点

通过石英砂替代研究，取得了以下成果：

（1）通过明确致密油藏生产所需导流能力及建立石英砂在实际油藏条件下受力模型，取得了致密油人工裂缝导流能力需求低、作用于支撑剂上的有效应力小于闭合应力的认识，形成了石英砂替代陶粒可行性基础理论，明确了石英砂替代理论可行。

（2）创新考查砾岩粗糙壁面的长导能力测试及装置，揭示了不同类型砾岩油藏裂缝导流能力影响因素差异。考虑水平井大规模体积压裂实际情况，明确了铺砂浓度是影响石英砂破碎率的主要因素。认识了高闭合应力下小粒径石英砂导流能力与 20/40 目石英砂导流能力差异变小，考虑粗糙壁面影响，小粒径石英砂破碎率更低。

（3）完善了壁面粗糙等影响因素的石英砂在滑溜水中的动态沉降公式，认识到粒径越小，运移距离越长；配套了 20/40 目石英砂滑溜水段塞携砂+冻胶连续携砂、小粒径石英砂全程滑溜水携砂工艺，保证了高铺砂浓度，改善了滑溜水携石英砂铺置效果。

（4）综合考虑不同粒径石英砂导流能力随闭合应力变化趋势、粗糙壁面对导流能力影响、支撑剂粒径与沉降速度关系，确立了"以量换质、随闭合应力及埋深增加提高小粒径石英砂比例"的技术思路，结合现场试验认识，形成了玛湖 3500m 以浅已开发主力区块替代方案。

二、国内外先进性对比

（1）突破了石英砂应用界限。国内外同等深度油藏未见应用石英砂报道，该项目通过开展理论论证结合室内实验，明确石英砂替代理论可行，形成了替代思路及替代方案，现场试验未见明显差异，实现了世界上最深的砾岩油藏的石英砂替代推广应用。

（2）创新了建立粗糙壁面的支撑剂沉降运移模型，形成了针对不同替代方案的加砂工艺。由于砾岩壁面粗糙、裂缝延伸机理复杂，建立了支撑剂沉降运移模型，修正了动态沉降公式，形成了逆混合滑溜水段塞加砂、小粒径石英砂+全程滑溜水加砂工艺，丰富了新疆油田砾岩油藏的加砂工艺。

三、经济与社会效益评价

1. 材料降本，取得巨大经济效益

截至 2019 年 10 月，在玛湖地区 3500m 以浅区块已开展石英砂替代陶粒 77 井次，共计应用石英砂 $13.34×10^4m^3$，节约产能建设投资 3.5 亿元，随玛湖地区各区块进入规模开发阶段，根据新疆油田 2020 年原油产能建设预部署，预计该技术将应用 54 井次，共计应用石英砂 $12.6×10^4m^3$，将节约支撑剂费用 3.2 亿元。该技术的成功应用为新疆玛湖原油 $500×10^4t$ 建产提供了行之有效的降本途径。

2. 社会效益明显，推动新疆油田技术进步

该成果为实现玛湖地区储量资源向效益开发的转变提供了可行降本途径，为国内外同类型致密油效益开发提供了借鉴经验，技术推广后对于推进 5000×10^4t 级大油区建设，促进新疆长治久安和跨越式发展具有重要意义。

四、结论与认识

通过对石英砂替代可行性进行研究，明确了致密油藏生产所需导流能力，建立了实际工况下支撑剂受力模型，揭示了随油藏生产地应力变化规律，明确石英砂替代理论可行。

（1）提出以阶段累计采油量为研究目标函数来匹配地层导流能力的方法，玛湖地区合理导流能力值为 $20 \sim 30 \mu m^2 \cdot cm$。

（2）基于实际生产中流体与支撑剂共同承担闭合应力，细化了作用于支撑剂上的有效应力：有效应力＝闭合应力＋裂缝变形应力－井底流压。对于 3300m 以浅油藏，自喷期内作用于支撑剂上的有效应力小于石英砂抗压等级 28MPa，抽油期作用于支撑剂上的有效应力为 40MPa，在该条件下室内实验测得 20/40 目支撑剂导流能力仍有 $30 \sim 40 \mu m^2 \cdot cm$，能够满足油藏正常生产需要。

（3）建立了地应力场动态变化模型，揭示了已压裂井最小主应力场动态变化规律，应力场随地层孔隙压力变化而变化，呈现升高、恢复、降低的规律，对投产 3 年时间的井组进行应力场模拟，最小水平主应力由 52MPa 下降至 47MPa，减小约 5MPa。结合有效应力分析，预计投产 7 年时间作用于支撑剂上的有效应力达到石英砂抗压等级 28MPa。

通过对石英砂性能评价及导流能力研究：

（1）评价了铺砂浓度、应力加载速率等影响因素对石英砂破碎率影响；

（2）创新设计了考虑粗糙壁面的长期导流能力测试装置，明确了不同类型砾岩导流能力影响因素，提出了支撑剂替代思路及方案。

通过对铺置运移规律及配套加砂工艺研究：

（1）完善了考虑粗糙壁面的石英砂运移沉降公式，揭示了小粒径石英砂运移距离更远、铺置效果更好的原因；

（2）建立了压裂剖面可视化系统，明确滑溜水段塞式加砂有利于提升石英砂运移距离；

（3）配套了滑溜水段塞式携砂＋冻胶连续携砂、小粒径石英砂全程滑溜水携砂两种石英砂＋滑溜水加砂工艺。

参 考 文 献

[1] 高新平，彭钧亮，彭欢，等. 页岩气压裂用石英砂替代陶粒导流实验研究[J]. 钻采工艺，2018，41(5)：35-37.

附录一　SY/T 6302—2009 压裂支撑剂充填层短期导流能力评价推荐方法

前言

本标准等同采用了 API RP 61：1989《压裂支撑剂充填层短期导流能力评价推荐方法》（英文版），API RP 61：1989 引用了 API RP 27：1956《孔隙介质渗透率测试推荐方法》（英文版）中的式（34）。

本标准代替 SY/T 6302—1997《压裂支撑剂充填层短期导流能力评价推荐方法》。

本标准在采用 API RP 61：1989 时进行了勘误。这些技术性勘误用垂直双线标识在它们所涉及的条款的空白处。

本标准等同翻译 API RP 61：1989。

为了便于使用，本标准还做了下列编辑性修改：

——"本 API 标准"一词改为"本标准"；

——用小数点"."代替作为小数点的逗号"，"；

——删除 API 标准的前言和附录 D。

本标准的附录 A、附录 B 和附录 C 均为资料性附录。

本标准由采油采气专业标准化委员会提出并归口。

本标准起草单位：中国石油勘探开发研究院廊坊分院压裂酸化技术服务中心。

本标准主要起草人：朱文、蒙传幼、崔明月。

本标准所代替标准的历次版本发布情况为：

——SY/T 6302—1997。

1　总纲

1.1　目的

本方法的目的是提出实验室条件下评价压裂支撑剂充填层短期导流能力所采用的统一的实验设备、实验条件、实验程序。本方法可用来评价、比较实验室条件下支撑剂充填层的导流能力，但并不能获得井下油藏条件下的支撑裂缝导流能力的绝对值。关于微粒问题、地层温度、岩石硬度、井下液体、时间以及其他因素超出了本方法涉及的范围。

1.2 实验条件

用去离子水或蒸馏水作为实验液体，评价支撑剂材料的不同特性。一般来说，环境温度为24℃。其他液体也可作为实验液体评价支撑剂材料的各种特性，但实验结果可能有所区别。其他液体或以不同的温度条件进行支撑裂缝导流能力评价是有意义的。这类实验可以在供货方和用户协议的情况下进行。

1.3 实验程序

按照此程序进行实验时，需在试样上加足够长时间的闭合压力以使支撑剂充填层达到半稳态(参照2.6)。在一定的闭合压力下使液体流过支撑剂充填层，在不同闭合压力条件下液体流过支撑剂充填层时，要测量支撑剂充填缝宽、压差和流量。计算出支撑剂充填层导流能力和渗透率。每个闭合压力下可进行三种流量实验，实验结果是三种流量实验的平均值。在要求的流量和室温条件下，不能存在非达西流或惯性影响。一种闭合压力下三个流量实验做完后，可将闭合压力值增至另一个值，等候一定的时间以使支撑剂充填层达到半稳态，再用三种不同的流量做实验，取得所需的数据，确定在此条件下支撑剂充填层的导流能力。重复此程序直到设计的闭合压力和流量全部实验完毕。

2 推荐的导流能力实验

2.1 实验介质

用去离子水或蒸馏水作为实验液体，在层流(达西流)条件下评价支撑剂充填层导流能力。要准确测量导流能力，层流条件下的单相流是关键的条件。

2.2 设备和材料

实验应用下列设备和材料。

2.2.1 导流室

导流室应为线性流设计，支撑剂铺置面积为 64.5cm^2。导流室的图解详见图1、图2、图3和图5。上下活塞、金属板、导流室需用4Cr13不锈钢材料制作。图4是液体流经导流室的流程示意图。导流室滤网可用不锈钢颗粒压制而成，厚度为0.318cm。进口滤网滞留颗粒的粒径为3~10μm，其他所有的测压孔和进口的颗粒粒径为65μm。

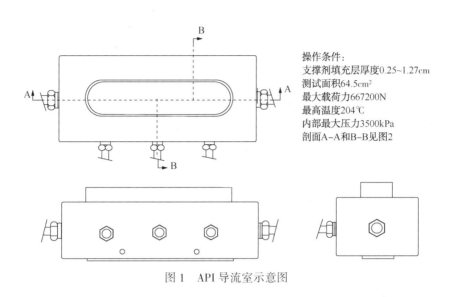

操作条件:
支撑剂填充层厚度0.25~1.27cm
测试面积64.5cm²
最大载荷力667200N
最高温度204℃
内部最大压力3500kPa
剖面A-A和B-B见图2

图1 API导流室示意图

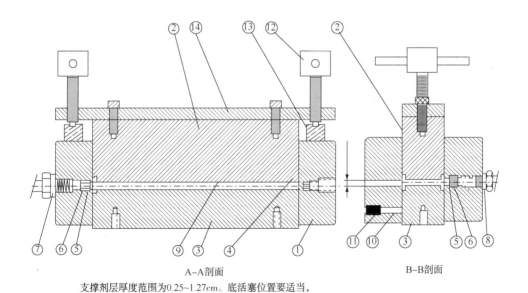

A-A剖面

B-B剖面

支撑剂层厚度范围为0.25~1.27cm。底活塞位置要适当,
以使各测试口与测试层连通。注:标号说明见图3。

图2 API导流室卸具剖面图

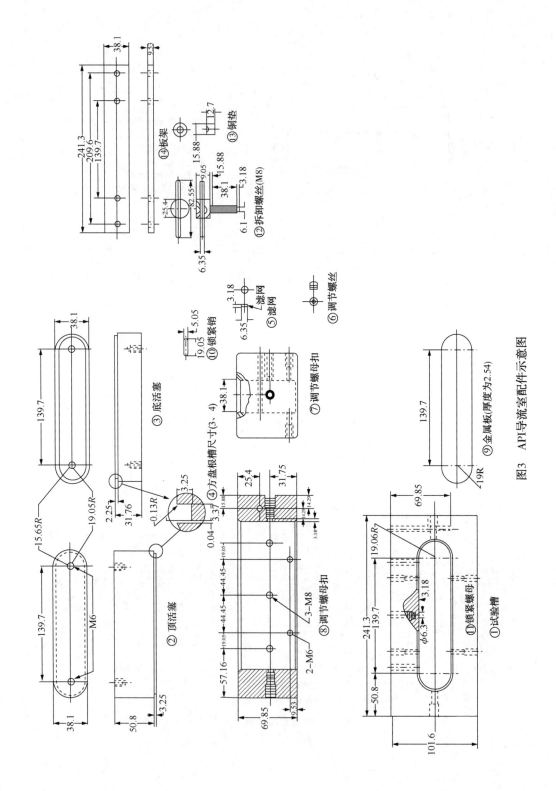

图3　API导流室配件示意图

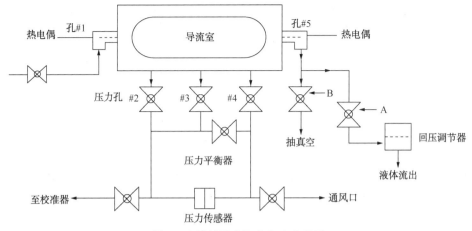

图4 支撑剂导流能力实验流程图

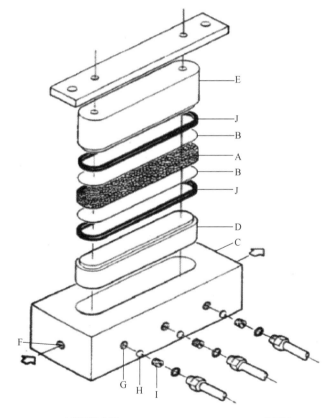

A—支撑剂填充层(17.78cm×3.81cm×W$_f$),cm;B—金属板;
C—导流室主体;D—下活塞;E—上活塞;F—测试液体进/出口;
G—压差输出口;H—金属滤网;I—调节螺丝;J—方型密封圈
图5 API支撑剂充填层导流能力实验装置详细示意图

2.2.2 液压框架

　　液压框架可以提供的力为667200N。为使压力分布均匀，两压塞应相互保持平行。液压源应能在延续的时间内保持需要的闭合压力(±0.5%或±140kPa)。在64.5cm²的导流室上

导流能力研究概论

加载的速度为3500kPa/min。该实验可应用一台适当规模的水压机，另配置一台补偿压力的液压泵。也可以用一个常规的气/油增压系统代替液压泵。附录A提供了制造和改进现有液压框架的资料，以便水压机与气/油增压系统连用。满足上述技术指标的材料试验机均可作为液压框架使用。

2.2.3　支撑剂充填厚度测量设备

用标度指示盘、测微计、线性位移传感器(LVDT)或线性电动势测量仪测量支撑剂充填厚度，分辨精度可达0.0025cm，也可用更精密的仪器。

2.2.4　实验液体驱替系统

应以很稳定的流量1~10mL/min(±1%)驱替实验液体(去离子水或蒸馏水)，有些泵可以达到这一技术指标，例如恒速泵类。另外，可以用可控压力气源以稳定的流量驱替实验液体，还可以借助活塞、气囊存储器或其他更有效的手段完成实验液体的驱替。一些恒速泵需要配置脉冲压力阻尼器。在测量压差和流量期间的压力波动应控制在2.0%以下。每个实验室要确定使用脉冲阻尼器的最好技术和载荷压力(如使用储能气囊或类似技术)，如果压力峰值很高(可能是泵的问题，也可能是流动系统中有气泡)，该系统应经过校正后再使用。

2.2.5　压差计

测量导流室上的压差需要灵敏度很高的仪器。量程为0~7kPa的压差传感器可以满足此项要求。压差传感器应能测量出任何一点±5%的压差，如果测得的压差低于0.7kPa，可能需要更精确的压差传感器，参看2.2.11的注。

图4是用水做校正实验时管线连接图。校正实验应用实际实验液体，液体应接触测压差的两个挡板。

注：大多数制造厂的压差传感器是按满量程确定精确度。量程为0~7kPa的压差传感器精度为±0.5%。含义为每个读数可精确到±0.035kPa。因为一般0.07kPa的读数较常见，精确度只有50%。实验室内经验证明，如果校正工作好，这类压差传感器即使在读数为0.07kPa时，准确度可达±5%(或±0.0035kPa)。因此，测量的压差只有全量程的10%时，校正工作尤其重要。

2.2.6　回压调节器

回压调节器应能够保持比实验液体(去离子水)蒸汽压力高350kPa(±5%)的压力。

2.2.7　天平

天平称量至少为100g，精度0.1g或更高。

2.2.8　实验液体

实验液体应是刚脱气[即温度为24℃，3.3kPa(25mm水银柱)，脱气1h]的去离子水或蒸馏水，并测得实验温度条件下的实验液体的黏度和密度。由表3可得到水的黏度和密度值。

2.2.9　支撑剂

导流能力测试可在相当于充填宽度0.64cm的体积(未加载)或以测试装置内单位面积质量为9.76kg/m²铺置浓度的条件下进行。但是，对比实验应以相等的支撑剂材料体积作基准，而不是相等质量。对比实验所需的支撑剂用量取决于支撑剂的体积密度。支撑剂体积密度参见附录B确定。

2.2.10　温度控制

导流室和支撑剂充填部分应保持在24℃±3℃室温条件下。测量进出口实验液体的温度，这些温度的平均值作为该实验的温度(见表4和表5)，根据这个实验温度可以从表3中查得实验液体的黏度。

2.2.11 载荷测量装置

在液压柱塞和框架平台之间应有一温度补偿的电子式力传感器，用于确定施加在导流室上的闭合压力，这类装置和液压计相比较应为首选方法。

注：如果液压计被用来确定施加闭合压力，配合使用辅助性施加闭合压力的方法(气/油增压泵)，应确保连通液压计的液体不受活塞回程滞留的影响，导致闭合压力的计算误差。

2.3 设备的校正

2.3.1
液体流动线路上的压差计安装好后先进行校正，以后每次实验时都要认真地检验，如2.2.5所述。设备其他部分初次使用要检查，以后至少每年检查一次。液压载荷测试装置应以压力环或作为国家计量溯源的力传感器校正。用块规来校正盘式指示器、千分尺、线性位移传感器(LVDT)和线性电位器等。用精确的天平、量器、秒表测试恒速泵。高量程的压力计和传感器应做静重实验。斜管压力计和水柱可对低量程的压力传感器校正。使用传感器量程的重复性和线性好的部分。另外，建议该系统中的每一个部分应有备用的机械校正和测量装置。

2.3.2
试验支撑剂样品之前，在没有装入支撑剂时，测量每个闭合压力值下的导流室的垂向尺寸(精确到0.0025cm)。将这些值作为测量支撑剂充填厚度的基础值。

2.4 渗漏实验

2.4.1 液压载荷框架

液压系统包括管线、接头、泵，初次使用时应仔细检查，以后应定期检查，确保无渗漏。可将适当尺寸高强度的材料放入水压机平板之间(最小受力面积为64.5cm²)，施加最大载荷，关机，然后观察压力或载荷在30min以内变化是否大于最大读数的±2%。如果压力和载荷有明显的变化，检查所有的管线、接头，看是否有渗漏。如果管线没有渗漏的迹象，那么水压机或控制阀可能有内漏。

2.4.2 实验液体系统

实验液体系统由泵、管线、接头和支撑剂充填层短期导流能力实验装置组成。在每次实验之前应做渗漏检验。做渗漏检验时，导流室应至少铺上单层的支撑剂。

注：在两平板间没有支撑剂时，方密封圈和下游的设备都不能进行测试。

在导流室上至少加3500kPa闭合压力，在24℃下使整个系统抽真空达到3.3kPa(25mm水银柱)，关上真空泵，观察该系统能否稳压。5min内该系统的压力变化不应大于0.13kPa(1mm水银柱)。

注：如果管线绝对压力开始低于3.1kPa(23mm水银柱)时，液体进入抽真空的系统中，真空泵一旦关掉，当水蒸气压出现时(24℃、2.96kPa、22.2mm水银柱)，压力会上升。

2.5 导流室的准备

做支撑剂充填层导流能力实验时，应采用下列步骤组装导流室。

2.5.1　液体进口（65μm）和出口（3～10μm）（见图 4 中 1 号孔、5 号孔）及每一个测压孔放入一个不锈钢的滤网。固定螺丝应做调整，以免滤网与导流室表面贴在一起。每次实验后应更换滤网以免被压碎的支撑剂堵塞，导致实验液体流过导流室时压力上升或不稳。

注：在加压情况下实验支撑剂，压力增高至一定程度时，大部分支撑剂会被压碎，出口滤网（5 号孔）常常被压碎的支撑剂完全堵塞，使液体不能流过流室。如果发生或预计要发生这种情况，出口的滤网应除去。滤网口用支撑剂充填。可将导流室立置，出口向下，倒少量的支撑剂在滤网口中，用冲子或钝器压实。

继续这样的填入直到此口填满压实。如果使用这种方法，压碎的材料与实验液体一起流出导流室，容易受此类压碎材料损害的设备，像回压调节器等，不应直接与导流室出口相连。另外，回压管线上接一个增压调节器较为安全。

2.5.2　将带有方形密封圈的底部活塞放入导流室内。

注：在导流室底部的斜面上涂上少量的润滑油脂有助于底部活塞和方形密封圈的放入。

2.5.3　将一片金属板放在底部活塞的上面，金属板应很平以便支撑剂铺层有一个均匀的截面。为保证均匀，需沿金属板的长度选三点，用深度规测量从金属板到导流室顶部的深度。金属板板面到导流室顶部间测量的深度之差不应大于 0.0254cm。

2.5.4　用下述方法之一给出导流室加入所需的支撑剂量［用 b）叙述的方法对支撑剂进行比较］。

a）单位面积的质量（支撑剂铺置浓度，kg/m²）计算所需的支撑剂用量，可按式（1）计算。

$$W_p = A_1 C \tag{1}$$

式中：

W_p——支撑剂质量，g；

C——支撑剂铺置浓度，kg/m²；

A_1——计算系数，$A_1 = 6.452 \times 10^{-3}$ m²。

注意：为得到最好的重复性，建议未加载的支撑剂最大充填宽度为 1.3cm；最小充填宽度为 0.25cm。

做实验时，如果未加载的充填宽度偏离建议范围，有可能损害密封圈和导流室。为了确定支撑剂充填裂缝宽度基准，实验时应大于建议的未加载支撑剂的最小充填宽度。未加载的支撑剂充填宽度按式（2）计算：

$$W_f = 0.100C/\rho \tag{2}$$

式中：

W_f——支撑剂充填厚度，cm；

C——支撑剂铺置浓度，kg/m²；

ρ——支撑剂体积密度（参见附录 B），g/cm³。

b）未加载支撑剂充填宽度是 0.64cm，有两种方法获得导流数据。

方法 1：导流室内装上 41.0cm²±0.1cm² 支撑剂，用式（3）计算支撑剂的质量。

$$W_p = 41.0\rho \tag{3}$$

式中：

W_p——支撑剂质量，g；

ρ——支撑剂体积密度(参见附录B)，g/cm³。

方法2：在最初的未加载的支撑剂充填宽度为0.64cm时，导流能力数据可按2.5.4a)方法所产生两套导流能力数据进行插值计算。未加载支撑剂充填宽度为0.64cm时的支撑剂铺置浓度可用式(4)计算。

$$C = 6.4\rho \qquad (4)$$

在要求的闭合压力条件下导流能力按式(5)计算。

$$kW_\mathrm{f} = kW_\mathrm{f1} + (kW_\mathrm{f2} - kW_\mathrm{f1})\left(\frac{C - C_1}{C_2 - C_1}\right) \qquad (5)$$

式中：

kW_f——闭合压力条件下的支撑剂导流能力，$\mu m^2 \cdot cm$(未加载情况下的支撑剂充填厚度为0.64cm)；

kW_f1——装载了C_1支撑剂充填层的导流能力，$\mu m^2 \cdot cm$；

kW_f2——装载了C_2支撑剂充填层的导流能力，$\mu m^2 \cdot cm$；

C_1——实验1时支撑剂铺置浓度，kg/m²；

C_2——实验2时支撑剂铺置浓度，kg/m²。

为尽量减少插入误差，实验1和实验2支撑剂铺置浓度相差不能大于2.44kg/m²，C应在C_1和C_2之间。在适当闭合压力情况下，支撑剂充填层宽度可用计算导流能力一样的步骤按式(6)来计算：

$$W_\mathrm{f} = W_\mathrm{f1} + (W_\mathrm{f2} - W_\mathrm{f1})\left(\frac{C - C_1}{C_2 - C_1}\right) \qquad (6)$$

式中：

W_f——适当闭合压力情况下支撑剂充填层厚度，cm(未加载时支撑剂充填宽度为0.64cm)；

W_f1——装有C_1支撑材料的支撑剂充填层厚度，cm；

W_f2——装有C_2支撑材料的支撑剂充填层厚度，cm。

2.5.5　用一刮板形状的工具将实验用的支撑剂充填层刮平(见图3)，不能用振动敲击办法，否则较细的支撑剂会沉到下部。

2.5.6　将另外一片金属板放在刮平的支撑剂充填材料上面，需十分注意，不然会破坏支撑剂充填铺层。放在金属板中间由薄片做成的"扶手"可用作确定支撑剂材料层上金属板的位置，一旦该金属板的位置固定，慢慢除去这"扶手"，但要注意不要搞乱了支撑剂材料。

2.5.7　将带有方形密封圈的上活塞放入导流室内，用少量油润滑密封环，用手慢推下直到接触金属板。

2.5.8　将安装好的导流室放在液压框架的两平行板之间，提升下平板加液压，直到闭合压力达到启动压力6900kPa，加载速率为3500kPa/min。

2.5.9　关闭进口阀和出口阀A(见图4)，在24℃下将导流室抽真空到3.3kPa(25mm 水银柱),直到排空导流室和转换线路中所有的气体。慢慢打开进口阀,脱气的实验液体到导流室,直到所有管路全充满为止。关闭真空阀 B,慢慢将实验液体加压到工作压力(或至少69kPa),通过传感器上的泄流孔确保传感器和与之相连接的管路中没有气体。

2.5.10 检验导流室的接头和相连的管路中是否有泄漏,若有泄漏则排除泄漏但不要破坏支撑剂铺层。

2.5.11 检查上下活塞周围有无泄漏,如果有泄漏,实验应终止,导流室需重新充填,泄漏问题应立即解决(参照 2.5.2)。

2.5.12 慢慢打开出口阀 A,调整回压(如果用回压)。

2.5.13 用下列方法检查支撑剂充填层是否均匀。

a)在导流室的每一端测量充填层的宽度,如果两端测量宽度误差大于 5%,说明充填层不均匀,终止实验,重新充填新材料。

b)将实验液体以恒速注入导流室,比较 2 号孔和 3 号孔间与 3 号孔和 4 号孔间的压差,如压差相差大于或等于 5%,表明支撑剂充填层不均匀,应中止实验,重新充填(参照2.5)。

注意:2 号孔和 3 号孔间的压差,可通过在 2 号孔和 4 号孔间的压差中减 3 号孔和 4 号孔间的压差方法计算出来(参照图 4)。

2.6 实验参数

表 1-1-1 和表 1-1-2 列出了建议的闭合压力、流量、石英砂和高强度支撑剂在闭合压力下达到半稳态承压的时间。以 3500kPa/min 的速率增加闭合压力。

2.7 计算

2.7.1 API RP 27:1956 中的式(34)可用来计算支撑剂充填层与液体在层流(达西流)条件下的渗透率,见式(7)。

$$k = \frac{99.998\mu \cdot Q \cdot L}{A \cdot \Delta p} \tag{7}$$

式中:

k——支撑剂充填层渗透率,μm^2;

μ——实验温度条件下实验液体的黏度,$mPa \cdot s$;

Q——流量,cm^3/s;

L——测压孔之间的长度,cm;

A——流通面积,cm^2;

Δp——压差(上游压力减去下游压力),kPa。

表1　石英砂支撑剂实验参数

闭合压力/kPa(psi)	流量/（cm³/min)	各种砂粒径在一规定压力所需的承压时间/h				
		1700~850μm	850~425μm	600~300μm	425~212μm	212~106μm
6900（1000)	2.5　5.0　10.0	1.0	0.25	0.25	0.25	0.25
13800（2000)	2.5　5.0　10.0	1.5	0.25	0.25	0.25	0.25
27600（4000)	2.5　5.0　10.0	1.5	1.00	0.25	0.25	0.25
41400（6000)	1.25　2.5　5.0	1.5	1.00	0.25	0.25	0.25
55200（8000)	1.0　2.0　4.0	1.5	1.00	0.75	0.75	0.75
69000（10000)	1.0　2.0　4.0	1.5	1.00	1.00	1.00	1.00

注：用3500kPa/min的加载速率达到所需压力，闭合压力等于施加在导流室上的压力减去实验液体压力。

表2　各种粒径高强度支撑剂实验参数

闭合压力/kPa(psi)	流量/（cm³/min)	承压时间/h
6900（1000)	2.5　5.0　10.0	0.25
13800（2000)	2.5　5.0　10.0	0.25
27600（4000)	2.5　5.0　10.0	0.25
41400（6000)	2.5　5.0　10.0	0.25
55200（8000)	2.5　5.0　10.0	0.25
69000（10000)	2.5　5.0　10.0	0.25
82700（12000)	2.5　5.0　10.0	0.25
96500（14000)	2.5　5.0　10.0	0.25

注：用3500kPa/min的加载速率达到所需压力，闭合压力等于施加在导流室上的压力减去实验液体压力。

当支撑剂充填层的截面形状像裂缝中的一样是个长方形时，按式(8)计算：

$$A = W \cdot W_f \tag{8}$$

式中：

A——液体流动的截面积，cm^2；

W——导流室支撑剂充填宽度，cm；

W_f——支撑剂充填厚度，cm。

可重新整理式(7)，以便可以计算支撑剂充填层的渗透率和导流能力。

支撑剂充填层的渗透率按式(9)计算：

$$k = \frac{99.998\mu \cdot Q \cdot L}{W \cdot \Delta p \cdot W_f} \tag{9}$$

支撑剂充填层的导流能力按式(10)计算：

$$kW_f = \frac{99.998\mu \cdot Q \cdot L}{W \cdot \Delta p} \tag{10}$$

2.7.2 当决定使用API导流室和其程序时，可用下列资料和公式。

a）支撑剂渗透率按式(11)计算：

$$k = \frac{5.555\mu \cdot Q}{\Delta p \cdot W_f} \tag{11}$$

式中:

k——充填层的渗透率,μm^2;

μ——实验温度条件下实验液体的黏度(参照表3),$mPa \cdot s$;

Q——流量,cm^3/s;

W_f——支撑剂充填厚度,cm;

Δp——压差(上游压力减去下游压力),kPa。

b)支撑剂充填层的导流能力按式(12)计算:

$$kW_f = \frac{5.555\mu \cdot Q}{\Delta p} \qquad (12)$$

式中:

kW_f——支撑剂充填层的导流能力,$\mu m^2 \cdot cm$;

μ——实验温度条件下实验液体黏度(参照表3),$mPa \cdot s$;

Q——流量,cm^3/min;

Δp——压差(上游压力减下游压力),kPa。

注:式(11)和式(12)中常数计算用的尺寸如下:

导流室支撑剂充填宽度,$W = 3.81cm$;

2号孔和4号孔两测压孔间的距离 $L = 12.70cm$。

单位换算参照附录C。

2.8 数据报告

数据表见表4和表5。如果用方法2计算未加载支撑剂充填层厚度为0.64cm内插数据时,每一次支撑剂充填层短期导流能力实验都应有两个数据表。在支撑剂充填层短期导流能力递减表中应记录有未加载的支撑剂充填层宽度为0.64cm时的内插数据(参照表5)。

表3 不同温度下水的黏度和密度[a]

温度/℃	黏度/(mPa·s)	密度/(g/cm³)
20.0	1.002	0.9982
21.0	0.978	0.9980
22.0	0.955	0.9978
23.0	0.932	0.9975
24.0	0.911	0.9973
25.0	0.890	0.9970
26.0	0.870	0.9968
27.0	0.851	0.9965
38.0	0.678	0.9930
49.0	0.556	0.9885
60.0	0.466	0.9832

续表

温度/℃	黏度/(mPa·s)	密度/(g/cm³)
71.0	0.399	0.9775
82.0	0.346	0.9705
93.0	0.304	0.9633
104.0	0.270	0.9554
116.0	0.240	0.9464
127.0	0.217	0.9376
138.0	0.198	0.9281
149.0	0.181	0.9182

a 表中数据由下列公式计算得出：

水密度的计算（−30~150℃）：

$$\rho' = (0.99983952 + 0.016945176t - 7.9870401 \times 10^{-6}t^2 - 4.6170461 \times 10^{-8}t^3$$
$$+ 0.10556302 \times 10^{-9}t^4 - 0.28054253 \times 10^{-12}t^5)/(1 + 0.01687985t)$$

式中：ρ'——水的密度，g/cm³；

t——平均液体温度，℃。

水黏度的计算（20~150℃）：

$$\mu = e^x$$

式中：μ——水黏度，mPa·s；

$e = 2.7182818$。

$x = (60.359768 - 2.9570089t - 0.0024246t^2)/(105 + t)$

表4 支撑剂充填层短期导流能力实验数据

标准试验筛网			
支撑剂类型：_____	标准试验筛网/μm	上支撑剂质量/g	百分比/%
颗粒尺寸：_____ μm	_____	_____	_____
试验条件：	_____	_____	_____
体积密度：_____ g/cm³	_____	_____	_____
装置实验面积：_____ cm²	_____	_____	_____
实验液体：_____	_____	_____	_____
支撑剂铺置浓度：_____ kg/m²	_____	_____	_____
支撑剂质量：_____ g			
	总共 _____		

压差和流量									
压力/ kPa	充填层宽度ª/cm			Δp₁/ kPa	Q₁/ (cm³/min)	Δp₂/ kPa	Q₂/ (cm³/min)	Δp₃/ kPa	Q₃/ (cm³/min)	实验液体 温度/℃	实验液体黏度/ (mPa·s)

压力/kPa	W_{fa}	W_{fb}	$A_{vg}W$	Δp_1/kPa	Q_1/(cm³/min)	Δp_2/kPa	Q_2/(cm³/min)	Δp_3/kPa	Q_3/(cm³/min)	实验液体温度/℃	实验液体黏度/(mPa·s)
6900											
13800											
27600											

压力/ kPa	充填层宽度[a]/cm			Δp_1/ kPa	Q_1/ (cm³/min)	Δp_2/ kPa	Q_2/ (cm³/min)	Δp_3/ kPa	Q_3/ (cm³/min)	实验液体 温度/℃	实验液体黏度/ (mPa·s)
	W_{fa}	W_{fb}	$A_{vg}W$								
41400											
55200											
69000											
82700											
96500											

a W_{fa} 和 W_{fb} 是实验装置每一端测量的支撑剂充填层宽度。

表5 支撑剂充填层短期导流能力递减表

支撑剂类型：_____

颗粒尺寸：_____μm

支撑剂铺置浓度_____kg/m²

体积密度：_____g/cm³

平均温度：_____℃

液体类型：_____

最初充填层宽度[a]：_____cm

压力/kPa	平均宽度/cm	平均导流能力/(μm²·cm)	渗透率[b]/μm²	液体黏度/(mPa·s)
6900				
13800				
27600				
41400				
55200				
69000				
82700				
96500				

a 如果这些数据是由其他实验数据内推到最初充填宽度为 0.64cm 的。请在最初充填宽度为 0.64cm 旁边注上内推。最初充填宽度用式(2)计算。

b 通过平均导流能力和平均宽度计算渗透率：

$$k = kW_f/W_f$$

附　录　A
(标准的附录)
液　压　控　制

气/油压控制部分可使本系统调到最大工作压力41000kPa。如果用其他设备做实验，请咨询设备生产厂家，以便确定合适的压力范围和连接系统。

以下是本控制系统的三个部分：气/油增压泵、气压控制系统、液压控制系统。图 A.1 是本控制系统的示意图。

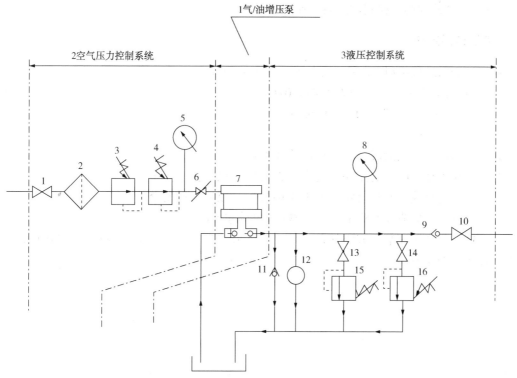

1—进口阀；2—空气过滤器；3—空气调节器；4—空气调节器；5—气压表；
6—速度控制阀；7—增压泵；8—压力表；9—流量控制阀；10—截止阀；11—压力释放阀；
12—压力释放保险片；13、14—截止阀；15、16—液压调节器
图 A.1　气/油增压泵、气压控制系统和液压控制系统示意图

A.1　气/油增压泵(见图 A.1 中序号 7)

增压泵应达到1∶60的压力比，应配备一个低气压控制器，以便能在低于138kPa压力下有效地操作。这一改进使得全部循环(启动/停止)和控制阀系统与调节驱动柱塞的空气压力无关。

A.2　气压控制系统

气压控制系统包括(以下序号指在图 A.1 中的序号)：

1——进口阀。

2——空气过滤器。

3——空气调节器，不可调。

4——空气调节器，可调节，将压力定在最大许可液压除以增压比。

示例：36544kPa/60＝609kPa，这是一个非常安全的设备。

5——气压表，0~1000kPa。

6——速度控制阀，控制增压泵的速度。

A.3　液压控制系统

液压控制系统包括(以下序号指在图 A.1 中的序号)：

7——系统额定最大工作压力为 41400kPa。

8——压力表或传感器：0~50000kPa。

9——流量控制阀。

10——与压力框架的液压油缸相连的截止阀。

11——压力释放阀或溢流阀设定为 37233kPa，以便保证安全。

12——压力释放保险片设定压力为 38612kPa，以便保证安全。

13，14——与低或高量程液压调节器相连的截止阀。

15，16——液压调节器或溢流阀，低量程 520~5200kPa，高量程 4200~42000kPa，这些调节器用以补偿漏压。

附　录　B
（资料性附录）
支撑剂体积密度的测量

B.1　设备及材料

测量支撑剂样品体积密度需要下列物品：

a）精确度为 0.01g 的天平。

b）100mL 容积的量瓶（100mL = 100cm^3，温度为 24℃时）。

c）干燥的支撑剂样品。

d）大口的漏斗，一端插在量瓶上。

B.2　程序

用下列方法确定支撑剂的体积密度：

a）清洗称量，擦干一个精确度为 0.01g 的 100mL 量瓶，用它作为量具。

b）将漏斗放在量瓶的颈口处，装支撑剂至 100mL 处，不必摇动或拍打支撑剂。

注：这是很关键的一步，每一个人测量支撑剂体积密度时都应用同样的步骤。

c）称装有支撑剂量瓶的质量，精确度为 0.01g。

d）用式（B.1）计算支撑剂的体积密度：

$$\rho = (W_{\mathrm{fl,p}} - W_{\mathrm{fl}})/100 \qquad\qquad (B.1)$$

式中：

ρ——支撑剂的体积密度，g/cm^3；

$W_{\mathrm{fl,p}}$——装有支撑剂的量瓶重量，g；

W_{fl}——量瓶的质量，g。

附 录 C
(资料性附录)
单 位 换 算

1ft = 0. 3048m

1in = 2. 54cm

1D = 1000mD = 0. 9869μm^2

1lb$_m$ = 453. 6g

1lb$_f$ = 4. 448N

1psi = 6. 895kPa

1atm = 14. 7psi = 101. 3kPa

1mmHg = 0. 1333kPa(绝对值)

1mL = 1. 000cm^3

1°F = 1. 80℃ +32

1cP = 1mPa · s

1lb$_f$ · s/ft^2 = 47. 88Pa · s

附录二　NB/T 14023—2017 页岩支撑剂充填层长期导流能力测定推荐方法

前言

本标准按照 GB/T 1.1—2009《标准化工作导则　第 1 部分：标准的结构和编写》给出的规则起草。

本标准由能源行业页岩气标准化技术委员会提出并归口。

本标准起草单位：中国石油化工股份有限公司石油勘探开发研究院、中国石油勘探开发研究院廊坊分院、中国石油化工股份有限公司石油工程技术研究院、中国石油西南油气田分公司工程技术研究院。

本标准主要起草人：贺甲元、张汝生、蒙传幼、李凤霞、龙秋莲、刘长印、王宝峰、韩慧芬、黄志文、毕文韬。

1　范围

本标准规定了页岩支撑剂充填层长期导流能力测定推荐方法的材料与设备、实验步骤、渗透率及导流能力计算和数据报告。

本标准适用于页岩支撑剂充填层长期导流能力的测定，其他储层支撑剂充填层长期导流能力的测定可参照执行。

2　规范性引用文件

下列文件对于本文件的应用是必不可少的。凡是注日期的引用文件，仅注日期的版本适用于本文件。凡是不注日期的引用文件，其最新版本(包括所有的修改单)适用于本文件。

GB/T 3864　工业氮

GB/T 6682　分析实验室用水规格和试验方法

SY/T 6302　压裂支撑剂填充层短期导流能力评价推荐方法

3　术语和定义

下列术语和定义适用于本文件。

3.1　导流能力 conductivity

支撑剂充填层的宽度与其渗透率的乘积。

3.2　长期导流能力 long-term conductivity

测试时间在 0h~50h±2h 范围内的导流能力。

4　材料与设备

4.1　材料

4.1.1　流体

实验流体为质量浓度为 2% 的氯化钾溶液。氯化钾溶液配制采用去离子水或蒸馏水，去离子水或蒸馏水应符合 GB/T 6682 中三级水规格。氯化钾为分析纯试剂。配制好的氯化钾溶液使用时间不超过 15d。

4.1.2　岩板

4.1.2.1　岩板采用水力压裂层段页岩岩芯或同层位露头制成岩板。

4.1.2.2　页岩岩板硬度和遇水溶解及膨胀程度应能保障长期导流能力测试全过程流体的流动。

4.1.2.3　岩板尺寸为：长 17.74cm±0.04cm，宽 3.76cm±0.05cm，厚度大于 0.90cm。岩板两端为弧形，与测试设备相匹配，参见图 B.1，同一岩板厚度变化范围应保持在 ±0.02mm 内。

4.1.3　支撑剂

实验用支撑剂包括石英砂、覆膜石英砂、陶粒、覆膜陶粒或用于页岩水力压裂的其他支撑剂。

4.1.4　硫化有机硅黏合剂

硫化有机硅黏合剂性能需满足耐温 200℃ 以上，常温固化时间不超过 24h。

4.2　设备

4.2.1　导流室

导流室应为线性流设计，支撑剂铺置面积为 64.52cm²，导流室的结构及组装排列图参见图 B.1 和图 B.2。活塞及导流室材料应为 316 不锈钢材质或蒙奈尔铜镍合金或哈氏合金材质。导流室的筛网采用蒙奈尔铜镍合金金属丝网，孔眼尺寸为 150μm。

4.2.2　液压加载设备

液压加载系统提供的力不低于 667kN，活塞应保持相互平行。液压增压源在目标压力下，52h 内保持稳定(波动范围不超过目标压力的 ±1.0% 和 ±345kPa 的较高值)。

4.2.3　支撑剂充填层厚度测量设备

支撑剂充填层厚度测量设备的精度应不小于 0.002cm。

4.2.4 实验流体驱替系统

采用平流泵，驱替系统流量应在 2~4mL/min 之间，稳定性要求固定流速下的流量误差不大于 5%。

4.2.5 压差传感器

量程为 0~7kPa，精度为满量程的 0.1%。

4.2.6 回压调节器

回压调压器调节范围为 2.07~3.45MPa。

4.2.7 天平

天平量程大于 100g，精度为 0.01g 或更高。

4.2.8 除氧系统

4.2.8.1 在低于 103kPa 的压力下向液体中通入氮气，所使用氮气应满足 GB/T 3864 要求。

4.2.8.2 流体除氧通过两个贮液器来进行：第一个贮液器中实验流体除氧完成后密封保存，提供给泵注系统。同时对第二个贮液器中实验流体进行除氧，除氧完成后密封保存，待第一个贮液器中实验流体体积小于贮液器体积 10% 时，开启第二个贮液器，将其流体提供给泵注系统。两个贮液器循环进行，保障为泵注系统持续提供除氧后的实验流体。

4.2.9 温度控制系统

温度控制系统由加热设备和温度控制设备构成。导流室及支撑剂充填层的温度应维持在设定温度的±1℃范围内，该温度通过导流室上的测温孔获得，参见图 B.1。

4.2.10 载荷测量装置

在液压柱塞和框架平台之间应有一温度补偿的电子式力传感器，确定施加在导流室上的闭合压力。

4.2.11 硅饱和加载系统

4.2.11.1 硅饱和流程需满足导流实验供液需求。

4.2.11.2 硅饱和容器设备最小容积为 300mL 的高压容器，具体参见附录 A。

5 实验步骤

5.1 渗漏测试

5.1.1 液压载荷系统测试

5.1.1.1 液压系统包括管线、接头、泵，初次使用时应仔细检查，以后定期检查，保证无渗漏。

5.1.1.2 液压系统施加最大载荷后压力或载荷在 30min 内变化幅度不超过最大读数的±2.0%。

5.1.2 实验流体系统测试

5.1.2.1 在每次实验前实验流体系统均需进行渗漏检验。完整的实验流体系统包括泵、管线、接头和支撑剂导流室设备。

5.1.2.2 在实验流体系统上施加大于 3.45MPa 的闭合应力，设备中流体回压 2.07~3.45MPa。在关闭系统后 5min 内，压力变化应不超过 0.1kPa。

5.2 设备校正

5.2.1 压力显示器及流速校正

5.2.1.1 测量前压力传感显示应归零，使用重复性和线性关系好的传感器。

5.2.1.2 恒速泵使用前在有回压的条件下进行不同流速的校正，校正的计量由高精度的流量计或天平、容器和计时器(秒表)等进行。

5.2.2 液压载荷系统校正

液压载荷系统应每年校准一次。

5.2.3 导流室设备初始宽度调零

5.2.3.1 用卡尺测量和记录岩板与金属垫片的厚度，并在岩板表面做标记。

5.2.3.2 每块岩板两端的厚度相差不超过 0.02mm，取岩板两端宽度的平均值，记录为岩板的平均宽度。

5.2.3.3 针对顶底岩板厚度差异，调整两块岩板相对位置，使得两端整体厚度差异最小。划分标记顶部岩板与底部岩板及其上下表面及方向。

5.2.3.4 导流室底部的活塞应按照安装顺序进行标记。将两块匹配的岩板放入导流室中，按图 B.1 组装导流室。

5.2.3.5 对导流室施加 345kPa 压力，适当调整，确认导流室与平板垂直。

5.2.3.6 加热导流室到实验温度，温度稳定后加载压力至实验目标压力，加载速率根据公式(1)确定，加载速率波动幅度不超过 5%。

$$v = p/t \tag{1}$$

式中：

v——压力加载速率，MPa/min；

p——实验压力，MPa；

t——闭合时间，min。

5.2.3.7 利用精度不低于 0.02mm 的测量工具测量上活塞宽板与下活塞宽板相同两端之间的距离。每次测量应连续进行两次，两次测量值差别应在 0.02mm 以内。30min 后进行第二轮测量，当相邻两轮测量结果相差在 1.0% 以内，表明系统到达稳定状态。测量应最少进行三轮，并在最后一轮测量后，将初始宽度值调为零。

5.3 导流室准备

5.3.1 岩板选择

见 4.1.2。

5.3.2 岩板预处理

5.3.2.1 用透明胶带粘于岩板的上下表面，防止密封剂粘连，去除多余的胶带。

5.2.2.2 用透明胶带覆盖导流室内所有端口和底部活塞的上表面。

5.3.2.3 将岩板四周涂一薄层室温硫化有机硅黏合剂，让黏合剂自然固化。

5.3.2.4 岩板放入导流室中进行预处理。调平底部活塞，两端高度相差小于 0.13mm，固定螺丝。

5.3.2.5 在导流室内放入已经用胶带处理的岩板，让黏合剂自然固化，去除岩板表面多余的硫化橡胶，确保岩板没有缺口及裂缝。

5.4 导流测试设备安装

5.4.1 底部活塞安装

5.4.1.1 导流测试设备按顺序组装，参见图B.1。

5.4.1.2 底部活塞安装位置需使下岩板位置在导流室内测压端口以下0.02mm处。

5.4.2 底部岩板安装

5.4.2.1 将金属薄片放入导流室底部。

5.4.2.2 在底部岩板侧壁上均匀涂抹室温硫化有机硅黏合剂，并处理光滑，保持岩板上下表面干净。

5.4.2.3 去除岩板下表面胶带，将岩板放入导流室金属片上，在岩板和导流室界面的缝隙内涂抹室温硫化有机硅黏合剂，确保岩板与导流室之间不留缝隙。

5.4.2.4 去除过量的室温硫化有机硅黏合剂以及底部岩板上表面胶带。

5.4.3 放置筛网

5.4.3.1 去除导流室端口的透明胶带，在所有端口处放置筛网。

5.4.3.2 每次实验后应更换筛网。

5.4.4 支撑剂用量计算

支撑剂实验量可通过以下方法获得：

方法一：根据充填层铺置浓度计算得到支撑剂用量，具体按公式（2）计算：

$$M_p = A_1 C \tag{2}$$

式中：

M_p——支撑剂质量，g；

A_1——计算系数，取 6.452×10^{-3} m²；

C——铺置浓度，kg/m²。

方法二：根据支撑剂体积密度与未加载闭合应力的支撑剂充填宽度计算得到支撑剂用量，具体按公式（3）计算：

$$M_p = A_1 W_f \rho \tag{3}$$

式中：

M_p——支撑剂质量，g；

W_f——支撑剂充填层宽度，cm；

A_1——计算系数，取 6.452×10^{-3} m²；

ρ——支撑剂体积密度，g/cm³。

5.4.5 导流室内加载支撑剂

5.4.5.1 依据5.4.4中计算结果称取支撑剂样品。

5.4.5.2 将支撑剂样品添加到导流室中，参见图B.6，使用设备让支撑剂水平充填在导流室内，不振动不敲击，确保支撑剂充填层表面与导流室上表面平行。

5.4.6 顶部岩板安装

5.4.6.1 在预处理的岩板侧壁涂抹少量的室温硫化有机硅黏合剂，将岩板表面处理光滑，避免黏合剂污染。

5.4.6.2 去除顶部岩板下表面的胶带，将岩板装入导流室中，用室温硫化有机硅黏合剂填充岩板与导流室侧壁的缝隙。

5.4.6.3 测量岩板两端深度，适当调整，确保深度相差小于0.1mm。去除顶部岩板上表面的胶带。

5.4.7 导流室安装

5.4.7.1 将安装好的导流室放在液压载荷系统的两个平板之间。

5.4.7.2 导流测试设备一次可加压测量多个导流室，参见图B.1，用垫片调整导流室的高度，误差小于0.1mm，按步骤5.4.1至5.4.6加载。

5.5 导流室闭合压力加载

5.5.1 对导流室施加小于0.5MPa压力，适当调整，确保导流室与平板垂直。

5.5.2 压力增加至6.90MPa，压力加载速率与5.2.3.6中一致。

5.5.3 注入实验流体到导流室，确认活塞及接头周围无漏失，注入流速不超过4mL/min。

5.5.4 测量导流室每一端的宽度，确认支撑剂充填均匀，测量宽度相差不超过5.0%。

5.5.5 使用真空泵进行设备及管线的空气排空工作，操作步骤按照SY/T 6302中的步骤进行。

5.5.6 对测压口压力传感器归零。

5.6 实验参数获取

5.6.1 根据目标层位温度，设定实验温度。

5.6.2 设定注入速度为2~4mL/min之间，设定回压在2.07~3.45MPa之间。

5.6.3 待温度达到设定温度并稳定后（变化±1℃），将压力增加至实验目标压力，压力加载速率与5.2.3.6中一致，并开始记录实验数据，测试维持50h±2h。

5.6.4 当测试实验出现流体出口或测压口堵塞，应停止实验。

6 渗透率及导流能力计算

6.1 利用公式(4)计算达西流条件下支撑剂充填层的渗透率：

$$k = 100\mu QL / (A\Delta p) \tag{4}$$

式中：

 k——支撑剂充填层渗透率，μm^2；

 μ——测试温度条件下流体黏度，$mPa \cdot s$；该黏度值参见表B.1；

 Q——流速，cm^3/s；

 L——压力端口间长度，cm；

 A——导流室支撑截面积，cm^2；

Δp——压力差值(上游压力减去下游压力)，kPa。

当支撑剂截面形状为长方形时，截面积利用公式(5)计算：

$$A = wW_f \tag{5}$$

式中：

　　w——导流室宽度，cm；

　　W_f——支撑剂充填层宽度，cm。

支撑剂充填层渗透率利用公式(6)计算：

$$k = 100\mu QL / (w \Delta p W_f) \tag{6}$$

6.2　利用公式(7)计算支撑剂充填层的导流能力：

$$kW_f = 100\mu QL / (w \Delta p) \tag{7}$$

7　数据报告

报告应列举所有的实验参数，如页岩类型、厚度、实验流体、实验压力、测试时间、支撑剂体积密度、粒径分布、支撑剂的质量、铺置浓度和测试压力参数下测试流体的液体黏度、裂缝宽度、导流能力及渗透率。实验数据报告参见表C.1。

附 录 A

(资料性附录)

硅饱和容器设备

A.1 背景

实验流体通过页岩岩板之间支撑剂充填层时会溶解二氧化硅，导致支撑剂颗粒尺寸减小或在闭合压力下嵌入岩板导致实验失败。因此需要在实验流体中饱和二氧化硅，防止对支撑剂或岩板腐蚀。二氧化硅在水中的溶解度主要和 pH 值、温度有关，其次受离子强度和压力的影响。

A.2 仪器

A.2.1 高压泵及二氧化硅饱和器皿，最小体积 300mL，流速 10mL/min。

A.2.2 铜镍合金或 316 材质不锈钢 150μm 孔径筛网，放在高压泵接口的入口及出口处防止二氧化硅颗粒移动。

A.2.3 选择二氧化硅材料，20/40 目二氧化硅或 50%(体积分数)20/40 目与 50%12/20 目混合的二氧化硅，清洗，准备 50mL。

A.2.4 准备 250mL70/140 目二氧化硅，清洗、干燥。70/140 目二氧化硅应满足：纯度大于 99.7%，铁含量小于 0.05%。

A.2.5 套式加热器，温度可控，精度±2℃，能将泵体整体加热。支撑剂的氧化硅饱和器皿温度应略高于实验温度。

A.2.6 连接不锈钢过滤器，防止二氧化硅颗粒物进入导流室。

A.3 步骤

A.3.1 用盐酸或氢氧化钾调节实验流体的 pH 值到 6.4~6.8 之间，模拟油藏流体条件，降低二氧化硅的溶解。硅饱和室应连接在导流室前。每个硅饱和室最多连接两个导流室，实验流体间歇流速不应超过 11mL/min，连续流速不应超过 4mL/min。

A.3.2 将带有筛网的接口连接到硅饱和室底部。

A.3.3 将 25mL20/40 目二氧化硅或 50%20/40 目与 50%12/20 目混合的二氧化硅放入饱和室。

A.3.4 放入 250mL 清洗并干燥的 70/140 目二氧化硅，振动容器几秒钟使颗粒堆积紧凑。

A.3.5 用 20/40 目二氧化硅或 50%的 20/40 目与 12/20 目二氧化硅混合物将饱和室填满，将带有筛网的接口连接饱和室。

A.3.6 连接硅饱和室与导流室，并对硅饱和室加热。

A.3.7 收集进入硅饱和器皿前、进入导流室前、流出导流室后的实验流体，分别进行硅饱和度的检测。

A.3.8　通过调节实验流体的温度、pH 值和流速，使流体中二氧化硅的浓度维持在实验要求的范围内。

A.3.9　收集样品后通过原子吸收光谱或化学分析方法确认实验流体中二氧化硅浓度小于10mg/L。在二氧化硅饱和室和导流室出口的实验流体二氧化硅浓度增加应不大于2mg/L。

附 录 B

（资料性附录）

实验设备工程图

B.1 实验设备工程图见图 B.1 至图 B.6。

单位为毫米

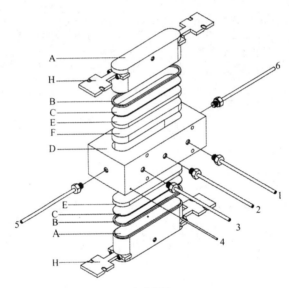

a）分解图

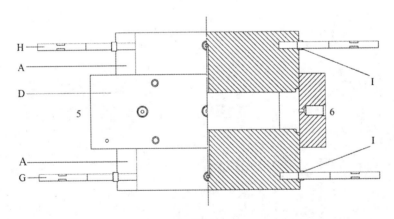

b）侧面图

1—低压端口；2—中间端口；3—高压端口；4—温度控制器；5—入口单元；

6—出口单元；A—上端下端活塞；B—方形密封环；

C—金属垫；D—单元体；E—岩板；F—支撑剂；H—宽板；I—螺丝

图 B.1 导流测试设备

单位为毫米

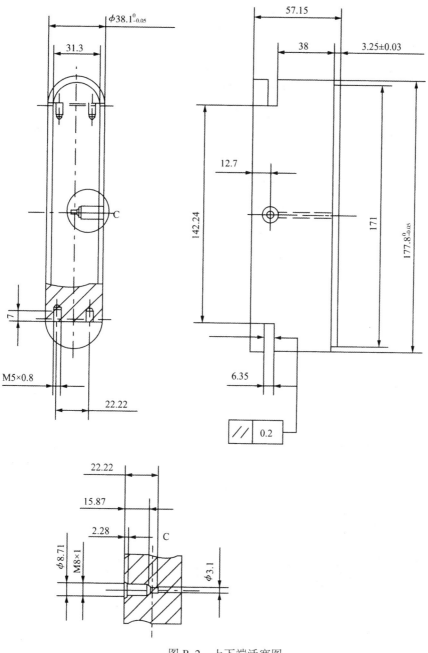

图 B.2　上下端活塞图

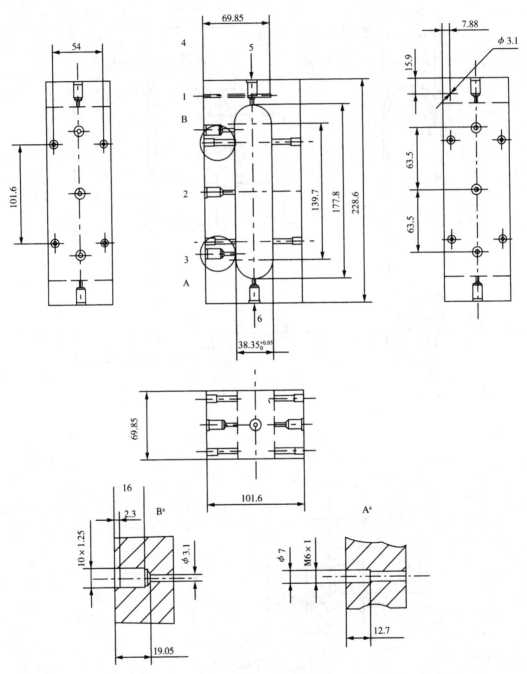

1—低压端口；2—中间端口；3—高压端口；4—温度控制器；5—入口单元；6—出口单元

图 B.3　导流室主体

单位为毫米

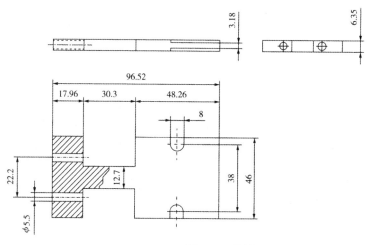

图 B.4　宽板

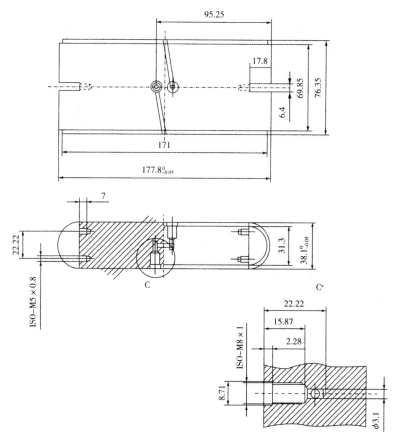

图 B.5　活塞中心

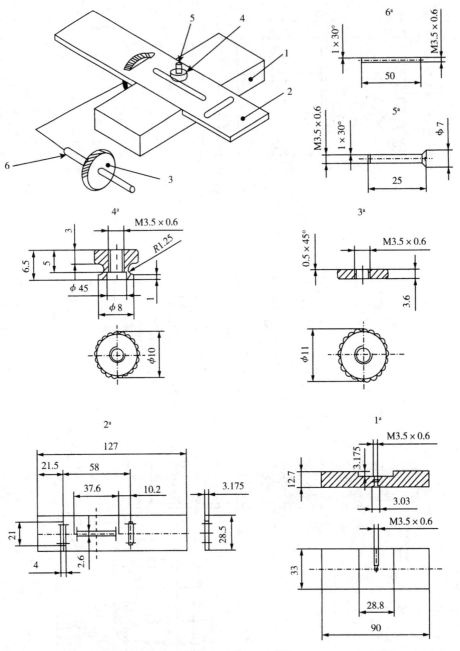

1—平尺支撑；2—平尺；3—螺母调节器；4—螺母；5—螺丝 R—3.5×0.6；6—螺丝 M—3.5×0.6

图 B.6 水平设备

B.2 2%KCl 溶液不同温度时的黏度见表 B.1。

表 B.1 2%KCl 溶液不同温度时的黏度

温度		黏度	温度		黏度	温度		黏度
℃	℉	mPa·s	℃	℉	mPa·s	℃	℉	mPa·s
21.1	70	1.0000	38.9	102	0.7060	56.7	134	0.5160
21.7	71	0.9900	39.4	103	0.6890	57.2	135	0.5120
22.2	72	0.9730	40.0	104	0.6910	57.8	136	0.5080
22.8	73	0.9600	40.6	105	0.6850	58.3	137	0.5030
23.3	74	0.9500	41.1	106	0.6775	58.9	138	0.4995
23.9	75	0.9300	41.7	107	0.6700	59.4	139	0.4950
24.4	76	0.9150	42.3	108	0.6650	60.0	140	0.4910
25.0	77	0.9050	42.8	109	0.6550	60.6	141	0.4875
25.6	78	0.9000	43.3	110	0.6480	61.1	142	0.4840
26.1	79	0.8900	43.9	111	0.6400	61.7	143	0.4800
26.7	80	0.8775	44.4	112	0.6340	62.2	144	0.4770
27.2	81	0.8725	45.0	113	0.6275	62.8	145	0.4725
27.8	82	0.8625	45.6	114	0.6220	63.3	146	0.4680
28.3	83	0.8550	46.1	115	0.6150	63.9	147	0.4650
28.9	84	0.8450	46.7	116	0.6080	64.4	148	0.4620
29.4	85	0.8400	47.2	117	0.6025	65.0	149	0.4575
30.0	86	0.8300	47.8	118	0.5960	65.6	150	0.4545
30.6	87	0.8230	48.3	119	0.5880	66.1	151	0.4510
31.1	88	0.8150	48.9	120	0.5820	67.8	154	0.4405
31.7	89	0.8075	49.4	121	0.5775	68.3	155	0.4375
32.2	90	0.7950	50.0	122	0.5720	68.9	156	0.4340
32.8	91	0.7900	50.6	123	0.5675	69.4	157	0.4300
33.3	92	0.7800	51.1	124	0.5610	70.0	158	0.4270
33.9	93	0.7750	51.7	125	0.5570	70.6	159	0.4230
34.4	94	0.7630	52.2	126	0.5520	71.1	160	0.4190
35.0	95	0.7550	52.8	127	0.5470	71.7	161	0.4175
35.6	96	0.7475	53.3	128	0.5420	72.2	162	0.4140
36.1	97	0.7400	53.9	129	0.5375	72.8	163	0.4120
36.7	98	0.7235	54.4	130	0.5325	73.3	164	0.4075
37.2	99	0.7250	55.0	131	0.5280	73.9	165	0.4050
37.8	100	0.7180	55.6	132	0.5245	74.4	166	0.4020
38.3	101	0.7125	56.1	133	0.5200	75.0	167	0.3980

温度		黏度	温度		黏度	温度		黏度
℃	℉	mPa·s	℃	℉	mPa·s	℃	℉	mPa·s
75.6	168	0.3960	95.0	203	0.3160	113.9	237	0.2650
76.1	169	0.3925	95.6	204	0.3140	114.4	238	0.2640
76.7	170	0.3900	96.1	205	0.3125	115.0	239	0.2625
77.2	171	0.3875	96.7	206	0.3110	115.6	240	0.2610
77.8	172	0.3850	97.2	207	0.3085	116.1	241	0.2590
78.3	173	0.3825	97.8	208	0.3075	116.7	242	0.2580
78.9	174	0.3800	98.3	209	0.3065	117.2	243	0.2570
79.4	175	0.3775	98.9	210	0.3045	117.8	244	0.2555
80.0	176	0.3750	99.4	211	0.3025	118.3	245	0.2540
80.6	177	0.3725	100.0	212	0.3010	118.9	246	0.2530
81.1	178	0.3700	100.6	213	0.2990	119.4	247	0.2520
81.7	179	0.3675	101.1	214	0.2980	120.0	248	0.2510
82.2	180	0.3645	101.7	215	0.2960	120.6	249	0.2495
82.8	181	0.3625	102.2	216	0.2945	121.1	250	0.2480
83.3	182	0.3590	102.8	217	0.2930	121.7	251	0.2470
83.9	183	0.3575	103.3	218	0.2920	122.2	252	0.2455
84.4	184	0.3550	103.9	219	0.2905	122.8	253	0.2440
85.0	185	0.3525	104.4	220	0.2880	123.3	254	0.2430
85.6	186	0.3500	105.0	221	0.2870	123.9	255	0.2425
86.1	187	0.3475	105.6	222	0.2860	124.4	256	0.2410
86.7	188	0.3450	106.1	223	0.2840	125.0	257	0.2400
87.2	189	0.3425	106.7	224	0.2825	125.6	258	0.2380
87.8	190	0.3410	107.2	225	0.2810	126.1	259	0.2375
88.3	191	0.3380	107.8	226	0.2800	126.7	260	0.2365
86.9	192	0.3465	108.3	227	0.2780	127.2	261	0.2355
89.4	193	0.3350	108.9	228	0.2765	127.8	262	0.2345
90.0	194	0.3325	109.4	229	0.2750	128.3	263	0.2330
90.6	195	0.3305	110.0	230	0.2740	128.9	264	0.2325
91.1	196	0.3280	110.6	231	0.2725	129.4	265	0.2320
91.7	197	0.3260	111.1	232	0.2710	130.0	266	0.2310
92.8	199	0.3225	111.7	233	0.2700	130.6	267	0.2295
93.3	200	0.3210	112.2	234	0.2685	131.1	268	0.2280
93.9	201	0.3190	112.8	235	0.2675	131.7	269	0.2270
94.4	202	0.3175	113.3	236	0.2660	132.2	270	0.2265

续表

温度		黏度	温度		黏度	温度		黏度
℃	℉	mPa·s	℃	℉	mPa·s	℃	℉	mPa·s
132.8	271	0.2260	142.2	288	0.2125	151.7	305	0.2000
133.3	272	0.2255	142.8	289	0.2120	152.2	306	0.1990
133.9	273	0.2245	143.3	290	0.2110	152.8	307	0.1980
134.4	274	0.2235	143.9	291	0.2100	153.3	308	0.1975
135.0	275	0.2225	144.4	292	0.2090	153.9	309	0.1970
135.6	276	0.2220	145.0	293	0.2080	154.4	310	0.1965
136.1	277	0.2215	145.6	294	0.2075	155.0	311	0.1960
136.7	278	0.2210	146.1	295	0.2070	155.6	312	0.1955
137.2	279	0.2195	146.7	296	0.2065	156.1	313	0.1950
137.8	280	0.2180	147.2	297	0.2060	156.7	314	0.1945
138.3	281	0.2175	147.8	298	0.2050	157.2	315	0.1940
138.9	282	0.2170	148.3	299	0.2045	157.8	316	0.1935
139.4	283	0.2160	148.9	300	0.2040	158.3	317	0.1930
140.0	284	0.2150	149.4	301	0.2030	158.9	318	0.1925
140.6	285	0.2140	150.0	302	0.2025	159.4	319	0.1920
141.1	286	0.2135	150.6	303	0.2020			
141.7	287	0.2130	151.1	304	0.2010			

附 录 C

（资料性附录）

页岩支撑剂充填层长期导流能力测定实验数据表

页岩支撑剂充填层长期导流能力测定实验数据表见表C.1。

表 C.1　实验报告数据表

岩石类型：＿＿＿＿　　　　岩板厚度：＿＿＿＿cm　　　　实验流体：＿＿＿＿

实验压力：＿＿＿＿MPa　　　目标压力下测试时间：＿＿＿＿h

支撑剂型：＿＿＿＿　　　　　　　　　　　　　　　　标准实验筛网

支撑剂粒径：＿＿＿＿μm　　　标准实验筛网　　上支撑剂质量　　　　分数

支撑剂质量：＿＿＿＿g　　　　　μm　　　　　　　g　　　　　　　　%

支撑剂充填层铺置浓度：＿＿＿＿g/cm²　　　　＿＿＿＿　　　　＿＿＿＿　　　　＿＿＿＿

支撑剂体积密度：＿＿＿＿g/cm³　　　　　　　＿＿＿＿　　　　＿＿＿＿　　　　＿＿＿＿

＿＿＿＿

＿＿＿＿

总共　　　　＿＿＿＿

时间/ h	压力差/ kPa	流量/ (cm³/min)	温度/ ℃	液体黏度/ (mPa·s)	裂缝宽度/ cm	渗透率/ μm²	导流能力/ (μm²·cm)
0							
1							
2							
3							
4							
5							
6							
7							
8							
9							
10							
11							
12							
13							
14							
15							
16							
17							
18							
19							
20							

表 C.1(续)

时间/ h	压力差/ kPa	流量/ (cm³/min)	温度/ ℃	液体黏度/ (mPa·s)	裂缝宽度/ cm	渗透率/ μm²	导流能力/ (μm²·cm)
21							
22							
23							
24							
25							
26							
27							
28							
29							
30							
31							
32							
33							
34							
35							
36							
37							
38							
39							
40							
41							
42							
43							
44							
45							
46							
47							
48							
49							
50							

附录三 石油和天然气工业-完井液和材料

第五部分：支撑剂长期导流能力的测量程序

前言

　　国际标准化组织(ISO)是一个由国家标准组织(ISO 成员组织)组成的全球性联合国际标准化组织。国际标准的制订工作通常由国际标准化组织技术委员会进行。对已设立技术委员会的议题感兴趣的每个成员机构都有权派代表参加该委员会。与国际标准化组织有合作的国际政府和非政府组织也参与了这项工作。国际标准化组织与国际电工技术委员会(IEC)在电工技术标准化的所有问题上密切合作。

　　国际标准是根据国际标准化组织/欧盟指令第 2 部的规则拟定的。

　　技术委员会的主要任务是制订国际标准。技术委员会通过的国际标准草案分发给成员机构进行表决。作为国际标准发布需要至少 75% 投票的成员团体的批准。

　　国际标准化组织不负责识别此类专利权。

　　ISO 13503—5 是由技术委员会 ISO/TC 67《材料》编写的。石油、石化和天然气工业的设备和海上设备结构，SC 3 小组委员会，钻井和完井液，以及井用水泥。

　　ISO 13503 包括以下部分，总称为石油和天然气工业—完井液和材料：

　　第 1 部分：完井液黏滞特性的测量

　　第 2 部分：水力压裂和砾石充填作业用支撑剂特性的测量

　　第 3 部分：重盐水的测试

　　第 4 部分：在静态条件下测量增产和砾石流体漏失的程序

　　第 5 部分：支撑剂长期导流能力的测量程序

引言

　　ISO 13503 的这一部分主要基于 API RP 61。

　　为了建立在实验室条件下评价各种水力压裂支撑剂材料长期导流能力的标准程序和条件，本文研制了试验和试验装置。本程序使用户能够比较在具体描述的试验条件下的导流能力特征。测试结果可以帮助用户比较支撑剂材料在水力压裂操作中的使用。

　　本出版物中提出的程序并不是为了阻止新技术的发展、材料的改进或改进操作程序。它们的应用需要有合格的工程分析和合理的判断，以适应具体情况。

　　任何希望这样做的人都可以使用 ISO 13503 的这一部分。国际标准化组织和美国石油学会已尽一切努力确保其中所载数据的准确性和可靠性。但是，ISO 和 API 没有就 ISO 13503 的这一部分作出任何陈述、保证或担保，并在此明确声明，对使用 ISO 或违反 ISO 可能与之发生冲突的任何联邦、州或市法规所造成的损失或损害不承担任何责任或义务。

在 ISO 13503 的这一部分中，美国的常用单位被包括在圆括号中以供参考。

注意：ISO 13503 这一部分的测试程序不是为了提供井下储层条件下支撑剂导流能力的绝对值而设计的。长期试验数据表明，时间、温度升高、压裂液残余物、循环应力载荷、包埋、储层微粒等因素进一步降低了压裂支撑剂充填导流能力。此外，这个参考试验设计只测量摩擦能量损失相应的层流中的填料。人们认识到，实际裂缝内的流体速度可以明显高于这些实验室试验，并可以由惯性效应控制。

1　范围

ISO 13503 的这一部分提供了用于评估水力压裂和砾石充填作业的支撑剂的标准测试程序。

注：此后在 ISO 13503 这一部分中提到的"支撑剂"指的是砂子、陶粒、树脂涂层支撑剂、砾石充填介质和其他用于水力压裂和砾石充填作业的材料。

ISO 13503 这一部分的目的是为水力压裂和/或砾石充填支撑剂的测试提供一致的方法。它不适用于在井下储层条件下获得支撑剂组合导流能力的绝对值。

2　规范性参考

翻译参考文件对于本文件的应用是必不可少的。对于过时的参考文献，只有引用的版本适用。对于未注明日期的参考文献，适用参考标准的最新版本（包括任何修改）。

ISO 3506—1 耐腐蚀不锈钢紧固件的机械性能—第 1 部分：螺栓、螺钉和螺柱

3　术语和定义

3.1　导流能力

裂缝宽度乘以支撑剂填料的渗透率。

3.2　层流

单相流体的流线型流动方式，流体以平行层或层板的形式流动，使各层之间平滑地相互流动，而不稳定性受到黏度的影响。

3.3　俄亥俄砂岩

在美国俄亥俄州南部发现的细粒砂岩

3.4 渗透性

测量介质通过孔隙传输流体能力的一种方法

4 缩写

API 美国石油学会

ASTM 美国材料与试验学会

RTV 室温硫化

ANSI 美国国家标准协会

PID 比例积分装置

5 评价支撑剂长期导流能力的测试程序

5.1 目标

目的是建立一个标准的测试程序，使用标准的仪器，在标准的测试条件下评估支撑剂在实验室条件下的长期导流能力。本程序用于在实验室条件下评价支撑剂的导流能力，但不适用于在井下储层条件下获得支撑剂组合导流能力的绝对值。细粒、地层硬度、束缚流体、时间或其他因素的影响超出了本程序的范围。

5.2 讨论

在 ISO 13503 程序的这一部分中，在整个测试单元施加闭合应力 50h±2h，使支撑剂样品达到半稳态状态。在每个应力水平测量当流体被迫通过支撑剂充填层时，支撑剂充填层的宽度，压差，温度和流量。计算支撑剂填料的渗透率和导流能力。

多组流速被用来验证传感器的性能，并确定在每个压力下达西流动状态，报告记录这些流速下的平均数据。建议最小压降为 0.01kPa（0.0020psi）；否则，流量应提高。在规定的流量和温度条件下，不会遇到明显的非达西流或惯性效应。充填层在 50h±2h 达到一个半稳态状态，并在所有单元中引入多个流量来收集所需的数据，以确定支撑层在这个应力水平上的导流能力。这个过程重复进行，直到所有期望的闭合应力和流量得到评估。为了实现准确的导流能力测量，实验采用单相流动。

测试条件参数，如测试流体，温度，载荷，砂岩和时间，在每个应力条件下的长期导流能力和渗透率数据进行记录。其他条件可以用来评价支撑剂的不同特性，因此，可以得到不同的结果。

6 试剂和材料

6.1 试验液体

试验液体选用质量分数 2% 的氯化钾（KCl）溶液，溶液由去离子水或蒸馏水溶液溶解氯化钾（KCl），并过滤至少 7μm。氯化钾的质量纯度至少应达到 99.0%。

6.2 砂岩

俄亥俄州砂岩岩芯的尺寸长度为 17.70～17.78cm（6.96～7.00in），宽度为 3.71～3.81cm（1.46～1.50in），最小厚度为 0.9cm（0.35in）。砂岩岩芯的末端应该是圆形的，以适应测试单元（见 7.1）。平行厚度应保持在 0.008cm（0.003in）之内。

7 长期导流能力测试仪

7.1 测试单元

测试单元应为线性流动设计，支撑剂和床层面积应为 64.5cm^2（10in^2）。图 C.1 说明了测试单元的细节以及单元格如何堆叠的示例。活塞和试验室应由 316 不锈钢（例如 ISO 3506 -1，A4 级）材料制成。测试单元的过滤器可以使用开口为 150μm 或相当于 100 目的金属丝布制造。公积粒径值大于 114μm。

7.2 液压框架

液压加载框架应有足够的能力达到 667kN（150000lb$_f$）。为了确保应力分布均匀，压板应该彼此平行。建议液压加载框架采用四柱式设计，最大限度地减少可传输到测试单元的翘曲。每根柱子的最小直径应为 6.35cm（2.5in）。

液压增压源应能够承受任何期望的封闭应力[增大 1.0% 或 345kPa（50psi），以较大者为准]，持续 50h。液压加载框架应能够在 645cm^2（10in^2）的测试单元上的加载速率变化为 4448N/min（1000lb$_f$/min）或 690kPa/min（100psi/min）。校准后的电子秤传感器应用于校准液压活塞和称重架相对压板之间的应力。

7.3 充填层宽度测量装置

充填层宽度测量应在测试单元的两端进行。应使用精度可达 0.0025cm（0.001in）或更高的测量装置。图 5-C.4 显示了一个宽度板条的例子，允许测量充填层宽度。

7.4 测试液压传动系统

一些恒流泵（例如色谱泵）已被发现适用于这种应用。脉冲阻尼是必要的，可以通过使用活塞、气囊蓄能器或其他有效手段来实现。压差压力和流量测量期间的压力波动（用于导流能力计算）应保持在小于 1.0%。每个实验室应确定脉冲阻尼的最佳技术。大的压力峰值可能表明泵的问题或在流量系统中捕获的气体，应在记录数据之前进行修正。

7.5 压差传感器

0～7kPa（0～1.0psi）压差范围的压差传感器令人满意。传感器应该能够测量 0.1% 的压差。

导流能力研究概论

7.6 回压调节器

回压调节器应能够维持 2.07~3.45MPa 的压力（300~500psi）。施加在测试单元上的应力应考虑回压。例如，如果回压为 3.45MPa（500psi），那么施加的应力应该大于 3.45MPa（500psi），以考虑到活塞向外施加的压力。

7.7 天平

天平称量至少为 100g，精度为 0.1g 或更高。

7.8 除氧

导流能力测试流体的含氧量应降低，以模拟储层流体，并尽量减少测试设备的腐蚀。脱氧可以通过流体的双储液系统来完成。第一个储液器储存用于除氧的液体。这与氮气相连，氮气以低于 103kPa（15psi）的低压和低速率从流体中冒出。氮气供应首先通过氧气/湿气捕集器，如安捷伦模型 OT3-4[2]，其除氧效率低于 15μg/L。可以建立一个等效的系统；这个系统允许氮在 370℃（698℉）的温度下通过，在这个系统中，铜与微量的氧气反应生成氧化铜。在除氧处理之后，当目视指示捕集器处于氧饱和状态时，应更换两个捕集器，以保持除氧效率。第二个贮存器储存无氧流体，这是泵系统的供应贮存器。

每个储罐中的所有流体都密封在惰性气体加压容器中，以消除空气中的氧污染。

7.9 温度控制

测试单元和支撑剂层应保持在所需的温度。测试条件下的温度是在导流室的温度端口测量的（图 C.1）。该温度用于测定表 C.1 中的流体黏度。热电耦组件分为温度控制装置和数据采集系统或等效装置。温度控制装置应该是可编程的 PID 控制器，能够对不同的温度条件和流量进行自定义。

陶粒和树脂涂层支撑剂的试验温度为 121℃（250℉），天然砂的试验温度为 66℃（150℉）。硅饱和容器（见附件 B）的温度应该比天然砂的测试温度高 66℃（150℉）和 11℃（20℉）。沙子测试温度高于覆膜和陶粒支撑剂 121℃（250℉），以确保流体在到达测试单元之前饱和二氧化硅。应注意确保流入测试单元的液体处于适当温度。使用其他流体或温度的测试对评价支撑剂组合的有效性有价值。

7.10 二氧化硅饱和度和监测

至关重要的是有一个二氧化硅饱和溶液流动的支撑剂充填层，以防止俄亥俄州砂岩和支撑剂的溶解。为了实现这一点，需要一个最小容积为每 10mL/min 流量容量 300mL 的高压钢瓶，例如一个白色样品钢瓶（316L-HDF4[4]），或相当于配备 0.635cm（0.25in）内管端。有关设备安装，请参阅附件 B。

8 设备校正

8.1 压力指示器和流量

应初步校准试验液流中的压力指示器，并在每次试验前重新检查。定流量泵应在多个流量下进行测试，回压应用适当的流量计，或精确的平衡，容器和计时装置（停表）。高压和低压传感器应在每次运行前调零。只使用那部分的传感器范围，是可重复和线性的。

8.2 宽度测量

8.2.1 目的

为了准确测量支撑剂的宽度，应考虑砂岩厚度的变化、砂岩的可压缩性以及金属的压缩和热膨胀。

8.2.2 程序

8.2.2.1 使用卡尺，测量和记录铁芯和金属垫片的厚度。用铅笔在芯面上标出芯的宽度。每个单元中放置两个核心。匹配的核心，使两个核心的结合厚度是相同的。不得使用平行度超过 0.008cm（0.003in）的铁芯。如果底部的芯从一端到另一端是不同的，那么顶部的芯应该抵消这个差异，所以两端的芯总厚度是相同的。

8.2.2.2 宽度调整因子或零充填层宽度应计算在每个封闭应力和温度测试的每个测试单元和每个批次的俄亥俄州砂岩和方环。测量整个测试单元的垂直尺寸[0.0025cm（0.001in）]，该单元装有活塞、方环、垫片和砂岩岩芯，但没有支撑剂，在每个测试封闭应力水平和支撑剂将被测试的温度。对于每个测试，通过测量活塞、垫片和砂岩岩芯的垂直尺寸来测量初始零宽度。从测量设备和支撑剂值中减去这个值，以得到支撑剂层的实际宽度。

8.2.2.3 基线赛车的活塞应按堆叠顺序标示。将两个匹配的砂岩岩芯放入单元格中，如果可行的话，继续堆叠单元格，如图 C.1 所示。

8.2.2.4 将测试单元加热到测试运行的温度。以 689kPa/min（100psi/min）的速率关闭应力。

8.2.2.5 使用可伸缩的压力表和数字卡尺或同等物，测量活塞从宽板到底板，从宽板到顶压板或其他宽板。所有量度须进行两次，两次量度的数字均须在 0.0050cm 以内。在第一次读数后 30min 再测量一次。继续进行测量，直到系统达到稳定状态，例如，测量结果之间的距离在 1% 以内。应至少进行三次测量。最后一次测量应予记录。这个过程考虑了砂岩岩芯的压缩和金属在压力和温度下的膨胀。在计算支撑充填层宽度时使用这些值（参见第 12 条）。按指定的应力间隔继续测量（见第 12 条），直到达到最大应力。

8.3 测试单元宽度的测定

使用可伸缩的压力表和数字卡尺，在三个地方测量测试单元的内部，两个在高低压端口旁边，第三个在中间端口旁边。这三个值是平均值。为了确定所需的支撑剂量，将平均单元宽度乘以所需支撑剂量除以 38.1mm。下面的例子是 976kg/m²（200b/ft²）的负载（见

10.2.4）。

例如（38.35mm+38.40mm+38.37mm）/3＝38.37mm。

每平方英尺两磅的装载量需要（63.00g/38.10）×38.37＝6344g 支撑剂。

8.4 液压加载框架

负荷传感器的校准应至少每年进行一次，或在长期导流能力结果有疑问时进行。这种类型的设备是首选的使用液压压力表作为一种方法来确定封闭应力施加到测试单元。在某些情况下，称重传感器是系统的一部分，必须通过外部源进行校准。

9 渗漏测试

9.1 液压支架

油压系统（即油管、油嘴及油泵）须先进行测试，定期测试，以确保没有渗漏。这可以通过在压板之间放置一块高强度材料来实现，在最大负荷下，其表面积至少为 $64.5cm^2$（$10.0in^2$）；关闭并观察 30min 内压力或负荷变化是否大于最大读数的±2%。如果压力或负荷变化很大，检查所有管道和焊缝。如果没有管线渗漏明显，可能有一个内部渗漏在控制阀或液压闸板。

9.2 测试流体系统

初始完整的测试流体系统包括泵、管路、引流装置和导流能力测试单元，应检查是否有渗漏。为进行渗漏测试，导流能力测试单元应至少包含一层支撑剂材料。

注：由于压板之间没有支撑剂，方形密封环和下游设备都不能进行测试。

对导流池施加大于 3.45MPa（500psi）的封闭应力，并以 2.07MPa 至 3.45MPa（300～500psi）的反压力使流体流过系统。关闭压力系统，压力在 5min 内变化不应超过 0.1kPa（0.01psi）。如果超过则检查所有线路和配件是否存在泄露。

10 装载测试单元的步骤

10.1 测试单元的准备

10.1.1 选择岩芯

见 8.2.2

10.1.2 岩芯预处理

10.1.2.1 选择岩芯后，在岩芯的顶部和底部贴上透明胶带，防止密封剂黏附在岩芯上。使用刀片修剪所有多余的胶带。将透明胶带贴在测试单元和底部活塞顶部的所在位置上。记录砂岩岩芯的平均宽度。

10.1.2.2 用刮刀在岩芯的侧面涂上一层薄薄的室温硫化硅酮胶黏剂。允许室温硫化固化。

10.1.2.3 准备岩芯的另一种方法是将岩芯放在测试单元中。将底部活塞从头到尾平整在0.13mm(0.005in)内，并拧紧定位螺丝。用硅酮胶黏剂轻轻喷涂测试单元内部。放置一个已经标记活塞位置的岩芯在导流池中。一次最多可以堆放四个岩芯，将其在放置在单元或相应的模具中，使其在室温条件下充分凝固稳定。

10.1.2.4 将顶部活塞置于导流能力测试单元中。将测试单元置于压力机中，在0.3MPa(50psi)和1MPa(150psi)之间封闭。把加热条接上，加热到66℃(150℉)一小时。拆卸岩芯板。修剪岩芯表面多余的硅酮胶黏剂，并确保没有硅酮胶黏剂的碎屑进入活塞或裂缝内。

注意：如果没有加热，室温条件下硅酮胶黏剂在大约24h内固化。

10.2 测试启动

10.2.1 设置底部活塞

测试单元的堆放顺序与测量零测试单元组宽度的顺序相同(见8.2.2)。底部活塞可以用来将岩芯固定在合适的位置，所以砂岩的位置距离活塞大约0.02mm(0.0008in)或刚刚低于差别压力端口。这可以通过放置一个金属垫片对砂岩岩芯位置进行修正。当活塞的高度大约在正确的位置时，拧紧固定螺丝以确保测试单元的位置，并取下垫片和岩芯并安装密封橡胶圈。保护导流池的密封性。

10.2.2 设置底部核心

测量金属垫片并记录其厚度。从8.2.2.1的垫片厚度之间的差异应予以考虑。将垫片放在单元格的底部(见8.2.2.1)。用抹刀，将硅酮胶黏剂的表面，进行平滑处理。从芯部取出底部胶带，将岩芯滑入导流池，直到到达垫片。采用硅酮胶黏剂对周围的边缘进行密封。

10.2.3 滤网的位置

为了防止固体颗粒从支撑剂组中流出或堵塞端口，需要隔板。在所有接口放置150μm(100目)Monel或同等物的滤网，包括进出口和差压测试口。滤网应在每次实验后更换，因为它们会被压碎的支撑剂堵塞。

10.2.4 计算支撑剂的量

导流能力可以在体积相当于0.64cm(0.25in)的无应力包装宽度上测试，或者在单位测试单元表面积的质量上测试，如9.76kg/m²(2.00lbₘ/ft²)。

使用下面所述的一个示例计算所需的支撑剂材料量：

A) 单位面积质量，以每平方米公斤表示：

加载所需的支撑剂量，可按公式(1)中给出的计算方法计算：

$$M_p = 6.452C \qquad (1)$$

式中：

M_p——支撑剂的质量，g；

C——支撑剂的铺置浓度，kg/m²。

6.452=0.006452m²×1.000g/kg，其中0.006452m²是测试单元的表面积。支撑剂的确切用量取决于单元格的宽度(见8.3)。

无应力支撑剂充填层的宽度可以近似于公式(2)中给出的宽度：

$$W_f = 0.100C/\rho \tag{2}$$

式中：

W_f——支撑剂充填层的宽度，cm；

C——支撑剂的铺置浓度，kg/m^2；

ρ——支撑剂的体积密度，g/cm^3。

B）无应力支撑剂测试单元宽度等于 6.35mm（0.25in）。

用 41.0±0.1cm^3 的支撑剂材料加载测试单元。所需支撑剂材料的近似质量可以在公式（3）中计算出来：

$$M_p = 41.0\rho \tag{3}$$

式中：

M_p——支撑剂的质量，g；

ρ——支撑剂的体积密度，g/cm^2。

41.0 是 64.52cm^2（10.0in）乘以 0.635cm^2（0.25in）的充填层宽度。支撑剂的确切用量取决于单元格的宽度（见 8.3）。

10.2.5 在单元格中加载支撑剂

10.2.5.1 根据上面的计算之一称量一个有代表性的样本。

10.2.5.2 把样品分成四个单位。将四分之一的样品尽可能均匀地倒入测试单元。继续此过程，直到完成所有测试。

10.2.5.3 在测试单元中用水平装置水平支撑层（见图 C.6），通过逐步深入到水平单元中的支撑层。支撑剂不能通过振动或夯实来填充，因为这会导致支撑剂不紧实。确保支撑剂与测试单元壁保持平齐。

10.2.6 设置顶部岩芯

10.2.6.1 在预置岩芯的边缘贴一层透明胶带（见 10.1.2）。用抹刀（或同等物），平滑地将硅酮胶黏剂涂抹在岩芯侧表面。

10.2.6.2 揭去岩芯底部胶带，将岩芯均匀地滑入测试单元。用硅酮胶黏剂对岩芯周围的边缘进行密封处理。

10.2.6.3 用数字卡尺测量所有四个角的岩芯深，确认岩芯高度差在 0.1mm（0.004in）以内，若超出应及时调整。揭去岩芯表面的透明胶带。

10.2.7 堆积测试单元

一台压机中可以放置多个单元格（参见图 C.1）。底部垫块和垫片可以用来调整测试单元的高度到 0.1mm（0.004in）。使用中描述的加载单元格的过程相同，拧紧固定螺丝。

11 压力装置

11.1 将测试装置置于负载框架的压板之间。

11.2 将 345kPa（50psi）涂在测试单元堆上。使用正方形角来验证堆栈是否垂直于压板。若不垂直，应及时调整，以确保堆叠垂直于压板。将压力从 345kPa（50psi）增加到 3.45MPa（500psi），速度约为 690kPa/min（100psi/min）。

11.3　在导流池中通入流体。检查活塞周围和连接处是否有泄漏。如果发现活塞周围有泄漏，则应终止试验，并进行加固。通过测量试验装置两端的支撑剂充填层宽度来检查支撑剂填料的平整度。如果这些宽度测量值之间有差值超过5%，则应终止测试并用新材料重新加载测试单元。

11.4　通过液体冲洗测试单元和管线来清除测试单元和管线内的空气。在没有气泡出现后，冲洗管道至少1min，将传感器调零，不带流量。

12　获取数据

初始绝对应力为6.89MPa（1000psi）适用于最低12h和最高24h在所需温度（见7.9）。闭合压力应维持在2.07MPa（300psi）至3.45MPa（500psi）之间。当初始应力达到6.89MPa（1000psi）和时间后，应力提高到13.79MPa（2000psi）。在初始应力之后对支撑剂组施加的应力应保持50±2h；在应力状态下保持不到48h的测试不应视为长期导流能力测试。增压速度应保持在689±34kPa/min（100±5psi/min）。

天然砂的导流能力应在13.79MPa，27.58MPa和41.37MPa（2000psi，4000psi和6000psi）下进行测量。陶粒支撑剂和树脂包覆支撑剂的导流能力分别为13.79MPa，27.58MPa，41.37MPa，55.16MPa和68.95MPa（2000psi，4000psi，6000psi，8000psi和10000psi）。如需其他的压力值可自行设置。

测试流量是根据压力端口之间的压力降确定的。第一流量应为2mL/min或至少0.01kPa（0.002psi）。为确保数据符合统计限值，须采用最少5个数据点，并报告平均渗透率（见第13条）在2~4mL/min或至少0.01~0.03kPa（0.002~0.004psi）范围内。报告强调。

在每个应力处测量支撑裂缝的宽度，并计算出砂岩芯的压缩和金属的膨胀（见8.2）。在每次测量前，差压传感器应调零。

13　渗透率和导流能力的计算

13.1　方程（4）至（8）应用于计算支撑剂组在层流（darcy）流动条件下对液体的渗透率：

$$k = \mu QL / [100A(\Delta P)] \quad （以国际单位制表示） \tag{4}$$

$$k = \mu QL / [A(\Delta P)] \quad （以美国习惯单位表示） \tag{5}$$

式中：

k——支撑剂的渗透率，μm^2；

μ——测试温度下测试液体的黏度，cP；

Q——流量，cm^3/s；

L——压力端口之间的长度，cm；

A——测试单元垂直于流动的截面面积，cm^2；

ΔP——压降（上游压力减去下游压力），kPa。

为方便起见，换算系数载于附件A。

当支撑层的横截面形状为矩形时，其横截面积可由方程（6）给出：

$$A = w \cdot W_f \tag{6}$$

式中：

　　A——垂直于水流的截面积，cm^2；

　　W——测试单元宽度，cm；

　　W_f——包装的宽度，cm。

　　方程（4）和（5）可以重写，以便计算支撑剂组的渗透率或导流能力。

　　要计算支撑剂充填层的渗透率，使用公式（7）和（8）：

$$k = \mu QL / [100w(\Delta P)W_f] \text{（以国际单位制表示）} \tag{7}$$

$$k = \mu QL / [w(\Delta P)W_f] \text{（以美国习惯单位表示）} \tag{8}$$

13.2　为了计算支撑剂充填层的导流能力，使用公式（9）和（10）：

$$kW_f = \mu QL / [100w(\Delta P)] \text{（以国际单位制表示）} \tag{9}$$

$$kW_f = \mu QL / [w(\Delta P)] \text{（以美国习惯单位表示）} \tag{10}$$

13.3　a）和 b）中的资料和简化方程式可用于常数的使用（见下文注释）

　　A）支撑剂包的导流能力；

$$kW_f = 5.554\mu QL / (\Delta P) \text{（以国际单位制表示）} \tag{11}$$

$$kW_f = 26.78\mu QL / (\Delta P) \text{（以美国习惯单位表示）} \tag{12}$$

式中：

　　kW_f——支撑剂层的导流能力，$\mu m^2 \cdot cm$；

　　μ——测试温度下的测试液体黏度，cm（参阅表 C.1）；

　　Q——流量，cm^3 / min；

　　ΔP——压降（上游压力减去下游压力），kPa；

　　L——压力端口之间的长度，cm。

　　B）支撑剂充填层的渗透性：

$$k = 100\mu Q / [w(\Delta P)W_f] \text{（以国际单位制表示）} \tag{13}$$

$$k = 321.4\mu Q / [(\Delta P)W_f] \text{（以美国习惯单位表示）} \tag{14}$$

式中：

　　k——支撑剂充填层的渗透率，μm^2；

　　W_f——包的宽度，cm（in）；

　　ΔP——压降（上游压力减去下游压力），kPa。

　　注意：

　　在计算方程（11）到（14）试验单位宽度 $w = 3.81cm（1.5in）$ 的常数时。实际测试单元宽度根据 8.3 调整；压力端口之间的长度，$L = 12.70cm（5.000in）$。

14　数据报告

　　报告的数据应列出所有参数，如砂岩类型、温度、时间、试验液、各应力水平的导流能力和渗透性、体积密度、筛分布、比重和/或表观比重和支撑剂浓度。

附　录　A
（提供资料）
换　算　系　数

注意：见参考文献［17］。

1ft＝0.3048m

1inch＝2.54cm

1darcy＝1000md＝0.9869μm^2

1lb$_m$＝453.6g

1lb$_f$＝4.448N

1psi＝6.895kPa

1atm＝14.7psi＝101.3kPa

1ml＝1000cm^3

℉＝（1.80×℃）+32.

1cP＝1mPa·s

附 录 B

(标准)

硅饱和容器装置

B.1 背景资料

流体在砂岩岩芯表面之间流过支撑剂组时,会导致硅溶解,进而引起颗粒的异常破坏或在封闭应力作用下增加嵌入。由于这个原因,并为了模拟地层流体,流体应饱和二氧化硅,以防止支撑剂或岩芯材料的降解。二氧化硅在水中的溶解度主要是温度和 pH 值的函数,离子强度和压力是次要的。

B.2 仪器

B2.1 高压圆筒或硅饱和容器,最小容积为每 10m/min 流量 300mL。

B2.2 Monel 或 316 不锈钢 150μm 开口(100 目)筛网,放置在钢瓶的进出口,防止硅砂移动。

B2.3 20/40 目或 50% 的混合物,每 20/40 目和 12/20 目硅砂,水洗,50mL。

B2.4 70/140 目硅砂,水洗干燥,250mL。

70/140 目硅砂,硅含量大于 99.7%,铁含量小于 0.05%,可满足这种应用。

B2.5 夹套式加热器,恒温控制,温度控制极限为 ±2℃,可围绕钢瓶。

石英饱和容器的温度应该比测试温度 66℃ 高 11℃(20℉)。66℃(150℉)为天然沙粒,20℃(35℉)超过 121℃(250℉)。用于覆膜和陶粒支撑剂的 121℃(250℉),以确保流体在到达测试单元之前被二氧化硅饱和。应注意确保流入测试单元的液体处于适当温度。

直列式不锈钢过滤器,包含一个 7μm 长的过滤网,以防止固体颗粒从硅柱流入测试单元。

B.3 程序

流体的 pH 值应该在 6.4~6.8 之间调节,用盐酸或氢氧化钾来模拟储层流体,以降低硅石从沙子中的溶解速度。硅饱和柱应该在进入测试槽之前直接放置。在一个砂柱上最多可运行两个测试槽,通过砂柱的间歇流量不得超过 11mL/min。连续流量不得超过 4mL/min。

放置一个滤网在棉花和附加的棉花到圆筒底部。将一层 25mL 的水洗 20/40 目硅砂或 50% 的 20/40 目和 12/20 目硅砂混合物放入色谱柱,以防止 70/140 目硅砂流出。在 20/40 目的二氧化硅砂上加入大约 250 毫升的水洗和干燥的 70/140 目的二氧化硅砂,或者每 20/40 目的二氧化硅砂和 12/20 目的二氧化硅砂混合物各加入 50%。振动圆筒几秒钟,包装沙子。然后加入剩余的 20/40 目的硅砂或 50%的 20/40 目和 12/20 目的硅砂混合物，或直到圆筒是完整的。将滤网放置在安装上，并附加到气缸上。

将硅饱和血管置于测试单元之前的直线上。把夹克放在钢瓶上。对二氧化硅饱和度水平的监测可以通过在三个点对流体介质进行取样来完成。

发现只要调节 pH 值、温度和流速，二氧化硅含量就会保持在推荐的浓度范围内。这允许在没有连续监视的情况下运行测试。

采集的样品用原子吸收单位或湿化学方法进行评价，例如用硅钼酸盐比色法在每升毫克水平上测定二氧化硅。在硅柱和测试槽出口之间，硅的含量增加 2mg/L 是可接受的饱和极限。

附　录　C

单位为毫米

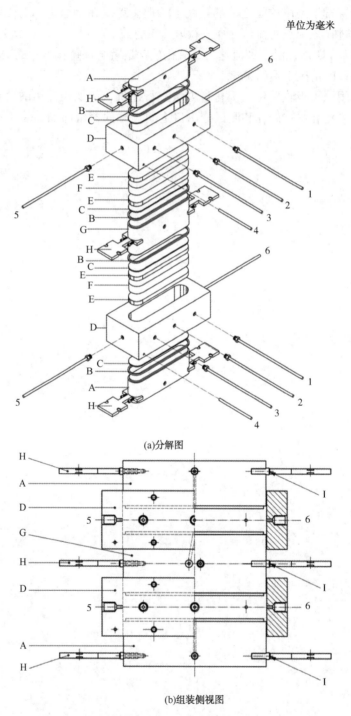

(a)分解图

(b)组装侧视图

图 C.1　导流槽结构示意图(另请参见图 C.2~图 C.5)

单位为毫米

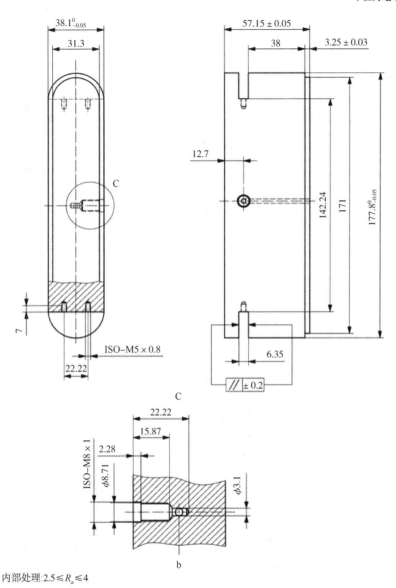

内部处理:2.5≤R_a≤4

图 C.2　上下活塞图

导流能力研究概论

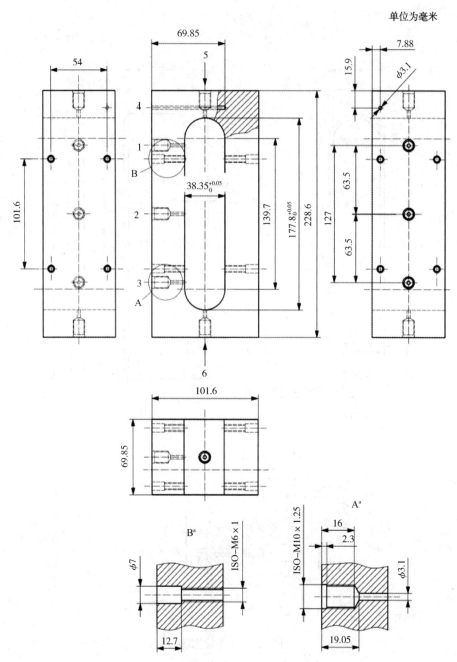

1—低压端口；2—中间端口；3—高压端口；4—温度控制器；5—入口单元；6—出口单元

图 C.3　导流室主体

单位为毫米

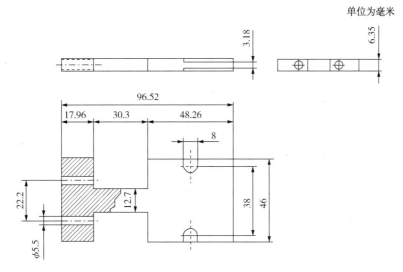

内部表面处理:$2.5 \leqslant R_a \leqslant 4$
无陡边

图 C.4

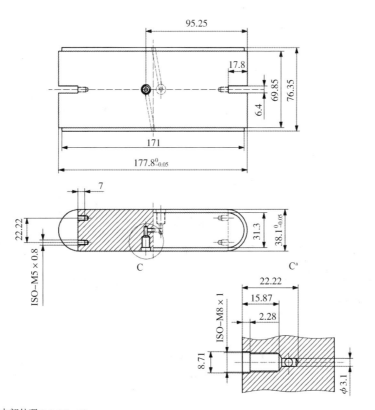

内部处理:$2.5 \leqslant R_a \leqslant 4$

图 C.5 控制活塞

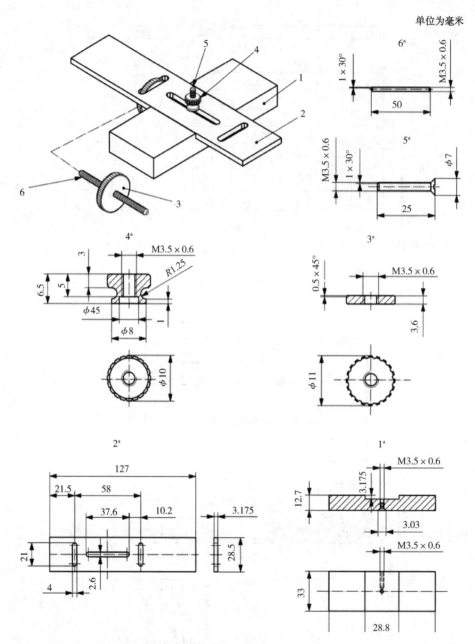

单位为毫米

1—平尺支撑；2—平尺；3—螺母调节器；4—螺母；5—螺丝 R—3.5×0.6；6—螺丝 M—3.5×0.6

图 C.6　水平设备

表 C.1 质量浓度 2%的 KCl 溶液的温度与黏度

温度		黏度	温度		黏度	温度		黏度	温度		黏度
℃	℉	cP	℃	℉	cP	℃	℉	cP	℃	℉	cP
21.1	70	1.0000	35.6	96	0.7475	50.0	122	0.5720	64.4	148	0.4620
21.7	71	0.9900	36.1	97	0.7400	50.6	123	0.5675	65.0	149	0.4575
22.2	72	0.9730	36.7	98	0.7325	51.1	124	0.5610	65.6	150	0.4545
22.8	73	0.9600	37.2	99	0.7250	51.7	125	0.5570	66.1	151	0.4510
23.3	74	0.9500	37.8	100	0.7180	52.2	126	0.5520	66.7	152	0.4475
23.9	75	0.9300	38.3	101	0.7125	52.8	127	0.5470	67.2	153	0.4440
24.4	76	0.9150	38.9	102	0.7060	53.3	128	0.5420	67.8	154	0.4405
25.0	77	0.9050	39.4	103	0.6990	53.9	129	0.5375	68.3	155	0.4375
25.6	78	0.9000	40.0	104	0.6910	54.4	130	0.5325	68.9	156	0.4340
26.1	79	0.8900	40.6	105	0.6850	55.0	131	0.5280	69.4	157	0.4300
26.7	80	0.8775	41.1	106	0.6775	55.6	132	0.5245	70.0	158	0.4270
27.2	81	0.8725	41.7	107	0.6700	56.1	133	0.5200	70.6	159	0.4230
27.8	82	0.8625	42.2	108	0.6650	56.7	134	0.5160	71.1	160	0.4190
28.3	83	0.8550	42.8	109	0.6550	57.2	135	0.5120	71.7	161	0.4175
28.9	84	0.8450	43.3	110	0.6480	57.8	136	0.5080	72.2	162	0.4140
29.4	85	0.8400	43.9	111	0.6400	58.3	137	0.5030	72.8	163	0.4120
30.0	86	0.8300	44.4	112	0.6340	58.9	138	0.4995	73.3	164	0.4075
30.6	87	0.8230	45.0	113	0.6275	59.4	139	0.4950	73.9	165	0.4050
31.1	88	0.8150	45.6	114	0.6220	60.0	140	0.4910	74.4	166	0.4020
31.7	89	0.8075	46.1	115	0.6150	60.6	141	0.4875	75.0	167	0.3980
32.2	90	0.7950	46.7	116	0.6080	61.1	142	0.4840	75.6	168	0.3960
32.8	91	0.7900	47.2	117	0.6025	61.7	143	0.4800	76.1	169	0.3925
33.3	92	0.7800	47.8	118	0.5960	62.2	144	0.4770	76.7	170	0.3900
33.9	93	0.7750	48.3	119	0.5880	62.8	145	0.4725	77.2	171	0.3875
34.4	94	0.7630	48.9	120	0.5820	63.3	146	0.4680	77.8	172	0.3850
35.0	95	0.7550	49.4	121	0.5775	63.9	147	0.4650	78.3	173	0.3825